集美大学福建海洋文化与创意产业研究中心

为了整合集美大学海洋研究的资源，加强集美大学的海洋特色，更好地服务海峡西岸经济区建设，积极参与福建省和厦门市发展海洋经济的行动计划，提高科学理论指导和对外交流服务水平，集美大学文学院于 2013 年 4 月设立福建海洋文化与创意产业研究所，在此基础上，筹建福建海洋文化与创意产业研究中心。本中心是福建省高等学校人文社会科学研究基地，由福建省教育厅主管，依托集美大学建设。

研究所目前有三大研究方向：福建海洋文化史研究；福建海洋文化创意产业研究；福建港市文化的当代建设研究。近年来主持国家社会科学基金资助项目 2 项、省部级项目 10 余项，发表学术论文 60 余篇；完成大量福建海洋文化资源调研报告；成功举办全国性学术会议；与校内航海、水产等与海洋文化产业密切相关的优势学科单位建立开放合作模式，也与各类文化企业及文创精英建立战略合作伙伴关系。

本研究所与研究中心力争用三到五年时间建设成在国内有一定影响的，对福建经济文化发展起一定作用的优质研究平台，切实在福建海洋文化与创意产业建设中起到应有的促进作用。

福建海洋文化研究

第一辑

FUJIAN HAIYANG WENHUA YANJIU

主　编　苏　涵
副主编　张克锋　王惠蓉

厦门大学出版社
XIAMEN UNIVERSITY PRESS
国家一级出版社
全国百佳图书出版单位

图书在版编目(CIP)数据

福建海洋文化研究. 第1辑/苏涵编. —厦门:厦门大学出版社,2015.12
ISBN 978-7-5615-5846-1

Ⅰ.①福… Ⅱ.①苏… Ⅲ.①海洋-文化-福建省-文集 Ⅳ.①P722.6-05

中国版本图书馆CIP数据核字(2015)第299680号

出 版 人 蒋东明
责任编辑 王鹭鹏
装帧设计 蒋卓群
责任印制 朱 楷

出版发行 厦门大学出版社
社 址 厦门市软件园二期望海路39号
邮政编码 361008
总 编 办 0592-2182177 0592-2181253(传真)
营销中心 0592-2184458 0592-2181365
网 址 http://www.xmupress.com
邮 箱 xmupress@126.com
印 刷 厦门集大印刷厂印刷

开本 787mm×1092mm 1/16
印张 14.25
插页 2
字数 340千字
印数 1～1 000册
版次 2015年12月第1版
印次 2015年12月第1次印刷
定价 35.00元

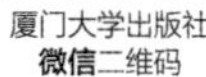
厦门大学出版社
微信二维码

厦门大学出版社
微博二维码

"海洋"潮涌中的学术策应

苏　涵

虽然我国在很早的时候,就有一些学者开始了海洋文化的研究,也有人提出过海洋强国的政治见解,却一直没有引起社会的广泛关注,也没有成为学术研究的热点。

大约从20世纪90年代开始,随着世界各国陆域上的利益争端向海域利益争端转移,随着海洋资源、海洋权益、海洋防御、海洋经济等与海洋相关的概念背后裹挟着的巨大的国家利益的纷争滚滚来袭,学术界才骤然将注视的目光投向潮涌的海洋。

到21世纪之初,学者们出于对类似于"21世纪是海洋世纪"的观点的敏感,开始了对海洋问题的多学科研究;再到2013年中国国家领导人提出"一带一路"的发展战略构想,才真正以国家意志,从国家战略层面上掀起巨大的"海洋"潮涌,引起学术界异乎寻常的热情。

有的学者匆忙地就题作文,就中国的海洋问题进行诠释解读;有的学者设题立项,围绕国家的海洋行为建言献策;还有的学者曲折寻题,设图让自己的职业、自己所在的地域与国家的海洋行为搭上密切的关系,等等,一时间才华尽显,奇招纷出。海洋潮涌时的学术热情与学术策应,再一次显现了我们所处的学术生态的特殊性。

就在这样的情况之下,我们集美大学也决定成立海洋文化研究所,开展海洋文化研究,以此构建一个社科研究平台,也才有了我们工作计划中的一个部分——出版这个名为"福建海洋文化研究"的辑刊。

很显然,我们的学术决策也有跟潮之嫌,这引起我们认真的检讨。但最终,我们得到三条重要的理由:

其一,之前,虽然已经出现过许多海洋文化研究的大家,出现过许多海洋文化研究的优秀成果,但是,在我国,大规模研究的时间毕竟太短,广阔无边的海洋与丰富多彩的海洋文化还有太多的珍藏没有得到很好的研究,海洋文化研究还有广阔的学术空间。

其二,我们集美大学,从陈嘉庚先生创校之初,就有了涉海专业。发展到现在,已经成为特色非常突出的涉海专业院校。在这样的学校里,我们不仅开展海洋航行、海洋管理、海洋生物、海洋渔业、海洋机械、海洋环境等方面的研究和教育，我们还可以开展海洋文化的研究和教育，这样就会构成更为全面的海洋学科群，也会形成不同学科之间的互相融合和互相激励，有利于我们学校学术水平与学科建设水平的提高。

其三，我们学校许多专业的教师，此前也都曾从自己的专业角度切入海洋文化研究的领域，在这方面已经有了比较丰厚的积累。如果我们进一步将这些力量组织起来，一定会取得属于我们自己的成果。

有了这样三条理由，我们便坚持自己的选择，认真地从事相关的工作。

我们这个辑刊，计划每年至少出一辑，均由厦门大学出版社出版。您所看到的第一辑，共收入论文 28 篇，编辑为“海洋文化史研究”“海洋文学与艺术研究”“海洋文化创意产业研究”“海市文化研究”四个栏目。这四个栏目，其实是我们在过往的研究中，有意识地展开的海洋文化研究的具体方向。也许，我们在以后的研究中，会增加新的研究方向，或者减少过往的研究，但至少在目前，我们以为，这样的研究方向的设定，还是具有特色性与发展可能的。

第一辑的文章，少部分已经发表过，大部分则未曾发表，作者均为集美大学教师。

当然，由于时间关系，也由于我们学术上的粗疏，本辑中的错误肯定不少，敬请方家教正。

而从现在开始，我们即向校内外学者征集第二辑的稿件，我们殷切期望得到校内外与海有缘的学者们的共同襄助。

我们也希望，我们的研究，不仅是一种学术的标示，而且可以成为现实生活的参考，成为福建一方或更多地方进行海洋经济建设和海洋文化建设时的有益鉴照。

2015 年 7 月 6 日炎暑之际

于集美大学文学院

目　录

四 海市文化研究

福建海洋文化史论

夏 敏

（集美大学文学院 福建 厦门 361021）

【摘 要】福建地处中国海洋文化核心区域，海洋文化源远流长。文章梳理了古代民间和官方海洋文化行为，对近代洋务运动以后福建在海洋文化中所具有的重要地位给予客观评述，同时对20世纪以来特别是改革开放以后的福建海洋文化进行了勾勒与展望。

【关键词】福建；海洋文化；妈祖；福建船政

作为沿海省份的福建，面朝台湾海峡，有3 300公里长的海岸线，它的先民很早就开始了海事活动。“闽在海中”就是早期中原先民对福建的神秘描述，它透露出这样的事实，福建跟大海有关。历史上北人入闽与闽地沿海土著实现混血，使沿海福建人逐渐发展出耕海犁浪、靠海吃海的生活习惯。福建的希望来自海洋，成为历史已经验证了的必然。鸦片战争以前的中国，福建、广东、台湾是中国主要的海洋文化区域，尤其是讲闽南话的台湾、泉州、漳州、潮府四府，是中国海洋文化的核心区域。

在福建的海洋文化中，捕捞和海运是福建海洋活动的主要形式。从事捕捞和海运，必然遭遇各种各样的海上风险。为了平安走海，自古以来福建人就摸索探讨出一系列海事法则。这些法则有的是民间船家、船商约定的“行规”，有的是历代福建地方官员创制的政府规定。唐末以后，福建开辟海上“丝绸之路”，五代闽国开辟甘棠港，使福建海上贸易圈扩及南洋、新罗和日本，北宋时，“福建一路，多以海商为业”。南宋至元，作为东方第一大港的泉州崛起，直到明成化以前，政府在泉州专设市舶司。市舶司的主要职能有：(1)管理出入港船舶；(2)抽解（征收关税）、禁榷（由国家垄断专买专卖）、博买（由政府收购一部分获利较大的物品）；(3)船舶的运送（将政府抽解和收购的进口物资移送京师）；(4)检查违禁品和缉私；(5)招徕外商；(6)负责蕃坊（外商在本埠的居住区）事务的监督和管理；(7)主持为商船的祈风典礼。这个历经宋明的市舶司，其实已经履行了古代官方海事的一些基本职能。

到了明代，琉球国的通贡海舟和航海通贡人才均为明廷所赐，市舶司负责这些事宜。明代福建官方海事活动到达琉球，泉州一直是朝廷通琉球的港口。明成化以后市舶司由泉移榕，闽南和琉球的通航改为民间之举。总之，宋明以降，闽南海洋事业异常发达，而且出现妈祖等与海事有关的海洋神明体系。郑和下西洋，从规模上代表了中国海洋文化的最高成就。船队的船只为闽地所造，水手多为闽人，七次航海都从福建下水出发，航海路线也走的是闽人通往西洋的传统路线，即海上丝绸之路。

郑和远航后，为打击倭寇并吸引其他国家前来朝贡，明政府长时间实施海禁，中国海上

夏敏，男，教授，主要研究文艺学、民俗学。

事业遭受到打击。

尽管海禁使东南沿海海事进入萎缩期，但福建却有另一番景象。官方海事转为民间海事，但仍显示出涉外特征。民间海运、商业（特别是福建对欧洲的茶叶贸易居于明清福建海外贸易之首）和海外移民推动了月港（海澄，即“本澳港”）、安海等港口的崛起，明景泰年间，月港成为通倭的走私贸易中心，龙溪《王氏族谱》（民国刊本）云：“闽人通番，皆自漳州月港出洋。”明正德后，“月港豪民多造巨舶向海洋交易……法不能止”，隆庆元年（1567 年），官方正式开放月港，准贩东西洋，福建海洋私人贸易再度繁盛，漳泉海商开辟了吕宋市场，中国丝绸和铁器商品进入全世界的市场，美洲的白银也通过月港滚滚流入中国，“澄商引船百余只，货物亿万计”，这种新兴贸易取代了衰落的官方朝贡贸易。迄至明代中后期，漳州成为中国海洋文化最发达的区域。嘉靖、万历年间，漳泉移民日本及琉球者众，琉球在明洪武、永乐年间甚至形成叫“唐荣”（或“久米”）的中国村，原籍中国的村民明清两代专事与朝贡航海有关的事宜（如贡船驾驶与维修，外交文书制作与翻译，两国官员往来的礼仪，贡品的买卖与管理，接纳或遣送中国漂风商船与难民，等等），这些闽人后裔对推动中国文化扎根琉球做出重大贡献。万历以后的一些朝廷命官都利用月港至琉球的航路，打探倭寇活动的情报。

明郑海洋性地方政权以海洋为发展模式，外向型产业特征明显，成为中国与东方贸易的中介，此时的福建理所当然地成为中国海洋文化的核心地段。

清初开海以后，厦门取代月港昔日的辉煌地位，是官方特许准赴东西洋贸易的主要商港。从此厦门成为闽人入台的主要出发港或拓殖海外的窗口，也成为福建沿海最大的国际贸易港和福建沿海经济重镇。军港、商港、渔港的长期并存成为厦门港的一大特色。鸦片战争（道光二十至二十四年，即 1840—1844 年）以后，厦门被英国逼开为通商口岸，是通台商品的专门口岸，它迅速发展为闽南的中心城市。

一、古代福建沿海的民间与官方海洋文化行为

（一）古代福建的民间海洋文化行为

作为海洋大省，福建沿海民众明朝以前的经济行为主要是渔业和水产养殖，最有特色的是活跃于闽、浙、粤的海上疍民，他们乘坐名为“了鸟船”的船只，在茫茫大海上航行。到了明海禁之后，特别是郑氏集团控制台湾以后，福建有着其他沿海省份无法比拟的经济特征，那就是涉外民间经济行为（避开官方海禁的民间海上走私）的繁盛。明代嘉靖以后，官方由于倭患等原因出台“海禁”政策，日本首先成为禁海航区，随着禁航区的扩大，官方态度是从海洋退却，泉州式微，福建的海洋活动转以民间非法走私和“违禁”下海通番为主。这一时期，福建（特别是闽南）的民间海事却异常活跃。船民们掌握季节风向变换的经验，以避开台风。所以，明清两朝中国的海事行为，福建民间扮演了主要的角色。

被清初政府视为“非法”的明郑王朝“合法”地鼓励闽籍人涌入台湾。在明朝官方“合法”打压下，地方性较强的福建民间航运、台湾与海外移民都有较强的海洋文化诉求。清代前期，政府重新开海，福建船只向东前往台湾（东番，也称“小东洋”）、东洋（文莱以东的海洋，主要指朝鲜、日本、琉球和菲律宾），向北前往北中国沿海，向南前往南洋、西洋（文莱以西的海

洋)。尤其是日本,成为闽船航行区域的重要国家。但是雍正以后,由于中日贸易政策和管理制度的变化,对日贸易锐减。闽船转向至菲律宾与文莱。明清时期,民间航线有福建舟人使用的“海道针簿”作为秘本保存。清代的福建船,规定用绿油漆饰,俗称为“绿头船”。前往天津的以贩糖为主,叫“糖船”或“透北船”;前往浙、沪、鲁的叫“贩艚船”或“北船”。这些船出海,都有登记船照方面的档案。但由于材料尽失,所以,已无法考察。只有一些零散的材料记载了海上救助的事迹,多少保留了遇难船商的自述。根据这些自述材料分析,我们发现,清初开海之后福建船只北上或南下遭遇风暴是经常的事情。“行船乘车三分险”,民间对付风暴的办法多半是随风漂流。根据资料分析,北上船只遭风漂流的落脚点多数是朝鲜和琉球。福建船民往往采取整船漂流或弃船下小艇或“坐落水柜”漂流,漂流过程中有的淹死,有的客死他乡,或者来年被他国海事官员护送回原籍。现将清初康熙三十九年(1700 年)至清末咸丰四年(1854 年)共 154 年间福建船商北上贩运遭遇风浪的资料加以呈现如下:

1. 福建府船主陈明等 25 人,驾船一只前往山东贸易,十二月二十日装船回闽,忽被逆风漂至琉球北搁破。(康熙三十九年,1700 年)

2. 闽县船户游顺等 24 人,驾船一只,往海州地方发卖杉木,十一月初开船出大洋回闽,遇狂风损坏桅舵,漂到不知名海岛湾泊,割断舵索,二十四日漂流到琉球北山大岛地方。(康熙四十四年,1705 年)

3. 晋江县商船户卢昌兴等 26 人,赴锦州贸易,回途遭遇飓风,十一月十八日漂至朝鲜济州大静,2 人死亡。(雍正二年,1724 年)

4. 延邵二郡纸商,“每岁由闽航海,荷神庥,得顺抵天津”,本年佥谋于北京崇文门外缨子胡同,合建延邵会馆以祀天后。又,莆田县商船户陈协顺等 22 人,赴天津贸易,回途遇风,十一月初四漂至朝鲜椒子岛。(乾隆四年,1739 年)

5. 同安县商船户王同兴、搭货客漳州府人连让等 21 名,驾同安顺字 275 号船,五月十二日由厦门出口……于十一月初五日放洋回闽时,忽遇飓风,蓬桅俱坏,十六日漂至琉球麻姑山打坏。又,龙溪县商船户陈广顺等 28 人,赴锦州贸易,回途遇风,十月二十一日漂至朝鲜安兴。(乾隆五年,1740 年)

6. 福建商船户陈得丰,驾往上海……顺途回棹,遭风弃桅,漂往琉球。(乾隆六年,1741 年)

7. 龙溪县船户徐万兴及舵水等 27 人,十月二十八日在锦州装货,从大观岛放洋,陡遇飓风,将桅吹倒,漂流至乾隆十一年(1746 年)正月初五日在台湾后山冲礁破船,失去舵水 7 人。(乾隆十年,1745 年)

8. 闽县商船户吴永盛(莆田人,坐驾闽县宁字 497 号船),并舵水、客民吴顺等共 28 名,于三月初一日在台湾装载红糖转至上海县贸易……十一月十五日放洋回闽,至十八日陡遇飓风,吹断大桅,二十三日漂至琉球国山北楚州地方,冲礁打坏。(乾隆十四年,1749 年。同年海难记载另有 9 条,此不赘引)

9. 同安县船户林顺泰商船,于十一月内在洋遭风,失去舵桅,漂至琉球宇天港。(乾隆十六年,1751 年)

10. 同安商船户阮隆兴等 21 人,赴天津贸易,回途遇风,十月初六漂至朝鲜旌义。又,莆田县商船户林麟等 28 人,赴山东贸易,回途遇风,十一月二十一日漂到朝鲜黑山岛。(乾隆二十四年,1759 年)

11. 莆田县商民林四官等十一月初四在山东岱山开驾要往浙江宁波，遭风漂流，十三日船破，林四官、胡八官坐落水柜，十二月初三日夜漂至琉球麻姑山浦底滨地方。又，同安县商民陈天相等十月十七日遭风吹桅失柁，货物丢弃，二十三日众柁稍下杉板而去，陈仍在原船，是夜二更冲礁船坏，急落水柜，十一月十一日夜漂到琉球大岛名莱大熊地方。又，同安县船户林福盛等24人……二十一日遇西风大作，失柁失破，任其漂流，二十五日沉船后乘汲水小船，漂至朝鲜全罗道罗州慈恩岛。（乾隆二十五年，1760年，乾隆年间另有海难记载11条至乾隆五十年即1785年，此不赘引）

12. 海澄县商船户陈嘉端等31人，赴福州、天津、关东贸易，回途遇风，十一月二十四日漂至朝鲜明月镇。（嘉庆二年，1797年。嘉庆年间另有8条海难记载，此不赘引）

13. 同安县商船户洪振利等38名，坐驾顺字98号（关部照地字2号）商船，十一月十二日，陡遇西北大风，吹桅坏柁，任风飘荡，煮豆充饥，逢雨饮水，历6个月之久。道光五年（1825年）四月初八日船底破漏，跳上杉板小船漂流，初九日遇琉球小船6只，护索在琉球山南喜屋武郡登岸。又，同安商民吕正等32名，坐驾盛字338号商船，十一月初四日该地（山东）开船，要回本籍，十二日在洋遭风沉覆，26人溺死，吕正等6人坐落水柜，十二月初六漂到琉球山北仲泊，饿毙5人。又，海澄县船主石希玉等37人，十月初十遇大风漂流，二十四日晚晌弃船下小艇，在朝鲜全罗道州荷衣岛上岸。又，同安县商船户蔡高泰等漂至琉球，次年（1825年）九月二十二日由琉球国护送至福州。（道光四年，1824年）

14. 同安县商民陈宽船只于六月十一日驶抵东海外洋，救护日本国难民11名、琉球国难民2名，送交温州镇营。（道光六年，1826年）

15. 七月，厦门商船在浙江之普陀山遭遇飓风，沉船70余号，计丧资本百余万。（道光十一年，1831年。道光年间另有4条海难记载，此不赘引）

16. 福宁府福安县船主张万兴等25名，坐驾霞浦县霞字18号商船，于七月间奉海防分府府照，领装京米1100石外，准允随带货物一件，运赴天津府……十二月初一日该地开船，初五日遭遇西北风，随风漂流，十六日漂到琉球叶壁山。（咸丰四年，1854年）

古代福建民间海事绝少被学者关注，但是福建以其事实上的频繁民间海洋活动而成为中国民间海洋活动的中心，这一中心直接跟台湾和海外发生密切关联。

古代福建民间海事的特点突出地表现在以宗教的方式解决海事问题。具体表现在以下三个方面：

（1）**妈祖信仰**：宋元以降，以妈祖信仰来表达海上救险救难的心态。

（2）**安船仪式**：明清之际，福建沿海造船过程中请道士前来举行建醮消灾祈福仪式（安船化财功德），保佑船只在所行航道上的安全，据民间道士抄录的科仪书《安船酌钱科》（藏于英国大英博物馆）的最后部分提供的“奏请”庇护的航路“往西洋”“往东洋”“下南”“上北”所列地名可以看出，它们与明清福建舟人传统真实航路一致，说明道士科仪书上的这些地名基本上是科仪道士们从船员记录中抄录下来的。其中“下南”和“上北”的国内航路地名旁还列有沿途地方要祭祀的各路神明名称，如“下南”中的大担/妈祖，浯屿/妈祖，旗尾/土地公，连江/妈祖，等等；“上北”中的寮罗/天妃，东澳/妈祖，烈屿/关帝，金门/妈祖，围头/妈祖，等等。

（3）**送船科仪**：“送船”原本是清季以来闽东南沿海送瘟神习俗。送法是，真船载着纸扎神像或供品，经道士做醮后放入海中以保平安。也有以竹条扎制瘟船，糊以无色绫纸，内置纸质神像或供品，经道士做醮后焚化入海以保平安。这种仪式用于海商和船民身上，兼具送瘟神和请海神双重功能，含有保护航海平安的意味。兹录清朝乾隆年间月港（海澄）民间道士抄录的科仪书《送彩科仪》（藏于英国大英博物馆）的最后一段对话："船主、裁副、香公、舵工、直库、火长、大寮、押工、头仟、三仟、三仟、阿班、杉板工、头锭、二锭、总铺，合船伙计齐到未？到了。"文中罗列的角色均为明清之际从事海外贸易的商船人员的组合。说明只要完成这一科仪，船员们就可以放心大胆出洋了。

（二）古代福建的官方海洋文化行为

唐末至明海禁前，福建的海洋文化行为的主体是官方。宋朝是中国历史上海洋政策最为宽松的时代，其统治者在中国历史上第一次提出"开洋裕国"的国策。不论是民众出海贸易，抑或外商来华，他们的航海行动都享有最大的自由。王安石变法后，官府意识到海外贸易有巨大利益，出于对商船（特别是蕃船）的管理，专门设置市舶司以颁发度牒为名从海商那里收取巨额税款，朝廷来自市舶司的收入几达百万。

《宋会要》记载："哲宗元祐二年十月六日，诏泉州增置市舶。"宋宝祐年间（1253—1258），蕃商蒲寿庚居然还被朝廷任命为泉州市舶使。以泉州为中心，福建与琉球、南洋、印度和阿拉伯的来往都仰仗于官方的倡导。早在东吴黄龙二年（230），东吴就"遣将军卫温、诸葛直将甲士万人，浮海求夷州及亶州"（《三国志·吴志·孙权传》）。宋元时，泉州一跃成为东方海运中心和最大的贸易港口。元朝户部专门管辖海运的派出机构行泉府司下辖海船达15 000艘。十五六世纪，中国对外的海洋经济拉开了帷幕。明代"国朝又以与番夷互市，由是商贾云集，穷崖僻径，人迹络绎，阒然成市矣"（蒋薰：《武彝偶述》，《云寥山人文钞》卷二）。福建的茶叶、蔗糖以极高的利润远销日本、东南亚和欧洲，大量的白银和粮米也流入福建。明清之际，"出洋贸易者，惟闽、广、江、浙、山东等五省之人，而其中闽省最多，广省次之。此等人类，皆挟货求利"，"闽省沿海民人，多仗海船贸易，每届回棹之时，不独米粮随处粜济，银钱、货物充盈店铺。一人贩洋而归，家族、亲族无不倚赖"，"该地（漳州）绅士、富户，半系贩洋为生，较之他郡，尤为殷实。而城市之繁华，胜于省会"，"闽省一年出洋商船，约有三十只，或二十八九只。每船货物，价值十余万，六七十万不等"。明朝官方对海商的管理开始于明初防止倭患的海禁，洪武初，朱元璋下令"禁滨海民不得走私出海"。永乐元年（1403），朱棣重申："禁民下海。时福建濒海居民私载海船交通外国，因而为寇，郡县以闻，遂下令禁民间海船。"朝廷对民众偷渡、走私采取极其严格的惩罚措施（如"杖一百""斩""绞""正犯处以极刑，全家发边远充军"）。中国人去海外成了一项罪名，但是民间却是屡禁不绝。明代后期，福建民间以漳州月港为中心，移民海外与台湾。明隆庆年间（1567—1572），朝廷不得不允许福建月港的商人去海外贸易，这一政策一直延续到明末。明郑政权掌握了治海权，建立"通洋裕国"的海洋贸易组织和社会管理制度；清代前期，满清政权采取郑成功叛将黄梧之策，厉行迁界、禁海，扼杀郑氏政权，闽台继续进行传统农业文明传播模式。从康熙二十二年（1683）到道光二十年（1840）这157年的时间里，清政府重新开海，允许对外通商。沿海的船只可以自由航行各地海港；厦门一带的商人也可以自由地到南洋各地贸易；海外商人来华，得到清朝的许可后，也可以在贸易港口建立商馆，进行贸易。清廷开放了广州、漳州（后改厦门）、宁波、云台山（后改上海）为四个通商口岸。允许厦门商人去海外贸易，促成了福建人在海外的大发展。福建人不断移民海外，控制了东南亚一带的商业。除了闽船闽贾重新进入北中国海外，大量的闽南民众作为垦丁进入台湾垦殖。这一段时间里，台湾人口从12万迅速发展到250万。后来，又从道光二十年（1840）到甲午海战前夕增加到300万。尽管有清政府严厉的反偷渡等措施的打压，也无法阻止闽南向台湾的移民，最终闽台成为经济共同体。此间，台湾也实现从移民社会到定居社会，从闽南民间社会向中国传统社会的提升和演化。两岸经济借由厦门、蚶江、五虎门与台南、鹿港、八里岔组成的口岸中心实现常态对接，民间有“厦即台，台即厦”的说法。台湾移民社会200年，是台湾社会由海岛经济向海洋经济发展的200年。

五口通商，特别是中日甲午海战后割让台湾为日本殖民地50年间（日据时期），台湾对福建的依赖降低。虽然自清初康乾以来，由于每年有大量白银和大米来自海外，政府实际上支持海上的对外贸易。一直以来的民间海上贸易，使福建涉外海事充满活力。鸦片战争后，国家被迫对外“五口通商”，厦门作为其中之一口，官方海事行为日益繁盛。从19世纪末到20世纪上半叶，由于看到移民海外的移民带回大量侨汇、技术和人才，它们甚至成为地方经济的主要支柱，清廷于是承认闽籍劳工输出性移民合法并称其为“华侨”。1905—1920年，福建的侨汇收入每年都在2 000万银元上下，1921年更是有上升势头。

古代福建官方海洋文化的特点表现在三个方面：

（1）以宗教的方式解决海洋问题。官方不断敕封妈祖名号以显示对从事海洋活动的民众的精神安抚以及对海事行为的部分认可。妈祖本来是来自民间的普通航海保护神（宋代其他航海保护神是莆田的长寿灵应庙神陈寅、远通王、祥应庙神，福州的演屿神等），为了安抚民众航海求顺的心态并赢得民心，自北宋宣和四年（1122）开始，宋徽宗在出使高丽回来的给事中路允迪的奏请下，特赐莆田宁海圣墩庙庙额为“顺济”，赐妈祖为“湄洲神女”，妈祖信仰首获官府承认。此后，在政府的推动下，给妈祖的封名一直不间断。南宋绍兴二十六年（1156）封灵惠夫人，三十年（1160）增封昭应二字；淳熙十年（1183）封灵惠昭应崇福善利夫人，光宗绍熙元年（1190）封灵惠妃。南宋时期，妈祖信仰得到统治者的大力扶植，先后被赐封的各种封号达14次之多。宋元明清的14个皇帝赐给妈祖的封号多达28个，封号的等级也由从“夫人”到“天妃”“天后”再“天上圣母”而不断晋升。民间关于妈祖的造神运动愈演愈烈。元代，妈祖同时成为海运和漕运的保护神而得到朝廷的扶持。元代诸神封号极少，但还是在至元十八年（1281）破例给妈祖封号为“护国明著天妃”；明洪武五年（1372）朝廷封妈祖为“孝顺纯正孚济感应圣妃”，永乐七年（1409），朝廷给妈祖的封号是“护国庇民妙灵昭应弘仁普济天妃”；明末清初，朝廷每年都派地方官礼祭妈祖并载入国家祀典，朝廷给妈祖的封谥继续进行，康熙二十三年（1684年）被封为“护国庇民昭灵显应弘仁慈天后”。在清朝祭祀诸神中，只有天妃最经常得到朝廷的谥号，迨至咸丰七年（1857），天妃谥号长达64字“护国庇民妙灵昭应宏仁普济福佑群生诚感咸孚显神赞顺垂慈笃佑安澜利运潭覃海宇恬波宜惠导流衍庆靖洋锡祉恩周德普卫漕保泰振武绥疆天后之神”。妈祖的职能也由单纯的航海保护变为无所不管（管渔业丰产、男女婚配、生儿育女、祛病消灾等等）。

（2）政府组织海防干预海盗或倭患骚扰。明初朱元璋为了打击倭患，阻止海上反明势力（如张士诚、方国珍的海上余部），保护初生的朝廷之利益而厉行海禁，也为保护琉球等外国朝贡（后来的永乐年间还很好地保护了郑和下西洋的船队），朱元璋下令在浙西、东筑城59座，在闽东、南筑城16座，就是这一防御战略的具体体现。最具代表性的就是明初洪武年间崇武千户所的设置，它设置的目的有二，一是为了对付倭寇侵扰，二是为了平息海上反明势力。到了明嘉靖年间，闽省倭患和海寇联手并作，对付他们成为海防的主要内容。隆庆以后开海政策的落实,使沿海城卫对沿海正当的贸易活动起到保护作用。然而,明朝统治者歧视和压制海商与华侨的政策,使得沿海城卫的负面作用不断滋生,他们对海商不断敲诈勒索,以盗污商,合法经营不敌猖獗走私,反而助长了海盗横行,明末崛起的南安郑芝龙家族成为走私海上与海寇融为一体的典型。

(3)政府组织海禁查禁私人出海贸易。明初崇武千户所“御倭镇反”功能废弃后,就成为政府执行海禁政策的工具。所以,建卫的负面作用也很大,尤其是皇帝宣布“片板不许下海”“敢有私下诸番互市者,必置之重法”,直接妨害了民众出海捕鱼和海上贸易,导致私人的海上贸易活动以非法走私的形式出现,甚至出现商寇一体、贿官逃税等社会毒瘤。而宋元以来东面通商于朝、日,南面通商于阿拉伯国家的“东方第一大港”泉州,在明代海禁政策出台后,地位也在迅速跌落。

二、洋务运动与福建船政兴起

鸦片战争以后李鸿章等人发起在技术上“师夷”的洋务运动,他们办了“轮船招商局”,目的是购置和制造蒸汽推动的外轮。在洋务运动的推动下,本来就有较好造船基础的福建进入的近代造船领域。福建造船业的最大成就是马尾船政,它曾是远东地区最大的造船企业,在晚清长期领先于亚洲各国。在马尾造船业之前,福州和厦门两地已经有了近代造船工业。其实,古代的福建一直都是我国造船业发达的地区。宋元以来,福建一直是中国海船(尤其是远洋海船)制造中心。元代旅行家伊本·白图泰在其《游记》里描述泉州造的中国船“有十帆”“役使千人,其中海员六百,战士四百……随从每一大船有小船三艘……此种巨轮只在中国的刺桐城建造”。明代福建造船业最伟大的成就就是郑和宝船的制造。永乐年间朝廷多次命福建都司(有司)造郑和远洋海船,“太监郑和自福建航海通西南夷,造巨舰于长乐”,之后明水师战舰和出使琉球等国的册封船全由福州制造。清同治五年(1866),马尾船政经江浙总督左宗棠倡建,在他奉调陕甘后,马尾船政交给江西巡抚、闽人沈葆桢主管。他们引进西方造船设备、技术人员和制造技术,头六年造成12艘大小商船、军舰,至光绪三十三年(1907),马尾船政共造出商船、军舰40艘,其中吨位最大的是1882年下水的开济号铁胁木壳战舰,排水量达2 200吨,造价为26.8万两白银。

马尾船政局一经开创,先后开办前后学堂,“艺童、艺徒和三百余人”,“前学堂学制造,后学堂学驾驶、管轮”,培养出我国第一代近代海军军官。其毕业生既是福建水师、北洋水师、南洋水师等舰队军官的骨干力量,也是活跃在我国造船工业的一支训练有素的工程技术队伍。李鸿章曾把船政局学堂视为中国海军学校的鼻祖,他说,“闽堂(指马尾船政局学堂)是开山之祖”,“此间学堂(指天津水师学堂)略仿闽前、后学堂规式”。总之,马尾船政局学堂是一所合培养造船技术人员和海军军官于一炉的综合学校(民国元年,前学堂改称制造学校,后学堂改称海军学校),造就了相当一批近代海军军官和造船工程师以及船政、军事教育等方面的人才,在我国近代海军史和造船史上都占有重要一页,是中国近代海军的摇篮。

船政局除了造船和军事教育方面成就粲然,也承担了各种海事安全工作。台湾海峡风急浪高,无论是外籍商轮,还是国内、省内船只遇上海难,船政局轮船均星夜驰往目的地鼎力相救,如同治十二年(1873)六月十五日英籍夹板船“吞顿”和“丝马儿”在台湾基隆港因风遇险，所幸有福星轮救助方脱险；又如同治十二年(1873)二月间，漳州商贩、水手在福清海坛海面遇难，也得到张成驾驶的海东云号的救援，24 名水手幸免于难。船政大臣吴赞诚总结了船政局轮船在抢救海难方面所发挥重大作用时说："近年来厦洋面华商遇难，无不派船拖带；即外洋船只遭风搁浅者，亦往往仓卒乞援，臣立饬拔碇前往，或保其全船，或拯其人口，佥以化险为夷。"

福建船政的兴起直接推动台湾经济的近代化进程。台湾经济的近代化有三个标志，一是能源的开发，二是通信和交通运输业的发展，三是进出口贸易额的扩大。

1. **能源**方面

台湾盛产优质煤炭。光绪元年(1875)清政府根据洋务派李鸿章、沈葆桢等人的建议，在台湾基隆设立西式煤厂开采台湾煤矿。台湾官煤厂遂跻身于当时全国最先进的官办煤矿行列，所产煤炭不仅供应福州马尾船政局造船炼铁，还远销上海、香港及国外。沈葆桢、丁日昌加大台湾对外开放的力度，相继在厦门、汕头、香港等地设立招垦局，由清政府提供路费、贷给资金，向大陆各省广招移民入台屯垦山地。光绪十一年(1885)，中法战争结束，在沈葆桢极力呼吁下朝廷下诏同意台湾单独正式建省。首任台湾巡抚刘铭传在军事、行政、经济、文化等各个领域多方进行改革和建设。台湾在东南七省中后来居上，至甲午战争前夕，已经跻身于全国最先进的省份行列，令世人刮目相看。

2. **通讯与交通运输**方面

台湾孤悬海外，防卫之重要性尤其突出。在这方面福建船政发挥了积极作用。光绪七年(1881)福建巡抚岑毓英为解决海峡两岸信息交通问题延请福建船政大臣派拨琛航、永保二艘轮船循环往返于两岸之间，以加速文报传递，并准搭载人货。其后又增派伏波、万年青二轮，缩短邮递日程。光绪十一年(1885)，刘铭传以飞捷、威利、万年青三轮往返航行于台湾与大陆各重要港口。第二年六月，刘铭传又向民间募得资金 40 万元，另加官方投资 10 万元，在台北大稻埕设立商务局，以 32 万两白银购买驾时、斯美二轮往来于上海、香港之间，还远航新加坡、西贡、吕宋等国际名港。由此可见，兴办船政之后，台湾航运首先获利。海洋运输业的兴旺与各个港口的繁盛也带动了台湾经济的发展。

3. **进出口贸易**方面

咸丰八年(1858)以后，政府开安平、淡水为通商口岸；此后，又开高雄为安平的附属口岸，基隆为淡水的附属口岸。同治元年(1862)，在淡水设海关，次年由基隆托管。同治三年(1864)，分别于安平、打狗设关并置税务司。外国洋行始入台湾经商，贸易额逐年增多。以光绪十二年(1886)为例，输入 265 万元，输出 153 万元。其中，茶叶是台湾的大宗出口商品，光绪十七年(1891)，贸易额为 864 万两，其中外国贸易 392 万两，与大陆贸易 472 万两。以贸易额计，比开港之初的 592 万两增长了 1.46 倍。胡传在 1893 年 2 月 17 日的日记中写道"自设行省以来，增田赋、榷百货、采矿、蒸脑、淘金、开煤，岁入近二百万。"所以至甲午战争前夕，台湾已跻身经济强省，其经济实力及人民的生活水平已足与苏杭一带当时的经济最发达地区相媲美。这一切又均与福建船政有密切的联系，从某种意义上说，福建船政促进了台湾经济近代化。

三、民国时期的福建官方海洋文化

从清末到民国(20世纪上半段),福建的海洋活动频繁,福建官方海事始终保持着典型的涉外性特征。

从背景上看,以闽南为中心的海外贸易和移民仍在继续,虽然经历了两次世界大战、内战和30年代的世界经济萧条,但是侨汇仍然源源不断地从海外流回福建。日本发动太平洋战争,日本通过台湾向福建扩张,二战时期厦门、福州一度沦为日军占领区。1937年以后福建官方海事由海关、港务、水警、海港检疫所等多头管理,经常处于瘫痪状态。在日军军事封锁下,福州港航运业和港口生产全面下降;马尾造船所被炸而严重瘫痪。1941年,日军占领福州四个月,1944年10月,福州再度沦陷,所有的海事机构遭到破坏。1938年厦门沦陷以后,所有的水运与港口管理被日本人控制,厦门海关移至鼓浪屿不久,业务中断,厦门港口贸易地位下降,日本侵略者控制了厦门港务、装卸、海运、海事的一切活动,原由厦门海关所属的泉州、漳州等水上事务均改由闽海关管理.1941年,日军占领鼓浪屿,断绝与漳泉之水上交通,厦门航运贸易、客运更加萧条。1945年8月15日,日本宣布无条件投降,厦门航政归广州航政局管理,实际上归厦门海关管理。1945年台湾光复至1949年国民党政府退居台湾,厦门客货运得到恢复,华侨又往来厦门港,闽台社会经济政治全面一体化,两岸海事文化也趋于一致。但在1949年国民党中央政府撤离大陆时,国民党军队对福州、厦门等港口的航运和贸易进行了破坏。

民国时期福建的官方海洋文化有自己的特征,主要表现在:(1)海事机构的频繁变化。民国元年(1912)成立海政局,内设巡工司,下辖各口理船厅。闽海关理船厅职责包括管理引航、指舶事宜,调查海船事故,管理港内助航设施。民国十六年(1927),闽海关理船厅改称港务课,职责不变;民国二十年(1931),福建省政府设厅开始兴办验船事务,这是执行航务监督的开端;民国二十三年(1934),福建省政府设厅根据河道航行设立管理船舶事务所;民国二十四年(1935),开始统筹管理地方航政;民国政府定都南京后,设立交通部,交通部筹办各省航政局以加强对沿海口岸有关船政、港务及涉外事项的管理,福建专设福州和厦门航政办事处。(2)发布并执行海事事务章程。如民国九年(1920)发布《闽海关特定约束驳船章程》,民国二十年(1931)政府颁发《轮汽船取缔规则》《查验轮汽船简章》《验船罚则》,这些章程相当多是因循清末制定的各项规章制度。(3)海事事务的多头管理,这些机构常常由外国人为领导,抗战前后福建海关的很多机构由洋人管理,港口事务被海关操纵,海事主权相当程度上控制在外国人手中。

四、新中国成立后的福建官方海洋文化

新中国成立后,随着两岸的政治对峙格局的持续和世界经济的隔绝,政治与经济的封闭,导致福建沿海经济再次退回古代海洋捕捞和水产养殖的水平,具有明显优势的福建海事的“涉外”特征渐失。1950年以后,两岸军事对峙,政治隔绝,海事交流断绝。海上渔、商的

小额走私严遭打击。民国时期海事事务多由海关承担,解放以后福州和厦门的海关采取军管,支援解放战争及随后反对美蒋军事力量的海上封锁成为当时福建海事的重要特征。涉海监管机构由原先的福建航务局更名福建交通厅航务局。但是航与港的关系处于经常性的变化中,厦门海关除了边防检查站、商检、口岸检疫等机构外,还于1950年2月成立海事仲裁委员会,受理在厦门港区发生的海事、海商和海上交通事故案件。60年代,台湾通过外向型海洋经济发展,市场依赖美国,原料依赖日本,逐渐实现经济腾飞,大陆因陷入十年“文革”而坐失发展机遇,作为受两岸军事对峙之害的省份,中央对福建的投资极少,福建成为中国海洋区域中的落后地区。1978年实行改革开放以后,随着两岸对峙减少和国家发展海洋的政策驱动,福建传统海事的“涉外”特点得到加强,侨、台、闽经济互动回流,台商纷纷登陆,海上捕捞和水产养殖又渐退次要地位,闽东南经济区成为中国经济新的增长点。80年代以后,随着大陆的改革开放和两岸关系的逐渐升温,闽台海事联系逐渐加强,2008年4月,厦海事局和台湾海事局还成功地在海上进行了联合搜救活动。国务院《海峡西岸经济区建设的若干意见》出台后,福建与台湾更是朝着经济一体化的方向行进。虽然台商基于经济利益的驱动看好以上海为龙头的长江中下游区域的经济区,但从长远利益看,他们不会舍近求远放弃与福建的区域合作,从某种角度看,首先登陆福建推动两岸经济互动,将给台湾经济社会发展带来无限生机。

福建海洋民俗文化研究

夏　敏　肖群英

（集美大学文学院　福建厦门　361021）

【摘　要】 福建是中国沿海最重要的海洋文化区，其航海史和海上作业史在中国沿海省份具有鲜明的文化特征，主要体现在人生礼俗、服饰文化、造船习俗、航海祭祀和胥民习俗中；在闽地所有涉海习俗中，妈祖信仰活动中所夹带的海洋民俗活动，是福建海洋民俗中最富特色的。

【关键词】 福建；海洋民俗；妈祖

我国有着长达18 000多公里的海岸线，由渤海、黄海、东海、南海四个海域的西侧海岸相连而成。海洋学通常将渤海、黄海、东海并称为"东中国海"，称南海为"南中国海"。根据历史上人们的海洋活动的相互关系，学者们将我国海洋的人文区域分为两广区域、闽台区域、江浙区域、鲁津辽区域。即是说，除了两广区域面临南中国海外，闽台区域、江浙区域、鲁津辽区域均面临东中国海。不同区域的海洋人文，因为地理环境有所不同、在历史发展中的经济或政治地位各有侧重等等，既有一体性、关联性，也呈现出各式各样、不尽相同的文化特征和精神风貌。

《山海经》记载"闽在海中"，福建三面环山，一面临海，东南沿海海岸线蜿蜒漫长，境内溪流纵横，河汊港湾星罗棋布。全省海岸线总长3 324千米，仅次于广东，居全国第二位，海岸曲率居全国第一。曲折的海岸构成大小港湾125个，深水港湾22处，有500平方米以上岛屿1 546个。主要岛屿有平潭岛、湄洲岛、妈祖列岛、厦门岛、东山岛、南日群岛、江阴岛。在这种自然环境中长期生活的福建先民自古就善于山行水处，"习于水斗，便于用舟"，尤其是宋元明清时期，随着造船业和水上航行技术的不断发展和进步，沿海和内河水上渔猎捕捞生产成为福建社会经济的重要组成部分，形成与之相关的很多习俗。频繁的海事活动、变化莫测的海洋变化也使得福建人民自古就与大海结下不解之缘，与之相联系的海神信仰也特别发达。这些习俗和信仰仪式在某种程度上依然存在并影响着福建人民的生产与生活，是我们理解福建区域经济生产的重要窗口，也可为管理监督等相关海事工作的展开提供一个沟通的文化平台，以下将就这两个方面进一步描述闽台区域与海事相关的民俗文化。

一、福建船民行船习俗研究

因为地处于东中国海与南中国海的中间位置，福建自古以来就享有十分重要的海洋战略位置，历史上亦有许多重要的港口城市，如泉州刺桐港、厦门港、福州马尾、漳州月港等。

海洋是渔民的生产空间，在独特的环境中形成与其他行业不同的生产习俗。福建沿海的渔民、海商等亦长年在风浪中拼搏，把生命交付大海，他们在长期的生活实践中总结出一套造船、捕捞和航海的经验，传承着具有海上活动和迷信色彩的民间习俗。尽管近现代航海技术有了很大的提高，但是走船的人依然难于完全掌握大海，因此游走于福建大小渔村时，这些习俗依然随时可见并影响着人们的日常生活。这里，将分四个方面来举例说明：

1. 福建渔民的人生礼俗、服饰文化

福建渔民的人生礼俗与陆地居民大同小异，但婚礼、葬礼等却有自己的特质，比如厦门港的渔家女出嫁多在夜间，并且要坐“黑轿”以冲掉晦气；家有丧事的渔家女，头上的红纱要换成蓝色或青色的；大岞村婚礼过程中许多吉日的选择，在经由卜日师算过之后，最终还得由妈祖来决定。在有的环节中，妈祖还起着至关重要的作用，如在“合婚”时，算命先生会根据男女双方的生辰八字测定是否吉祥顺意，还必须在妈祖神像面前“卜杯”看看是否如此，如果显示是不好的，那就拉倒重新选择；在举行婚礼的当天清晨，除了拜祖先外，也需到妈祖庙里祭拜，以求得妈祖神灵的认可。再者，有些孩子多病，也向妈祖求得保佑，有的甚至就“过继”给妈祖娘娘当儿子以保佑孩子平安地健康成长。

服饰文化方面，渔民为了作业方便，穿着打扮上有自己的特色。福建沿海的“湄洲女”“惠安女”“蟳埔女”便非常有地域特色，这三大渔女不仅以贤惠和勤劳而闻名遐迩，而且以独具风采的服饰吸引人们的目光。“帆船头、海蓝裳、红黑裤子保平安”便是湄洲女最典型的打扮，“帆船头”又称“妈祖髻”，湄洲岛妇女，特别是中老年妇女，头顶发型都是船帆状的，有时还在发髻上插上一根波浪形的缝衣针或银针，针上坠着一条红线，宛如船上的缆绳。据湄洲岛渔民介绍，妈祖生前也梳成这种发式，后人仿效妈祖而形成习俗。湄洲女在发饰上寄寓了丰富的情感，希望借此得到妈祖的庇护。湄洲的特色服装也被亲切地称为“妈祖服”，即上身是蓝色和红色搭配的斜襟大布衫，下面是红黑两截拼成的裤子。据说，妈祖自小就喜欢穿红衣，故而湄洲女效仿神圣，穿半截红色，以示对妈祖的敬奉。惠安女常年在海边劳动，“黄斗笠”“露肚装”着实是一道美丽的风景，印象中惠安女的头总是被包裹得严严实实，花头巾、黄斗笠、五彩绢花将其装点得风韵无限；上衣紧而窄且露着肚脐眼，还有缤纷的腰带或精致的银腰带，干起活来麻利又独具魅力；夸大的裤子在作业时不会湿湿地紧贴身，且上岸后随风走动，很快就吹干了。惠安女的奇特服饰在闽南海滨创造了梦幻般的迷人景观，也述说着福建妇女的勤劳果敢。蟳埔女的服饰比起湄洲女、惠安女来说并没有什么特别，但其头饰却是最迷人的，素有“头上花园”的美誉。她们在圆形发髻外环绕着插两三层鲜花，再插上几支大红艳丽的簪花或是银制的发钗，看起来层叠有序、花团锦簇，煞是好看。学者们琢磨这一另类头饰的形成，与宋元时期泉州海上丝绸之路的形成和对外交流的加强有一定关系。

此外，为保行船安全，渔民们还有很多禁忌，比如，闽南渔民忌进产妇的房间，不能提及海难事，忌讳讲“翻”“沉”“倒”“搁”“破”等字，吃鱼时不能“翻鱼”，船工解手时不得站在船头，撒网时不能大喊大叫，渔船上还不能吹口哨，不可煮蛋吃，等等。这些忌讳也蕴含着渔民们深刻的生活哲理，如祖辈相传不准把饭碗丢下海里的习俗，船上每逢有新学徒学习捕鱼，老渔民总是会言传身教，其中就包括教育青年一代要热爱从事的职业，爱惜自己的饭碗，告诫他们吃饭时不要随意跑动和开玩笑，以免把饭碗掉进海里。这些忌讳是渔民自尊心的体现，对所从事职业的尊重。如此这般，渔民因为行业生产的独特性，习俗信仰不仅仅限于渔业生产，而是渗透到生活的各个方面。

2. 与造船有关的习俗

明清以来，福建沿海各地制造的海船一般比较大，著名的如福船。内陆溪河使用的船则略小些，如闽江航道常见的鸡公船、麻雀船。船是渔民和海商的主要财产和工具，是他们安身立命的基础，造出来的船能否经得起风口浪尖的颠簸和狂风巨浪的搏击，与他们的生命紧紧相连。所以他们不仅在造船工艺上积累了丰富的经验，造船的方式、方法和性能都十分讲究，形成一套神秘化的造船传统习俗。渔船是渔民从事海洋渔业经济活动的工具，也因为与船民的性命息息相关而具有神灵性。就其整体而言，渔船是条“木龙”，尖首型船船底的大木梁称“龙骨”，船眼睛称“龙目”。船的构件也有神灵性，如桅杆被视为“将军神”，按其位置不同而有大桅、二桅、三桅、四桅、五桅之别，因而又有“大将军”“二将军”“三将军”“四将军”“五将军”之称。船体的彩绘图案与锚等工具也有神灵性。

对于走船的人来说，船就是漂浮的陆地，从造船伊始到完工乃至日常海上航行，福建船民都要举行祭祀，有一套严格的祭祀仪式。在动工造船前，便要请人选好黄道吉日，设好香案，摆上贡品祭祀诸神，祈求造船顺利。造船中，安龙骨、安龙目、安头巾是三道最重要的工序，因此仪式也最隆重，许多地方竖龙骨要另择吉日，也不准妇女靠近，不准有人跨越，更不准有人说不吉利的话。福清、平潭等地渔民会在龙骨各节的衔接处放粽子用以辟邪；闽南沿海的渔民则会放铜钱、铜镜、米等以辟邪，还会在龙骨的前部缚一块棕片，尾部绑一块红布，预示吉利。泉州渔民认为，在竖龙骨时，如果出现状如蜥蜴的“木龙”，即为不祥，意味着船将发生事故，此时船主就要小心用金纸把它包好，焚香祈佑之后，“木龙”就会不见的。安龙目(船眼)和安头巾时上，钉的时候都要套上小红布，且须在场备办三牲、金纸、酒水、果盒，燃放鞭炮，还要宴请造船师傅。此外，各地在举行新船下水的仪式前，也要备好贡品祭祀，新船下水也忌讳服丧者及孕妇参加或上船参观。莆田沿海的船主在新船下水时，举行祭祀妈祖的活动，请道士在海边建醮作法，用公鸡血先点妈祖神像的眼睛，再点龙目，还要向海中抛洒纸钱以祭祀水中的鬼怪，祈求航行过程安全顺利。

3. 航海过程中的祭祀活动

平安捕鱼，多捕鱼，捕好鱼，是渔民在担心自身安全之外最关注的，也是渔民崇拜海神的心理出发点。一定程度上，海神祭祀活动可以消除渔民的紧张心理，帮助渔民获得心灵上的宽慰，增强漂泊于大海上的信心与勇气，持续追求海洋渔业的经济利益。相较而言，渔民的祭祀海神仪式比较简单，经常与生产活动相结合；海商祭祀海神则财大气粗，仪式的排场也比较讲究；官员祭祀海神，十分注重程式仪礼，大多要撰写祭文，把祭祀与教化结合起来；渡海移民的祭祀也比较简单，类似渔民。这里，我们首先来了解下渔民们的出海前、航海过程中及出海归来的相关祭祀活动。

渔民们对出海的各种礼仪十分看重，这是出海前的必要程序，特别是每年春节后的第一次出海。旧时渔民常要到宫庙如妈祖庙进香，由神意定夺出海的日期。每次开船前，渔民们都会举行一定的祭祀仪式，有些渔家在出海前要备好祭礼，在海滩上设位祭神，由船主点香跪拜，祷告神灵，还要到庙里祈福。各地的习俗略有不同，如崇武大岞村的渔船在离港前通常会从妈祖宫中请出一些神物，如塑料花、妈祖小神像(回来后需买新的以还愿)；厦门港的渔民在准备出海时，要到港口的“朝宗宫”“风神庙”“斗母楼”祈祷，据说这里除供奉四海龙王、风雨雷电和太上老君等神祇，还有一尊“金王爷”(渔民称之为“海口宫”，渔民必须先向“金王爷”抽签，求得获准并在一张神符盖上大印后，才能扬帆出海)，渔船从闽南直至台湾、澎湖沿海各地才能通行无阻。现在的渔民出海已没有那么多烦琐的祭礼了，但仍要从本地神庙中请香下船，开船时要鞭炮齐鸣，一切平安。新造的渔船初次下海，还要驾驶船只到妈祖庙或土地庙前的海面上绕道一圈。渔民祭祀的目的在于祈求海神保佑海上捕鱼平安，渔业丰收，他们便是带着这样虔诚的心情，扬帆出海。

渔船在海上作业时，祭祀活动并未停止。规模较大的渔船都设有神龛，设在驾驶室和中舱，有些神龛十分精美，雕刻着祥云瑞色、富贵牡丹等吉祥图案，船上供奉的神明有男有女，因地而异。较小的船只至少也会供奉一个香炉，将一条写有"天上圣母"的红布贴在香炉存放处，或是贴上神灵的画像，如关帝圣君的画像，或观音的画像，表示海神与船同在。海舶供奉的妈祖又称为"船仔妈"，渔民们在航行过程中会定时烧香祭祀，尤其是在遇到危险的时候，就马上向神像祭祀磕头呼救妈祖显灵，或将船上备用的金纸、银纸撒到海上，祈求保佑，有不少传说故事、笔记小说对此都有精彩的记述。此外，点香还有实际的作用，在民国以前，渔民下海捕鱼是没有钟表计时的，那时有些地区撒网便是以点香为准，香尽即收网捉鱼。第一网捕到的鱼，要挑一只大鱼祭献在神龛前。下海捕鱼期间，每逢初一、十五的日子，在船上还要"做牙"祭神。过去渔民一旦遇到风起浪涌，就会跪求神灵祈求平安，如今一般由船老大早晚各点一香礼神，其他渔工则毋须参与祭祀。

渔民在渔船归航后仍需备礼酬神，这个任务未必由船老大完成，可由家中妇女完成。在渔船平安到达当天，船老大的妻子便会备三牲、香烛、纸钱、鞭炮等供品，去妈祖庙或关帝庙酬谢神明，俗称"送福礼"。男人出海时，渔家妇女也会天天在家烧香拜神明，祈望平安。各地渔家日常也要"做牙"祭神，每月农历初二、十六日(有的是初一、十五)祭祀妈祖、关帝、海龙王。

古往今来，在航行过程中，福建渔民还有个约定俗成的规矩，在海上如网到尸骨，不能丢弃。渔民用"好兄弟"这个极富人情味的词来称呼无主尸骨，发现"好兄弟"，他们都会马上停船或停下手中的活计，把"好兄弟"打捞上船，决不置之不理，浙江的船民则大都不加理会。倘若遇到的是漂流的尸体，福建的船民在观察其"三浮三沉"之后，则要用白布或草席把尸体包裹起来，然后送回岸上收埋，会选择一个吉日，举行仪式超度这些海上孤魂，也酬谢保护海上平安的诸神。如果渔网在海底网到白骨，要用红布或其他包裹物包起来，上香膜拜，待船靠岸，寄放在专门的庙宇里。这种收集和埋藏无主尸骨的地方，各地的称法不同，如东山人称之为"万福公"，晋江等地称为"海头宫"，惠安大岞村称为"头目宫"。上岸后人们还会经常祭拜"好兄弟"，厦门的"田头妈"信仰也与此相关。这样做，一方面是祈求平安，一方面也反映了渔民们担心在海上遇到意外是因为回避尸体或尸骨而遭报应。

4. 福建渔民中的特殊群体——疍民

在福建船民中，分布在闽东沿海、闽江下游、九龙江出海口附近水域的水上人家"疍民"是非常特殊的一类群体，这一群体被封建统治者污为贱民，不许他们在陆上居住，以捕鱼或采珠为生，还要纳税。疍民不仅受官方的压迫，还受到陆上居民的歧视，只好长期生活在船上，活动范围随渔汛时节时有迁徙，与陆上少有来往。福州人称他们为"曲蹄"，新中国成立后称之为"连家船""夫妻船""水上人家"。

简单来说，疍民长年居住在船上，船既是生产工具也是居家场所，在饮食上有生食水产品的习惯，崇拜蛇，除了祭祀妈祖，闽江流域的疍民信仰尚书公陈文龙，九龙江流域的疍民信仰水仙王等等，因为长期水居生活的"封闭性""原始性"，疍民的生活一直受到歧视，不准上岸居住,不准与岸上人通婚,祖祖辈辈只能生活在连家船上,这种情况在改革开放后有所改善。建国初期,福建省各级政府对连家船进行全面调查。据《福建省志·水产志》记载,福建省的连家船分布在沿海 13 个县市和内陆 8 个县,共9 000多户,50 000多人,三都湾内连家船最多,约占全省三分之一。1956 年 1 月 21 日,福建省批准对水上渔民陆上定居分期分批安排,拨出专项经费帮助渔民移居陆上和发展渔业生产。1966 年,加快对连家船的改造,养捕兼业,弃渔从农,渔农结合。厦门、福鼎、连江、闽侯、长乐、龙海、宁德、霞浦等县市连家船基本建立了生产、生活两个基地,结束了祖祖辈辈风餐露宿的漂泊生活。1980 年陆上定居的已有6 900户34 200人。进入 90 年代,全省仍有部分连家船分布在闽东沿海和九龙江口一带。

二、福建海神信仰习俗研究(以妈祖信仰为主)

福建地处中国东南沿海,拥有漫长的海岸线和众多的天然良港。福建又是一个“宗教的王国”,自古以来民间信仰就特别发达,林立的宫庙、成千上万的神灵、频繁的宗教活动、众多的信徒构成福建民间信仰的基本内容。福建海神信仰就是这些众多民间信仰中的重要组成部分。所谓海神,指人类在向海洋发展与开拓、利用的过程中对异己力量的崇拜,也就是对超自然与超社会力量的崇拜。海神信仰是人类认识和利用海洋的精神与感情支持。有了这样的支撑,自然的海洋世界才变得“人文化”“社会化”起来,海洋因而变得有血有肉,鲜活生动起来。

中国具有悠久的海洋文化历史,数千年来,中国各地涉海民众信仰崇拜的海洋神灵数量众多、丰富多彩。妈祖就是众多海神中的典型,但海神妈祖在福建海神信仰中的领导地位并不是一开始就如此。五代至两宋时期,福建海洋经济迅速发展,除了早先从北方传来的龙王、观音崇拜的影响不断扩大之外,与航海有关的各种地方性神灵大量出现。泉州有玄武神、通远王,莆田有柳冕、显惠侯,闽清有感应将军、灵应将军、威应将军等,有文献记载就有 15 位之多。经由唐宋时期,尤其是元明清时期的传播,妈祖信仰从流行于莆田地方扩展到闽南乃至福建以至全国,最后成为全国性的海上保护神。在妈祖信仰的不断扩展中,有些地方神被纳入妈祖信仰的体系,但有些海神信仰在福建民间仍然拥有自己的信众,如闽江一带的拿公信仰和陈文龙尚书公信仰、厦门的保生大帝信仰。这点可以从明清时期出使琉球的史料记载获知一二,中国派遣使团册封藩属国琉球(今日本冲绳)有二十余次,历次航海中除供奉天妃外,还供奉拿公、陈文龙、苏臣等神。厦门港也流传有妈祖信仰与保生大帝信仰互不相容的传说故事,颇为有趣。

妈祖从各种信仰神中脱颖而出,成为公认的海神,广泛流传并非出于偶然,而是有多方面的原因:宋时莆田地方士绅对妈祖神迹的宣传,不断向朝廷请奏妈祖的神功,唐宋以来,福建尤其是泉州港的崛起,海上交通贸易的发达,商人与海员对妈祖的崇拜,直接促进妈祖信仰的传播,还有历代皇帝对妈祖的褒封,等等。无论是宋宣和年间路允迪出使高丽,或是郑和七次下西洋,明清时期频繁出使琉球等,都流传有妈祖神迹,妈祖也因为这些官方的记载获有更加正统的象征意义。以下将从三个方面阐述海事活动与妈祖信仰间的关联。

1. 妈祖信仰传播与海上贸易的发展

海洋商人是继渔民之后走向海洋的重要人群，由于多重风险的心理重压，海商把消除心理上的担忧寄托在对海神妈祖的种种祈祷之中。宋元时期，国家大力发展海外贸易以增加国库收入，民间航运业愈加发展，以泉州港为龙头的闽南地区，因对外海上贸易后来居上，重要性逐步超过广州，妈祖信仰也随着海洋经济活动的发展而走向全国，拥有广泛的信众，成为保护海洋社会乃至国家安全的保护神。明清海禁开放后，海洋贸易更加活跃，民间商船经过审批后也可出海贸易。《历代宝案》中就有许多从事海洋贸易的商船在遇到危险时，海商、船员等在生死关头紧抱妈祖神像不放，妈祖显神迹的生动描述，其中福建省的商船占有50%左右。还有一些材料记录了出海前商船的祭祀活动，记录了海商航行过程中在船上遥祭、途中停靠祭祀的情况，这对了解过去的航海路线非常有价值。

由于海上贸易的周期长、风险大，海商对妈祖等海神的信仰十分虔诚，贯穿于航程始终。加上海商的经济实力比渔民强，因此，祭祀海神的仪式也比渔民隆重。具体如，在出海前，海商要举行隆重的祭祀仪式，出发前要到妈祖庙祭祀，有的商人还要请道士做“安船科仪”。对于从事远洋贸易的海商来说，祭祀活动显得更为重要，他们在海船航行下针时也要举行各种祭祀仪式，颂念疏文，把航行过程中的数十位相关保护神都请到船上，祈求一帆风顺，往回大吉。由此可见，在出海前举行祭祀仪式这一点上，海商与渔民是差不多的。但在开船下针之前也要举行祭神显然主要是海商的行为，在渔民之中是少见的。商船在沿途停靠之处，往往也要登岸，到神庙祭祀。明清漳州龙海道士的“安船酌钱科”就记述了从海澄经厦门“北上”“南下”“往东洋”“往西洋”的四个旱路，其中不少地名附有妈祖、土地、龙王爷、观音、关帝、三官、水仙王等诸多神灵名字，这些名字可见于海商途中所经之地。

因此，妈祖信仰的传播与福建海商的海外贸易活动密切相关。明清时期，闽人长期控制中国的海外贸易，在海外贸易中赚取大量利润，是一个不争的事实。即使是永历年间，郑成功发挥郑氏家族经营海上贸易的特长，设立山海各五大商队，广泛开展与日本东京、广南（越南）、暹罗、柬埔寨、吕宋、柔佛（马来西亚）等的东西洋直线或三角贸易，开展对北京、苏杭、山东、台湾等处的国内贸易。此外，福建海商还在所到之处设立会馆，奉祀妈祖，祈祷船舶航行安全，联络乡谊，互通信息及协调经商活动。曾在广东做官的莆田人刘克庄说，“广人事妃，无异于莆”，足以说明，在南宋时期海事活动最活跃的福建、广东、浙江三省，就有妈祖崇拜。尤其到了元代，朝廷依赖海运漕粮，经常派使臣到沿线码头的妈祖庙举行岁祭，元天历二年(1329)全国诏祭的十八座妈祖庙，皆在漕运码头。可见妈祖文化在各朝代的兴盛期皆与海商经济的活动有很大的关系。

2. 妈祖信仰传播与海洋移民社会

明清时期，除了海上贸易与渔业经济活动之外，海外移民活动也成为经济扩展的重要途径。闽粤沿海是我国海洋移民重要的移出地，这一区域的沿海民众普遍信奉妈祖，因此，妈祖信仰也随着移民的足迹更为广泛地传播至世界的各个角落，有华人的地方就有妈祖的信众存在，正如今天旧金山、巴黎、马来西亚等地都建有妈祖庙。也是在这个时期，福建开始向台湾大规模移民，来自莆田、泉州、厦门、漳州不同地方的移民都将本地的妈祖信仰带往台湾。在台湾早期村落开发形成过程中，一方面，妈祖信仰给予移民非常重要的心理慰藉，是他们心中的保护神；另一方面，移民者在全新的环境中求生存，时刻面对疾病和饥荒，妈祖信仰也成为他们整合人群、开垦土地的重要纽带，直至慢慢形成现在台湾多层级的妈祖信仰体系。一般而言，以莆田湄洲妈祖祖庙分灵到台湾的，称为“湄洲妈”；以泉州天后宫分灵而出的，称为“温陵妈”；从同安分灵而出的，称为“银同妈”，等等。于是，通过共同的神缘关系，妈祖信仰成为联络侨胞的坚韧的纽带。

以向台湾迁移的渡海移民为例，早期渡海十分危险，经常发生船覆人亡的事故，因此，渡海移民对海神信仰尤为虔诚。在出发前，都要到家乡所在的妈祖庙烧香祭拜，还要乞求香火袋随身佩戴，也有请分身神一同出行，祈求神灵保佑平安抵达。船主更是虔诚，举行的祭拜仪式更加隆重，请来分身神、令旗、香火包等安放在船上，随时祭拜。成功渡台并定居后，移民往往在当地建造宫庙，每逢节庆便举行较大规模的祭祀仪式，形成大大小小的祭祀范围。渡海移民除了在新的移居地庙宇举行祭祀活动外，每逢神明诞辰日，也往往组队回祖籍地进香朝拜。道光《彰化县志》曾载，当地的天后宫“岁往湄洲进香”。日据以后，这种进香活动一度受阻。20 世纪 80 年代以来，许多妈祖信徒通过各种渠道前往湄洲祖庙进香，“妈祖热”旋卷全岛。在 1989 年 5 月 5 日宜兰南方澳南天宫的进香中，200 多人的进香团分乘 19 艘渔船，带着 5 尊从湄洲庙“分灵”去的妈祖像直航湄洲祖庙进香，请回 38 尊小型妈祖像和 2 尊大型妈祖神像在岛上巡游。这在当时两岸的政治局势来说，无疑是不小的突破。

3. 妈祖的祭祀民俗与现代意义

除了前面提到的船民在出海前及行船过程中对妈祖的祭祀外，福建人民祭祀妈祖时有许多特殊的习俗。福建各地祭祀妈祖的活动大同小异，以莆田地区的祭祀活动和民间俗例最为典型，农历三月廿三妈祖诞辰日、九月初九妈祖升天日有两个重要的纪念活动。据湄洲庙记载，对于天上圣母的这两个祭典活动，都有一套严格规定的供品定数。妈祖的祭品也较为奇特，除了一般的食用外，还有用面粉制作的“水族朝圣”36 盘，其中有鱼虾、蟹等 36 种。忠门港里天后祖祠祭祀时，还要安放帆船模型。这些奇特的祭品，都与海有关，说祭拜妈祖，实际上也是祭海。湄洲岛上的妈祖元宵活动岛上的妈祖元宵活动历时几乎整个正月，各个宫庙都要举行妈祖巡游活动，还有“摆棕轿”“耍刀轿”等，场面热闹非凡，还要装点“烛山”，举行妈祖回宫活动等等。农历三月份的妈祖回娘家活动，来自台湾等地的进香团，根据自己的安排，纷纷在三月份陆续前往湄洲岛妈祖祖庙进香，特别是自 1987 年“妈祖千年祭”开启两岸大规模民间交流以来，每年都有 10 万人次左右的台胞来湄洲岛朝拜妈祖、旅游。据相关统计资料，十年来，湄洲岛妈祖庙已接待 130 多万人次前往朝圣的台湾同胞，湄洲岛对台客运码头接待台轮达1 500多艘次，湄洲岛妈祖庙与台湾 800 多座妈祖分灵宫庙建立了联谊关系，还与一些台湾妈祖宫庙结成至亲庙。

20 世纪 80 年代以后，妈祖庙陆续开始重建，来自台湾的妈祖信徒陆续到湄洲妈祖祖庙、泉州天后宫等进香，自愿捐资大规模地修建妈祖庙宇。莆田地方政府也开始经营“妈祖”这一文化品牌，实现“妈祖搭台，经贸唱戏”，先后筹划了妈祖文化旅游节、海峡两岸中秋音乐会、天下妈祖回娘家等一系列大型活动，影响十分深远。2006 年 1 月，胡锦涛总书记在福建考察工作时强调：“妈祖信仰深深扎根在台湾民众的精神生活中，福建要运用好这一丰富资源，在促进两岸交流中更好地发挥作用。”两岸人民对于妈祖文化的认同，可以促进政治、经济、外交、军事、侨务、文化、教育等诸多领域的全方位交流。妈祖文化发展至今，其精神内涵不断得到丰富，外延不断得到拓展，深厚的历史精神与重要的现代意义构成新时代的妈祖文化内涵。这里，海峡两岸祭拜妈祖是为了共同祈求两岸有个光明的未来，妈祖信仰不再是“迷信”或是“落后”的文化符号，而成为族群性认同的象征符号，成为文化一体性的象征资源，妈祖文化所蕴涵的和平安全文化、救苦救难精神也得以进一步的提升和强调。

综上所观，福建拥有丰厚的历史文化基础、典型的海洋性文化特征，了解福建海洋相关民俗事项，对于我们加强海洋意识，丰富海事文化内涵，探讨海洋活动的规律，制定相关的海洋经济社会文化发展策略，改善海洋从业人员的全体精神风貌有积极的作用。尤其是在闽台海域之内，妈祖信仰及相关文化意识形态的发展与传播与福建海洋活动息息相关，有助于增强海洋文化的软实力。

中国古代的玳瑁消费及贸易

——说“玳瑁”之一

张晓红

（集美大学文学院　福建　厦门　361021）

【摘　要】 玳瑁是海洋甲壳类动物，古人对它的认识经历了比较长的时间，至宋时基本有了深入的了解。玳瑁有美丽的斑纹，故“玳瑁”一词也特指其甲壳并衍生出多种含义。玳瑁的消费主要在两个方面，一是因为玳瑁具有很好的解毒疗效功能而被广泛运用于各种病症的治疗当中；二是因为其甲壳所具有的装饰性能而为人们所普遍喜爱，成为应用性非常广泛的生活装饰品。在中国历史上，玳瑁属于稀缺资源，故而成为上层阶级尤其是王公贵族专有的奢侈品。玳瑁主要出产于南海属地及其周边国家，中国内陆的玳瑁源自沿海地区和国家的进贡和贸易。大量文献证明，海国海地对中原内陆的历代统治者的玳瑁进贡持续长达数千年，民间的玳瑁贸易则受到国家政策的影响，汉唐时最为发达，此后渐衰。

【关键词】 玳瑁；功用；消费；贸易

说起玳瑁，我们可能会立刻想到无名氏《古诗为焦仲卿妻作》中的“足下蹑丝履，头上玳瑁光”、繁钦《定情诗》中的“何以慰别离，耳后玳瑁钗”、沈佺期《独不见》中的“卢家少妇郁金堂，海燕双栖玳瑁梁”等美丽的诗句。那么，玳瑁是什么，它具有怎样的功能，为什么为人所钟爱，玳瑁出产于何地，其贸易状况如何，这些问题都有必要厘清，此文对此略作探析。

一、“玳瑁”之义

玳瑁，本作“瑇瑁”，或作“蝳蝐”“⿰甲毒⿰甲冒”“⿰甲代⿰甲冒”“毒冒”“⿰代鳥⿰冒鳥”。俗称玳瑁，简称玳。《广韵》释曰：“瑇瑁，亦作蝳、⿰甲毒……又作玳。”①《正字通》云：“瑇，俗作[illegible]《文选》从虫作蝳蝐。欧阳询飞白书及字诂崔希裕略古，皆从甲作⿰甲毒⿰甲冒。《王莽传》省作[illegible]瑁的多种异体字反映了古人对它的认识。“蝳蝐、⿰甲毒⿰甲冒”之称，明其为介虫类动[illegible]；“瑇瑁”之称，乃视其甲如玉也。段公路云：“玳瑁，《切韵》字从玉，《[illegible]飞白从甲，

张晓红，女，副教授，主要研究中国古代文学、文化研究。本文为2014年福建省教育厅重点项目（编号JAS14164）、福建省社会科学规划项目（编号2014B131）的阶段性研究成果。

① ［清］陈彭年等：《广韵》，上海古籍出版社1987年影印文渊阁《四库全书》本，第236册，第37页。

② ［清］张玉书等：《康熙字典》，汉语大词典出版社2002年版，第688页。

愚以甲为是。"①段氏以为玳瑁贵在取其甲，殊不知瑇瑁之称更可见其甲之贵。因其甲上有斑纹，又称"文甲"。《汉书》颜师古注："瑇瑁，文甲也。"②《说文》无玳瑁，只有"贝"，盖玳瑁属贝类。郑樵《尔雅注》释"贝"云："贝，今曰瑇瑁。盖龟属，故《说文》云：'贝，海介虫也。'其甲人之所宝，古今以为货泉交易。今尽出南蕃海中。凡贝皆带黄白色，而有黑紫点。玄贝者多黑文。余赋者黄色而微白，余泉者白色而微黄，然皆有紫黑点。"③毛晋《毛诗陆疏广要》亦引此。又有斑希、点花使者之称。陶谷《清异录》卷上录毛胜《水族加恩簿》，对吴越地产名物各有雅称，称玳瑁为"点花使者"。注："斑希即玳瑁。"因"斑希裁簪器不在金银珠玉之下"，故"宜授点花使者"④。民间因其背甲呈瓦状排列，也称"十三棱龟"，因其喙如鹰，又称"鹰嘴海龟"等。

关于玳瑁的读音，颜师古注《汉书》曰，"毒音代。冒音末内反⑤""瑇音代。瑁音妹⑥"。《广韵》卷四："瑇……又作玳，又徒督切。"李时珍《本草纲目》注曰："音代昧，又音毒目。"⑦知其多读为"dai mèi"，也可读为"dú mù"，皆一声之转，为叠韵连绵词，今人读为"dài mào"，与古不合。至于其得名，李时珍认为"其功解毒，毒物之所媢嫉者，故名"。这个从医学角度做出的解释最早可追溯至《神农本草》，是古人对它最基本也是最重要的认识，故从"毒"。《淮南子·泰族》最早易此字为"玳"，乃从简从俗之称，遂失其本意。

玳瑁作为海洋动物，人们对它的认识有个逐渐清晰的过程。唐以前只是被当作甲有文的似蠵蠵的龟类，甚至是雄性的蠵蠵。汉应劭即言"雄曰毒冒，雌曰蠵蠵"⑧。蠵蠵是一种似玳瑁而体形大、甲无纹的龟类。唐宋以后的描述才更为详细。唐陈藏器(687？—757)云："玳瑁生岭南海畔山水间，大如扇，似龟甲，中有文。"⑨刘恂言其"形状似龟，惟腹背甲有红点"⑩，宋罗愿云："玳瑁，龟类也，出广南。身似首，蠵如鹦鹉，腹背甲皆有红点，斑文大者如盘。"⑪范成大的描述更为翔实，对其养殖及民间信仰也有记载："玳瑁形似龟鼋，背甲十三片，黑白斑文，相错鳞差，以成一背。其边裙襕缺，啮如锯齿。无足而有四鬣，前两鬣长，状如楫，后两鬣极短，其上皆有鳞甲。以四鬣棹水而行。海人养以盐水，饲以小鲜。俗传甲子、庚申日辄不食，谓之玳瑁斋日。其说甚俚。"⑫赵汝适《诸蕃志》对龟形状、背甲、足、鬣、行的描述与范成大完全相同，另有对其甲及出产地的交代："鬣与首斑文如甲。老者甲厚而黑白分明，少者甲薄而花字模糊。世传鞭血成斑，妄也。渔者以秋间月夜采捕，肉亦可吃。出勃泥、

---

① [宋]段公路：《北户录》卷一，上海古籍出版社1987年影印文渊阁《四库全书》本，第589册，第32页。

② [汉]班固：《汉书·贾捐之传》，中华书局1962年版，第2834页。

③ [宋]郑樵：《尔雅注》卷下，上海古籍出版社1987年影印文渊阁《四库全书》本。

④ [宋]陶谷：《清异录》卷上，上海古籍出版社1987年影印文渊阁《四库全书》本。

⑤ [汉]班固：《汉书·郊祀志下》，中华书局1962年版，第1670页。

⑥ [汉]班固：《汉书·贾捐之传》，中华书局1962年版，第2834页。

⑦⑨ [明]李时珍：《本草纲目》卷四五，中国书店1988年版，第8页。

⑧ [汉]班固：《汉书·贾捐之传》，中华书局1962年版，第3552页。

⑩ [唐]刘恂撰，商壁、潘博校补：《岭表录异校补》卷上，广西民族出版社1988年版，第38页。

⑪ [宋]罗愿：《尔雅翼》卷三一，上海商务印书馆1938年版，第326页。

⑫ [宋]范成大：《桂海虞衡志》，中华书局2002年版，第110页。

三屿、蒲嘿噜、阇婆诸国。”[①]对玳瑁的认识至此基本明朗。总括来说，古人对玳瑁特征的主要认识是：海龟类，首似龟，嘴如鹦鹉，无足而有四鬣，背甲十三片，且有花纹，底黄或白，斑黑褐色，边裙如锯齿，体形较小，以小鱼为食。出产于南海诸地。现代研究认为，玳瑁为爬行纲，海龟科。一般长约0.6米，头顶有两对前额鳞，上颌钩曲。幼时背面的角质板覆瓦状排列，随着年龄增长而渐趋平铺状，光滑。背甲棕褐色，具褐色和淡黄色相间的花纹。四肢呈桨状，外侧具两爪。尾短小。性强暴，以鱼、软体动物、海藻为食。[②]

“玳瑁”一词，还特指其甲壳。在以玳瑁为修饰语的合成词中，其意有三。其一是“用玳瑁壳制作的”，如玳瑁盘、玳瑁杯等。其二是“玳瑁般的纹饰、图案、质地、颜色”，如浙江衢州开化县的浙石因“其纹正如玳瑁”[③]，俗谓之玳瑁石；广东龙川县东有玳瑁山，因“石多黑点，状若玳瑁，故名”[④]；洪州分宁县修口有石“五色斑斓，全若玳瑁”[⑤]；浙江天台山所产出“花乳石”，“色如玳瑁，莹润坚洁可爱”[⑥]；“雪质而黑章，的皪若漆”的金鲫鱼[⑦]、“斑驳可观”的河鲀鱼[⑧]都可称“玳瑁鱼”；黑色有斑点的牛叫玳牛[⑨]，“斑驳如玳瑁”[⑩]、“数节重重玳瑁文”[⑪]的斑竹称玳瑁竹；花上有斑可说“园花玳瑁斑”[⑫]，福州疏密黑点的荔枝称“玳瑁红”[⑬]；天空斑斓的云气可称玳瑁色、玳瑁光、玳瑁天、玳瑁云，如姚勉《日食罪言》“苍天玳瑁色”[⑭]，宋无《垂虹亭秋日遣兴》“红黄霜树珊瑚海，黑白云花玳瑁天”[⑮]，王夫之《唐如心见过》其二“玳瑁云痕开远碧，流莺柳色竞新黄”[⑯]等。最有趣的是也有以玳瑁来拟人之花面的，陈黯十三岁时拜访清源县令，当时因出牛痘而新愈，县令戏之曰：“藻才而花貌，胡不咏歌。”陈应声而咏曰：“玳瑁

---

① [宋]赵汝适：《诸蕃志》卷下，中华书局1985年版，第39～40页。

② 《辞海》，上海辞书出版社1999年版，第3430页。

③ [宋]唐积：《歙州砚谱》，上海古籍出版社1987年影印文渊阁《四库全书》本，第843册，第74页。

④ [清]郝玉麟等修，鲁曾煜等纂：《广东通志》卷一一，上海古籍出版社1987年影印文渊阁《四库全书》本，第562册，第413页。

⑤ [宋]杜绾：《云林石谱》卷中，上海古籍出版社1987年影印文渊阁《四库全书》本，第844册，第95页。

⑥ [清]嵇曾筠等：《浙江通志》卷一〇五，上海古籍出版社1987年影印文渊阁《四库全书》本，第521册，第655～656页。

⑦ [宋]岳珂：《桯史》卷一二，中华书局1981年版，第143页。

⑧ [清]阮葵生：《茶余客话》卷五，中华书局1985年版，第45页。

⑨ [唐]段成式：《戏高侍御七首》其二云：“玳牛独驾长檐车”。[清]彭定求等：《全唐诗》卷五八四，中华书局1960年版，第6770页。

⑩ [元]李衎《竹谱》卷七引《遗物志》，上海古籍出版社1987年影印文渊阁《四库全书》本，第814册，第396页。

⑪ [唐]刘禹锡：《吴兴敬郎中见惠斑竹杖兼示一绝聊以谢之》。[清]彭定求等：《全唐诗》卷三六五，中华书局1960年版，第4126页。

⑫ [唐]沈佺期《春闺》。[清]彭定求等：《全唐诗》卷九六，中华书局1960年版，第1032页。

⑬ [宋]梁克家：《淳熙三山志》卷41，上海古籍出版社1987年影印文渊阁《四库全书》本，第484册，第587页。

⑭ 傅璇琮等编：《全宋诗》卷三四〇六，北京大学出版社1998年版，第40492页。

⑮ 傅璇琮等编：《全宋诗》卷三七二三，北京大学出版社1998年版，第44773页。

⑯ [清]王夫之：《王船山诗文集·七十自定稿》，中华书局1962年版，第259～260页。

应难比，斑犀定不如。天嫌未端正，满面与装花。"[①]新颖的比喻、豁达的心胸以及快速的反应使其名声大噪。其三是"出产玳瑁的"。此义多见于冠以玳瑁的地名。诸如玳瑁山、玳瑁岭、玳瑁峰、玳瑁水、玳瑁湾、玳瑁湖、玳瑁洞、玳瑁寨、玳瑁口、玳瑁沟、玳瑁栏、玳瑁洲、玳瑁巷、玳瑁县等。罗浮山东有玳瑁山，其"山下池中有玳瑁"，故名[②]；崖州东南海边有"玳瑁栏"，因宋人陈明甫凿石为栏以养玳瑁而得名。[③] 应当说，玳瑁主要为东南沿海所产，故玳瑁地名皆在南方，如松江府的玳瑁湖[④]，广东的玳瑁山，漳州的玳瑁岭，广东崖州东海、西海中的大、小玳瑁洲[⑤]等。北方如《钦定热河志》卷六九记载热河的"玳瑁沟"，当为第二义。

二、玳瑁的功用与消费

作为动物的玳瑁，其肉可以吃，其壳可药用。玳瑁肉并不独特，其药效却极奇特。据《神农本草》，玳瑁"寒，无毒，主解岭南百药毒"。缪希雍(1546—1627)疏曰，"玳瑁得水中至阴之气，故气寒无毒，而解一切热毒。其性最灵，凡遇饮食有毒则必自摇动，然须用生者乃灵，死则不能矣。岭南人善以诸毒药造成蛊，人中之则昏愦闷乱，九窍流血而死，惟用活玳瑁，刺其血饮，或生者磨浓汁服之可解"，"又能解痘毒，神效"。解毒是玳瑁最主要的功效，而且要用活玳瑁。如"杨氏产乳方解一切蛊毒，生玳瑁磨浓汁服一盏即消"[⑥]。生玳瑁、生犀角配伍的二宝散"治豆疮，未发服之，内消；已出服之，解毒，不致于大盛"[⑦]。以生玳瑁和豮猪心合成的玳瑁散"治小儿疮疹热毒内攻紫黑色出不快"[⑧]，亦有"主心风、解烦热、行气血、利大小肠"[⑨]等疗效。玳瑁丸"治中风不得语、精神冒闷"[⑩]，"妇人血风，心神烦热，恍惚多惊，不得睡

---

① [唐]黄滔:《黄御史集卷八颍川陈先生集序》，四部丛刊本，第783册，第114页。

② [宋]祝穆撰，祝三朱增订:《方舆胜览》卷三六，中华书局2003年版，第653页。

③ [清]郝玉麟等修，鲁曾煜等纂:《广东通志》卷五三，上海古籍出版社1987年影印文渊阁《四库全书》本，第564册，第519页。

④ [元]徐硕:《至元嘉禾志》卷四，上海古籍出版社1987年影印文渊阁《四库全书》本，第491册，第34页。

⑤ [清]穆彰阿等:《大清一统志》卷三二九，三五〇，三五三，上海古籍出版社1987年影印文渊阁《四库全书》本，第481册，第603页；第482册，第258,297页。

⑥ [明]缪希雍:《神农本草经疏》卷二〇，上海古籍出版社1987年影印文渊阁《四库全书》本，第775册，第767页。

⑦ [明]朱橚:《普济方》卷四〇三，上海古籍出版社1987年影印文渊阁《四库全书》本，第760册，第625页。

⑧ [宋]董汲:《旅舍备要方》，上海古籍出版社1987年影印文渊阁《四库全书》本，第738册，第448页。

⑨ [明]缪希雍《神农本草经疏》卷二〇，上海古籍出版社1987年影印文渊阁《四库全书》本，第775册，第767页。

⑩ [明]朱橚:《普济方》卷九二，上海古籍出版社1987年影印文渊阁《四库全书》本，第750册，第111页。

卧"[①],"妇人赤白带下不止"。玳瑁散"治产后则血不下,上冲,心腹疼痛"[②]。以生犀角和生玳瑁为主药的"至宝丹"可"治心热胆虚、喜惊多涎、梦中惊魇,小儿惊热,女子忧劳,血厥,产后心虚怔忪等疾"[③]。另外,珍珠丸、神仙化铁丹、龙脑丸、返魂丹、金砂丹、桃奴丸等20多个药方中都含有玳瑁,可见其药用价值很高。在宋代,玳瑁被禁止用于饰品,但药用依旧。金人攻破开封市,便遣使"发太医局并生药、玳瑁等送军前"[④]。南宋初玳瑁缺乏,高宗"尝取玳瑁数十两",除做一条带鞓衬外,其余也是全部入药。玳瑁除服用解毒之外,古人以为佩戴亦可辟邪。刘恂《岭表录异》卷上载:"《本草》云:玳瑁解毒。其大者,悉婆娑石。兼云辟邪。广南卢亭(原注:海岛夷人也),获活玳瑁龟一枚,以献连帅嗣薛王。王令生取背甲小者二片,带于左臂上,以辟毒。"玳瑁甲需要从活玳瑁身上揭取,非常残忍,因为"或云玳瑁若生,带之有验。若死,无此验"[⑤]。

玳瑁甲图案独特,色彩鲜明而不艳丽,图案斑斓而不规则,具有自然的迷幻效果。作为有机物,其质地明丽温润而含蓄内敛,与玉有相似之处,故而深受国人欢迎,被广泛用于制造器物和装饰。具体而言,一是制造小型器具与饰品,如杯、盘、盆、碗、盂、碟、匙、箸、托子、卮、觞、鼻烟壶,乐器的义甲和拨子,刮痧板等器物,簪、钗、梳、篦、珥、手镯、戒指等饰品;二是嵌饰。即将玳瑁镶嵌于器物之上,使其具有独特的文彩。它几乎可以装饰所有的东西,如与服饰有关的鞋、袜、匣、眼镜框;与饮食有关的盆、碗、碟,与居住有关的殿、堂、楼、厢、梁、椽、床、窗、帘、帐、钩、屏风、灯;与出行有关的车、鞍、鞭,刀、箭、笛、筝、笔、砚、笔架、笔筒、龟洗、印盒、鼻烟壶、麈尾、插屏、画轴等文化用品。

玳瑁饰品主要是首饰,以玳瑁簪最为常见且运用最早,盖因簪乃头部最重要的饰物,且男女通用。据说"女娲之女以荆杖及竹为笄以贯发,至尧以铜为之,且横贯焉,舜杂以象牙、玳瑁。此钗之始也"[⑥]。周敬王以玳瑁为簪,秦始皇所作凤钗也是以金银作凤头而以玳瑁为脚的[⑦]。钗、簪同源同类,区别只是钗为双股而已。春秋战国时,玳瑁簪非常贵重,《史记》记载平原君使者出访楚国时想借以炫富的物品之一便是玳瑁簪。汉武帝获取南方大量珍宝,使得"宫人簪玳瑁,垂珠玑"[⑧]。玳瑁簪常为宫廷贵族的礼服饰品之一,民间也很崇尚,从《孔雀东南飞》中刘兰芝"头上玳瑁光"可知。玳瑁簪以花鸟吉祥纹饰为多,最常见的凤凰钗就常以玳瑁为身,以金银等为凤凰形装饰,如诗"玳瑁钗头金凤低"[⑨]所言。怪异的纹饰会被认为

---

① [明]朱橚:《普济方》卷三一八,上海古籍出版社1987年影印文渊阁《四库全书》本,第757册,第357页。

② [明]朱橚:《普济方》卷三四八,上海古籍出版社1987年影印文渊阁《四库全书》本,第758册,第318页。

③ [明]朱橚:《普济方》卷一六,上海古籍出版社1987年影印文渊阁《四库全书》本,第747册,第380页。

④ [宋]佚名:《靖康要录》卷一一,上海古籍出版社1987年影印文渊阁《四库全书》本,第329册,第668页。

⑤ [唐]刘恂撰,商壁、潘博校补:《岭表录异校补》卷上,广西民族出版社1988年版,第39页。

⑥ [宋]高承:《事物纪源》卷三引《二仪实录》,中华书局1989年版,第142页。

⑦ [五代]马缟:《中华古今注》卷中,上海古籍出版社1987年影印文渊阁《四库全书》本。

⑧ [汉]班固:《汉书·贾捐之传》,中华书局1962年版,第2834页。

⑨ [明]沈明臣:《劝君杯》。[清]胡文学:《甬上耆旧诗》卷二一,上海古籍出版社1987年影印文渊阁《四库全书》本,第1474册,第401页。

是妖服，如“晋惠帝元康(291—299)中，妇人之饰有五兵佩，又以金、银、玳瑁之属为斧、钺、戈、戟，以当笄囗”[①]，这些兵器形的钗簪就被视为妖服，预示着战争。玳瑁簪是如此盛行，以至于宋代还成为一小曲名。玳瑁还多用以装饰腰带，甚至鞋袜。如汉代窦宪曾赠给班固玳瑁袜三具[②]，唐令狐楚《远别离》有“玳织鸳鸯履”[③]，金代皇后冠服有玳瑁衬金钉脚的革带[④]，元代冕服有“金攀龙口，玳瑁衬钉”的凉带[⑤]等。

随着玳瑁获取量的增多，玳瑁运用从首饰、服饰等进而扩展到更广泛的领域，大至屋宇、舟车，小至器玩等。最奢华的是对宫殿的修饰。北齐幼主高恒修建的玳瑁殿“丹青雕刻，妙极当时”[⑥]，如果说这可能是以丹青图画玳瑁纹的话，五代南汉刘鋹之宫却名副其实，他“置媚川都，定其课，令入海五百尺采珠。所居宫殿以珠、玳瑁饰之”[⑦]，南唐李煜也在宫中作一销金红罗幕，“壁以白银钉玳瑁而押之”[⑧]。玳瑁可装饰屋梁或屋檐，如王建《故梁国公主池亭》“装檐玳瑁随风落”[⑨]。乾隆笔下的古代帝王家秘苑闲宫也是“以黄金作屋，玳瑁为梁、文榱绣栱，漆瓦雕墙”[⑩]。也可装饰床，据说汉武帝宠臣韩嫣“以玳瑁为床”[⑪]。临漳县治西南有玳瑁楼，为后赵石虎所修，得名在于其“纯用金银装饰，悬五色珠帘，白玉钩带，内有瑜石床，以玳瑁为龟甲文，铺以十色锦绣”[⑫]。南齐萧昭业的寿昌殿内亦有玳瑁床[⑬]。明代奸臣严嵩富可敌国，籍没的财产中有“杂嵌螺钿、玛瑙、玳瑁等床六百七十张”[⑭]。玳瑁也装饰车，如晋时皇帝所乘“五辂”之金鹍车是在两箱之后以玳瑁为鹍翅，加以金银雕饰[⑮]。齐武帝的玉辂用玳瑁更多：两厢里用金涂镂面钉、玳瑁帖，优游上有银带玳瑁筒瓦，优游横前施玳瑁贴，后梢凿银玳瑁龟甲[⑯]。齐国小舆也是多玳瑁帖金涂饰。梁代诗人吴均笔下的“朱轮玳瑁车”[⑰]，不详为何车，但定有玳瑁为饰。唐代同昌公主的七宝步辇用各种宝为饰，玳瑁也是其中之一：“四面缀五色香囊，囊中贮辟寒香、辟邪香、瑞麟香、金凤香——此香异国所献也。仍杂以

---

① [南朝宋]沈约：《宋书》卷三〇，中华书局1974年版，第888页。

② [清]严可均辑：《全上古三代秦汉三国六朝文》，中华书局1958年版，第608页。

③ [清]彭定求等：《全唐诗》卷三三四，中华书局1960年版，第3749页。

④ [元]脱脱等：《金史·舆服志上》，中华书局1975年版，第978页。

⑤ [明]宋濂等：《元史》卷七八，中华书局1976年版，第1932页。

⑥ [唐]李百药：《北齐书》卷八，中华书局1972年版，第113页。

⑦ [元]脱脱等：《宋史·世家四·南汉刘氏》，中华书局1977年版，第13920页

⑧ [宋]佚名：《五国故事》卷上，学海类编本，第18册，第22页。

⑨ [清]彭定求等编：《全唐诗》卷三〇〇，中华书局1960年版，第3414页。

⑩ 《钦定热河志》卷一，上海古籍出版社1987年影印文渊阁《四库全书》本，第495册，第21页。

⑪ [晋]葛洪：《西京杂记》卷六，中华书局1985年版，第43页。

⑫ [北魏]崔鸿：《十六国春秋》卷一五，上海古籍出版社1987年影印文渊阁《四库全书》本，第463册，第438页。

⑬ [宋]郑樵：《通志》卷八二，中华书局1987年版，第1027页。

⑭ [明]王士祯：《居易录》卷二五，上海古籍出版社1987年影印文渊阁《四库全书》本，第869册，第620页。

⑮ [唐]房玄龄等：《晋书》卷二五，中华书局1974年版，第753页。

⑯ [梁晋]萧子显：《南齐书》，中华书局1972年版，第334页。

⑰ [明]冯惟讷：《古诗纪》卷九二，上海古籍出版社1987年影印文渊阁《四库全书》本，第1380册，第153页。

龙脑、金屑,刻镂水晶、玛瑙、辟尘犀为龙凤花,其上仍络以真珠、玳瑁,又金丝为流苏,雕轻玉为浮动。”[①]

有些玳瑁器很独特,比如玳瑁帘、玳瑁笛、玳瑁灯、玳瑁币。据说唐代同昌公主堂中所设却寒帘“类玳瑁,斑有紫色。云却寒之鸟骨所为也”[②],可见却寒帘与玳瑁帘相似。唐宋诗多见。清宫藏有“横数尺,其长倍之,四旁缝以锦绣”的玳瑁帘,而且还有比玳瑁帘更难制作的“经纬相错,若莞与蒲,不知何代物”[③]的玳瑁席。玳瑁笛更难为之,《乐书》记载,宋嘉祐间定乐,曾取玳瑁古笛以校金石,当时就有人感叹稀奇。[④] 玳瑁可饰灯,宋时的魫灯就是刻镂犀角、琥珀、玳瑁等装饰而成[⑤],明代卤簿中要用三对这样的灯。玳瑁币也很独特。2008 年 7 月,法门寺唐代地宫后室出土了 13 枚玳瑁制的“开元通宝”,这是唐玄宗时期的钱币,至今 1 200 多年,弥足珍贵。宋代也有玳瑁币,据《续资治通鉴长编》,当时宫中有生子诸喜事时赐臣子的“包子”是以“金银、犀象、玉石、琥珀、玳瑁、檀香等做的钱以及金银做的花果”[⑥]。另外,玳瑁还被广泛用于装饰乘具、马鞍、鞭、刀、箭等。如南齐庐陵王萧子卿不顾父王“诸王不得作乖体格服饰”的命令而“作玳瑁乘具”[⑦],南齐东昏侯以“玳瑁帖箭”,宋太祖赐给吴越王钱俶的礼品有“玳瑁鞭”[⑧],金代北京路生产“玳瑁鞍”[⑨],清代一种名为“克凌齐”的刀,其“刀鞘用鱼皮饰以象牙、玳瑁之属”[⑩]。

玳瑁壳受热后变软,比较容易加工成各种形状,再加以特殊打磨,即可成为光洁晶莹的器物。《南方异物志》云:“(玳瑁)大者如籧篨,背上有鳞,大如扇,取下因见其文,欲以作器,则煮之,因以刀截任意所作,俟其冷,以鲛鱼皮错治之,后以枯条木叶莹之,即光辉矣。”[⑪]玳瑁“老者甲厚而黑白分明,小者甲薄而花字模糊”[⑫],由于其生长速度极为缓慢,数量少,故人常杂用其他龟甲。唐《北户录》载:“有裁龟甲或蜅蠵,陷黑玳瑁为斑点者,亦以铁夹煮而用之,为腰带、衬叠子之类,其焙净,真者不及也。”[⑬]《岭表录异》卷下亦载:“广州有巧匠取其甲黄明无日脚者(原注:甲上有散黑晕为日脚矣),煮而拍之,陷黑玳瑁花,以为梳篦杯器之属,

---

① [唐]苏鹗:《杜阳杂编》卷下,中华书局 1985 年版,第 26 页。

② [唐]苏鹗:《杜阳杂编》卷下,中华书局 1985 年版,第 26 页。

③ [清]英廉等:《日下旧闻考》卷六三引《鸿一亭笔记》,北京古籍出版社 1981 年版,第 1042 页。

④ [宋]陈旸:《乐书》卷一三六,上海古籍出版社 1987 年影印文渊阁《四库全书》本,第 211 册,第 620 页。

⑤ [宋]周密:《武林旧事》卷二,浙江人民出版社,1984 年版,第 34 页。

⑥ [宋]李焘:《续资治通鉴长编》卷一八九,中华书局 1995 年版,第 4564 页。

⑦ [梁]萧子显:《南齐书》,中华书局 1972 年版,第 703 页。

⑧ [元]脱脱等:《宋史·世家三·吴越钱氏》,中华书局 1977 年版,第 13901 页。

⑨ 《钦定热河志》卷九六,上海古籍出版社 1987 年影印文渊阁《四库全书》本,第 496 册,第 516 页。

⑩ 《钦定皇舆西域图志》卷四二,上海古籍出版社 1987 年影印文渊阁《四库全书》本,第 500 册,第 808 页。

⑪ [明]杨慎:《异鱼图赞笺》卷四,上海古籍出版社 1987 年影印文渊阁《四库全书》本,第 847 册,第 802 页。

⑫ [宋]赵汝适:《诸蕃志》卷下,丛书集成初编本,中华书局 1985 年版,第 39 页。

⑬ [宋]段公路:《北户录》卷一,上海古籍出版社 1987 年影印文渊阁《四库全书》本,第 589 册,第 32 页。

状甚明媚。”[①]也就是将稀有的玳瑁镶嵌在其他无斑的龟甲壳上，通过煮而使其融为一体，不但以假乱真，似乎更胜一筹。周必大《走笔再次西美韵兼简季章》诗有“扣金元重名兼器，饰带空号假象真”句，自注：“士庶不许用金扣玳瑁器。金犀带衬以玳瑁，往往以假为之。”还有一种将金银镶嵌在玳瑁中的做法，周必大《西美司书赋生玳瑁佳篇仍索鄙句奉和》诗中写到皇帝的玳瑁御茶床，自注云：“殿宴御茶床当金钿。此器海偏进，御膳盛以大金合托，其内纹显如豆，谓之豆子斑，是谓上品，盖历落不模糊耳。”[②]这种更为珍贵。当然，玳瑁壳的取法是很残忍的，“取用必倒悬，用滚醋泼之，逐片应手落下”[③]。药用的玳瑁壳需要从活玳瑁身上直接揭取，更为残忍。

三、玳瑁的进贡与贸易

玳瑁应用很广，需求量也很大，它从何而来呢？又怎样而来呢？

玳瑁是海龟，生活在海洋中。从理论上来说，我国临海的山东、江苏、浙江、福建、广东、广西、海南等地皆应出产玳瑁，但文献记载的玳瑁出产地及来源地集中在东南沿海的福建、广东、广西、海南及周边海国。如《史记·货殖列传》记载，“江南出枏、梓、姜、桂、金、锡、连、丹沙、犀、玳瑁、珠玑、齿革”，“九疑、苍梧以南至儋耳者，与江南大同俗，而杨越多焉。番禺亦其一都会也，珠玑、犀、玳瑁、果、布之凑”[④]。《后汉书·贾琮传》：“旧交阯土多珍产，明玑翠羽、犀象玳瑁、异香美木之属莫不自出。”[⑤]柳宗元《送廖有房序》亦言：“交州多南金、珠玑、玳瑁、象犀。”[⑥]

由于我国各历史时期版图不同，临海地区不尽相同，玳瑁的供给多少有差。玳瑁生长期漫长，数量少，难以自给，需大量进口。对中央王朝来说，玳瑁来源不外乎两种——朝贡贸易和民间贸易。

玳瑁作为贡品的历史很早，至晚在殷商时就被作为南方的珍稀特产而列为贡品。据《逸周书》记载，商汤令伊尹为《四方献令》，其中正南方的“瓯邓、桂国、指子、产里、百濮、九菌，请令以珠玑、玳瑁、象齿、文犀、翠羽、菌鹤、短狗为献”[⑦]。秦汉至明清，南方诸地与东南海国对中央王朝的进贡历代不绝。秦灭六国，后平定百越，在岭南设南海郡、桂林郡、象郡三郡，东南临海，玳瑁供给自然不少。秦末赵佗在岭南建立南粤国，汉初与之有商贸往来，吕后摄政时中断，至武帝开拓边疆，消灭南粤，“明珠、文甲（按，如淳注即玳瑁）、通犀、翠羽之珍盈于后

---

① [唐]刘恂撰，商壁、潘博校补：《岭表录异校补》卷下，广西民族出版社1988年版，第180页。

② 傅璇琮等编：《全宋诗》卷二三三一，北京大学出版社1998年版，第26793页。

③ [明]杨慎：《异鱼图赞笺》卷四，上海古籍出版社1987年影印文渊阁《四库全书》本，第847页，第802页。

④ [汉]司马迁：《史记》卷一二九，中华书局1959年版，第3253～3254，3268页。

⑤ [汉]范晔：《后汉书》卷八八，中华书局1965年版，第2920，1660页。

⑥ [唐]柳宗元：《柳宗元集》卷二五，中华书局1979年版，第661页。

⑦ [宋]王应麟：《玉海》卷六五，上海古籍出版社1987年影印文渊阁《四库全书》本，第944册，第679页。

宫"①。南海数郡是汉代玳瑁的主要来源地，这一点从元帝时珠崖叛乱，贾捐之劝谏所言"又非独珠厓有珠犀玳瑁也"②可推知。除了土贡，民间玳瑁贸易也极为繁荣，《汉书·地理志》载粤地（包括苍梧、郁林、合浦、交趾、九真、南海、日南）"处近海，多犀、象、毒冒、珠玑、银铜、果布之凑，中国往商贾者多取富焉"③。汉代的玳瑁海外贸易应当已经开展，因为此前南粤国与印度半岛之间海路已通，此时更从日南、徐闻、合浦通向都元国、邑庐没国、谌离国、夫甘都卢国、黄支国、皮宗国、已程不国④，这些国家多出产玳瑁。最远的玳瑁来自地中海地区，东汉"桓帝延熹九年（166），大秦王安敦遣使自日南徼外献象牙、犀角、玳瑁"⑤，大秦国又名犁靬、海西，即罗马帝国。

汉末动乱，天下三分，中原魏国的玳瑁主要来自临海的吴国。《资治通鉴》载，魏黄初二年（221 年），魏文帝遣使向吴以马求雀头香、大贝、明珠、象牙、犀角、玳瑁、孔雀、翡翠等，吴群臣以为"荆、扬二州，贡有常典。魏所求珍玩之物，非礼也，宜勿与"，而孙权以为"方有事于西北，江表元元，恃主为命。彼所求者，于我瓦石耳，孤何惜焉"，吴恰恰需要马匹，于是听其交易。⑥ 可见吴向魏本有玳瑁等物的例行进贡，而魏仍不足，所以才求贸易的。吴处江南，以合浦以南为交州，合浦以北为广州，交州是其玳瑁的主产地。早在建安末年，交趾太守士燮即附之，每年遣使进贡孙权杂香、细葛、明珠、大贝、流离（琉璃）、翡翠、玳瑁、犀象等珍奇物⑦。吕岱为交州刺史时郡民臣服，后出，交趾太守薛琮以为日南郡"土广人众，阻险毒害，易以为乱，难使从治"，希望有好官来守，理由是此地可贡奇珍异宝，所谓"贵致远珍名珠、香药、象牙、犀角、玳瑁、珊瑚、琉璃、鹦鹉、翡翠、孔雀、奇物，充备宝玩，不必仰其赋入，以益中国也"⑧。广州则以其交通的便利而遂取代汉时徐闻、合浦的地位而成为海上丝绸之路的起点，贸易发达，自然少不了玳瑁。

魏晋南北朝时来自海外的玳瑁较少，仅见于齐武帝永明二年（484），扶南王遣使进献"玳瑁槟榔柈一枚"⑨。隋唐进贡玳瑁的地区主要有崖州珠崖郡、陆州玉山郡⑩，即今广东、广西、越南等地；外蕃仅诃陵国于元和十三年（818）遣使进"玳瑁及生犀等"⑪，但民间玳瑁贸易却极发达。《隋书·地理志下》："南海、交趾，各一都会也，并所处近海，多犀象玳瑁珠玑、奇异珍玮，故商贾至者，多取富焉。"⑫唐代水运极为发达，天宝间全国各地的商品皆可通过运河直达长安，韦坚任水路转运使时，用小船转运各地货物，其中"南海郡船，即玳瑁、珍珠、象牙、

---

① [汉]班固：《汉书·西域传下》，中华书局 1962 年版，第 3928 页。

② [汉]班固：《汉书·贾捐之传》，中华书局 1962 年版，第 2834 页。

③ [汉]班固：《汉书·地理志下》，中华书局 1962 年版，第 1670 页。

④ [汉]班固：《汉书·地理志下》，中华书局 1962 年版，第 1670～1681 页。

⑤ [汉]范晔：《后汉书》卷八八，中华书局 1965 年版，第 2920 页。

⑥ [宋]司马光：《资治通鉴》卷六九，中华书局 1956 年版，第 2197 页。

⑦ [晋]陈寿：《三国志》卷四九，中华书局 1959 年版，第 1193 页。

⑧ [晋]陈寿：《三国志》卷四九，中华书局 1959 年版，第 1252 页。

⑨ [梁]萧子显：《南齐书·东南夷列传》，中华书局 1972 年版，第 1016 页。

⑩ [宋]欧阳修、宋祁：《新唐书·地理志》，中华书局 1975 年版，第 1100 页。

⑪ [后晋]刘昫等：《旧唐书》卷一九七，中华书局 1975 年版，第 5273 页。

⑫ [唐]魏征等：《隋书》卷三一，中华书局 1973 年版，第 887～888 页。

沉香”①。当时海运也极繁盛,正如研究者所言:“8世纪中叶以后,海陆的重要性逐渐超过陆路。来华的阿拉伯人、波斯人等多汇聚在广州、泉州,以及江浙沿岸海港。”②杜甫《送重表侄王砅评事使南海》的描写是“海胡舶千艘”③。韩愈言东南林邑、扶南、真腊等国“蛮胡贾人,舶交海中……外国之货日至,珠、香、象、犀、玳瑁,奇物异于中国,不可胜用”④。徐申为地方官时,“外蕃岁以珠、玳瑁、香、文犀浮海至,申于常贡外,未尝剩索,商贾饶盈”⑤。李翱也说当时“蕃国岁来互市,奇珠、玳瑁、异香、文犀皆浮海舶以来”⑥。

五代分据,南方的吴越、南唐、南汉等国临海,自然不乏玳瑁。这从南汉刘鋹以玳瑁饰宫殿,南唐李煜以玳瑁饰帐,吴越国在宋初大量进献玳瑁可见。北方的梁、唐、晋、汉、周的玳瑁也多来自南方进贡与贸易。如梁开平元年(907)十月,南汉刘隐进献梁“进龙脑、腰带、珍珠枕、玳瑁、香药等”⑦;二年九月,福州进贡梁“玳瑁、琉璃、犀象器,并珍玩、香药、奇品、海味,色类良多,价累千万”⑧;闽天成四年(929)给后唐进献“犀牙、玳瑁、真珠、龙脑、笏扇、白氎、红氎、香药等⑨;永隆三年(941)十月又贡晋“干姜、蕉乳香、沉香、玳瑁诸物”⑩;楚乾祐二年(949)献汉“玳瑁宝装龙凤床一具”⑪。

宋代的玳瑁来源主要是进贡,因统一了南方诸国,藩属所贡玳瑁较多。琼州岁贡玳瑁,吴越进贡也颇多,如乾德元年(963)进贡“玳瑁器数百事”⑫,太宗即位,又贡“玳瑁器百余事”,太平兴国三年(978)贡“金饰玳瑁器三十事”⑬,共计“金饰、玳瑁器一千五百余事”⑭。国外所贡也不少,据《宋会要辑稿》《续资治通鉴长编》《宋史》记载,出产玳瑁的交趾、占城、三佛齐、阇婆、蒲端、勃泥等国的入贡次数分别是127,75、36、4、4、2次,《宋史·外国列传》明确记载占城于咸平二年(999)进贡玳瑁十斤,天禧二年(1018)进贡玳瑁千片,阇婆于淳化三年(992)进献玳瑁槟榔盘,勃泥国于太平兴国二年进贡玳瑁壳一百⑮。玳瑁贸易方面,宋初可以自由贸易。“(开宝)四年(971——引者注),置市舶司于广州,后又于杭、明州置司。凡大食、古逻、阇婆、占城、勃泥、麻逸、三佛齐诸蕃并通货易,以金银、缗钱、铅锡、杂色帛、瓷器,市香药、犀象、珊瑚、琥珀、珠琲、镔铁、鼊皮、玳瑁、玛瑙、车渠、水精、蕃布、乌樠、苏木等物”,“太宗时,置榷署于京师,诏诸蕃香药宝货至广州、交趾、两浙、泉州,非出官库者,无得私相贸易。其后乃诏:‘自今惟珠贝、玳瑁、犀象、镔铁、鼊皮、珊瑚、玛瑙、乳香禁榷外,他药官市之余,听

---

① [宋]欧阳修、宋祁:《新唐书·韦坚传》,中华书局1975年版,第4560页。
② 何芳川、万明:《古代中西文化交流史话》,商务印书馆1998年版,第60页。
③ [清]彭定求等编:《全唐诗》卷二二三,中华书局1960年版,第2374页。
④ [唐]韩愈:《送郑权尚书序》,《韩昌黎诗系年集释》,上海古籍出版社1982年版,第1259页。
⑤ [宋]欧阳修、宋祁:《新唐书》卷一四三,中华书局1975年版,第4695页。
⑥ [唐]李翱:《李文公集》卷十一《岭南节度徐公行状》,四部丛刊本,第706册,第38页。
⑦ [宋]薛居正等:《旧五代史》卷三,中华书局1976年版,第55页。
⑧ [宋]薛居正等:《旧五代史》卷四,中华书局1976年版,第65页。
⑨ [清]吴任臣:《十国春秋》卷九一,中华书局1983年版,第1324页
⑩ [清]吴任臣:《十国春秋》卷九二,中华书局1983年版,第1339页。
⑪ [清]吴任臣:《十国春秋》六九,中华书局1983年版,第964页。
⑫ [元]脱脱等:《宋史》卷四八〇,中华书局1977年版,第13398页。
⑬ [元]脱脱等:《宋史》卷四八〇,中华书局1977年版,第13901,13902页。
⑭ [清]吴任臣:《十国春秋》,中华书局1983年版,第1184页。
⑮ [元]脱脱等:《宋史》卷四八九,中华书局1977年版,第14082,14092,14094页。

市于民’”[①]，至此玳瑁贸易被禁止。仁宗对玳瑁等奢侈品更是严加控制，天圣五年(1023)罢除了琼州的玳瑁岁贡[②]，不久玳瑁被列为禁物，禁止民间买卖和使用，直至南宋后期才开禁。《云麓漫钞》记载：“福建市舶司，常到诸国舶船。大食、嘉令、麻辣新条、甘秠、三佛齐国则又真珠、象牙、犀角、脑子、乳香、沉香、煎香、珊瑚、琉璃、玛瑙、玳瑁、龟筒、栀子、香蔷薇、水龙涎等。”[③]

金人的玳瑁来源较少，故而对玳瑁极度喜好。宣和五年(1123)，宋金和议，宋与金四十万岁币、一百万缗代税钱外，因“金人每喜南货，故虽木绵亦二万段，香犀、玳瑁碗碟匙箸皆折阅倍偿之”[④]。建炎元年(1127)，金人攻破汴京开封后疯狂掠夺宋宫宝物，拿走的“真珠、美玉、珊瑚、玛瑙、琉璃、花犀、玳瑁之属各以千计”[⑤]。元代版图至大，南方尽归，从其设有“温犀玳瑁局”来看，无论是进贡还是贸易，玳瑁数量定然不少。但《元史》明确记载有关玳瑁进贡的仅一处，为要求安南国“自中统四年(1263)为始，每三年一贡，可选儒士、医人及通阴阳卜筮诸色人匠各三人，及苏合油光香，金银、朱砂、沉香、檀香、犀角、玳瑁、珍珠、象牙、绵白、磁盏等物同至”[⑥]。

明代开国即有“片板不许下海”的禁令，此后被历代皇帝奉为祖宗成宪而严格遵守，这样，不仅禁官贸，私人出海贸易和民间贩卖和使用海外物产也被禁止。即使在开海时，也是“于通之之中，申禁之之法”[⑦]。隆庆元年(1567)，穆宗废除禁海令，“准贩东西二洋”[⑧]，凡领到“引票”的商人均可出海贸易。万历、崇祯时夏冬二季又在广州举行定期市集，由中外商人进行商品贸易。整体而言，玳瑁的贸易仍然是朝贡贸易，来自海外的玳瑁贡品很多，据《明会典》《东西洋考》《明一统志》《礼部志稿》《明史》等，涉及的国家有婆罗(文莱)、麻叶瓮、渤尼、满剌加(马六甲)、苏禄、百花、爪哇(阇婆)、彭亨、哑齐(苏门答腊)、占城等国。如《明史》载洪武十一年(1378)百花贡“白鹿、红猴、龟筒、玳瑁”[⑨]；永乐间婆罗厥贡“玳瑁、玛瑙、砗磲珠、白蕉布”[⑩]；满剌加贡“玛瑙、珍珠、玳瑁、珊瑚树”[⑪]；永乐十五年(1417)苏禄浮海朝贡，“献珍珠、宝石、玳瑁诸物”[⑫]，等。清代统一台湾后，正式停止海禁，“令出洋贸易，以彰富庶之治，得旨开海贸易”[⑬]。次年宣布江苏松江、浙江宁波、福建泉州、广东广州为对外贸易港口，正式建立海关，后虽只留广州一关，但商贸往来频繁。玳瑁的民间交易应该更多，但外国进贡较少，

---

① [元]脱脱等：《宋史》卷一八六，中华书局1977年版，第4558～4559页。
② [元]脱脱等：《宋史》卷一〇，中华书局1977年版，第183页。
③ [宋]赵彦卫：《云麓漫钞》卷五，中华书局1996年版，第88页。
④ [宋]徐梦莘：《三朝北盟会编》卷一六，大化书局1979年版，第147页。
⑤ [宋]李心传：《建炎以来系年要录》卷二，中华书局1956年版，第54页。
⑥ [明]宋濂等：《元史》卷七八，中华书局1976年版，第4635页。
⑦ [明]许孚远：《疏通海禁疏》。陈子龙等编：《明经世文编》第四，商务印书馆1993年版。
⑧ [明]张燮：《东西洋考》卷七，商务印书馆1990年版，第131页。
⑨ [清]张廷玉等：《明史》，中华书局1974年版，第8425页。
⑩ [清]张廷玉等：《明史》，中华书局1974年版，第8378页。
⑪ [清]张廷玉等：《明史》，中华书局1974年版，第8419页。
⑫ [清]张廷玉等：《明史》，中华书局1974年版，第8423页。
⑬ [清]张廷玉等：《皇朝文献通考》卷三三，商务印书馆1973年版。

《福建通志》卷十二仅记载苏禄国于雍正四年(1726)进献玳瑁12片。①

综上所述,玳瑁作为海洋动物,古人对它的认识经历了比较漫长的时期,至宋时才基本有了深入全面的了解。玳瑁众多的汉字写法也间接反映古人对其特征和功能的认识。玳瑁还因其特殊的斑纹而又特指其甲壳,产生与其斑纹相关的多种含义。玳瑁的消费主要在两个方面,一是因为玳瑁具有很好的解毒疗效的实用功能而被广泛运用于各种病症的治疗当中;二是因为它的甲壳颜色形态独特美丽、质地莹润如玉,具有很强的装饰性,而为人们所普遍喜爱,成为应用性非常广泛的生活装饰品。在中国历史上,它尤其是皇宫贵族特殊享有的奢侈品。玳瑁主要出产于南海属地及其周边国家,中国内陆的玳瑁源自海地的进贡和贸易。大量文献证明,海国海地对中原内陆的历代统治者的玳瑁进贡持续长达数千年,民间的玳瑁贸易则受国家政策的影响,汉唐时最为发达,此后渐衰。玳瑁的稀缺性、海洋性以及使用者的高端特性,使得它在中国文化中成为一个与富贵豪奢、地位等级、南海等相关的符号。

---

① [清]郝玉麟等:《福建通志》卷六四,上海古籍出版社1987年影印文渊阁《四库全书》本,第530册,第298页。

简论"玳瑁"的文化意蕴

——说"玳瑁"之二

张晓红

（集美大学文学院　福建　厦门　361021）

【摘　要】 玳瑁是一种珍稀海洋动物。玳瑁最早以其独特的解毒药效被人们所重视，更因其甲壳独特的装饰性而为大众所钟爱。玳瑁属于稀缺资源，由海地海国进贡或贸易而来，故身价颇高，流行于上层社会和富豪人家。由此，玳瑁成为与海洋、富贵、权势等相关的文化符号。另外，作为龟属动物，玳瑁还附着长寿的文化内涵，由于玳瑁单独行动的生活习性，它还被赋予了孤独之含义。

【关键词】 海洋；玳瑁；文化意蕴

作为海洋珍稀动物的玳瑁，虽然最先以其极好的解毒药效而引人关注，但为人们所重视和喜欢，则更在于其审美价值。在中国传统文化中，玳瑁因其特殊的生活地域、资源的稀缺性、甲壳图案优异的装饰性、消费群体的贵族化和富豪化，从而成为与富贵、权势、高地位、高阶层以及南海等有关的文化符号。另外，由于玳瑁的龟类属性和独来独往的生活习性，它还被赋予长寿与孤独之文化意蕴。

一、海洋珍宝之代表

玳瑁的出产地主要在东南沿海地区及周边国家，早在商代，东南沿海地区就成为玳瑁的主要进贡地。《逸周书》记载商汤令伊尹为《四方献令》，令南方的瓯邓、桂国、损子、产里、百濮、九菌诸国进献珠玑、玳瑁、象齿、文犀、翠羽等珍稀物品[①]。《中国古代的玳瑁消费及贸易》一文所引司马迁《史记·货殖列传》、《后汉书·贾琮传》、柳宗元《送廖有房序》以及《新唐书》记载唐时崖州珠崖郡、陆州玉山郡进贡玳瑁[②]等来看，汉唐以降，人们心目中的江南、广东、交趾等地就是珍宝库，玳瑁便是其地所产珍宝之一。玳瑁与海洋，尤其是东南部海的关联，使它成为重要的海洋文化符号。北齐后主萧纬似乎非常喜欢海景，他"毁东宫，造修文偃

本文为 2014 年福建省教育厅重点项目（编号 JAS14164）、福建省社会科学规划项目（编号 2014B131）的阶段性研究成果。

① ［宋］王应麟：《玉海》卷六五，上海古籍出版社 1987 年影印文渊阁《四库全书》本，第 944 册，第 679 页。

② ［宋］欧阳修、宋祁：《新唐书·地理志》，中华书局 1975 年版，第 1100 页。

武、隆基、嫔嫱诸院，起玳瑁楼。又于游豫园穿池，周以列馆，中起三山、构台，以象沧海，并大修佛寺"[1]，可以说是将海景搬进皇宫，他将楼命名为玳瑁，可见玳瑁乃是海景最重要的符号之一。文学作品对此也有表现，王粲《游海赋》描述海中"有贲蛟大贝，明月夜光，蠵鼊玳瑁，金质黑章"[2]，杨炯写泉州"境接东瓯，地邻南越，言其宝利，则玳瑁珠玑"[3]，其中都有玳瑁的身影；宋释正觉多次将海称为玳瑁海，如《禅人并化主写真求赞》其三七二："珊瑚树生玳瑁海，明月珠走琉璃盘。"其四〇五："玳瑁海深难寻含月之蚌，珊瑚林没谁见骧潮之鲸。"[4]

二、富贵豪奢生活的代名词

"物以稀为贵"。玳瑁是稀有的海产品，得之不易，故而显得极为珍贵。玳瑁贵重，故常为礼品，上自国与国的朝贡与赏赐，国王对大臣的恩赏，下至普通人的交往，都有玳瑁的身影。有关国与国之间的玳瑁朝贡，对此我们在《中国古代的玳瑁消费及贸易》一文中有详细的论述，兹不赘述。就普通人而言，玳瑁器得之不易，虽非至宝，但也非常珍惜。窦宪赠班固玳瑁簪，班固赠弟超玳瑁黑犀簪[5]，班固专门形诸笔墨；三国时魏国高柔从远方为妻子送来"玳瑁梳一枚"(《与妇书》)[6]，深情厚爱正在这珍贵的礼物之中。宋靖康之难，宋宫中宝物全被金人洗劫，南宋建炎元年朝廷以傅雱为大金国通问使，赠送左副元帅宗维"锦十匹、玳瑁器三事"[7]，亦可证玳瑁之贵。玳瑁可高价抵钱用，唐代包佶为汴东水陆、运、两税盐铁使，许以漆器、玳瑁、绫绮代盐价，虽不可用者，亦高估而售之。[8] 虽不知具体价格几何，但贵重自见。关于玳瑁的价格，历代当有所不同，《明会典》所载弘治间玳瑁盒、玳瑁盂每个值一贯钱[9]。

由于玳瑁价格不菲，只有特殊阶层和有钱人才能消费，故而与珠玉、象牙、犀角、孔雀、翡翠等一道成为富贵奢华生活的代表。在历史上，玳瑁的用否往往成为帝王贵族生活奢侈还是节俭的重要分水岭。《汉书》记载，汉文帝生活很节俭，"身衣弋绨，足履革舄，以韦带剑，莞蒲为席，兵木无刃，衣缊无文"[10]，在他的统治下，"后宫贱玳瑁而疏珠玑，却翡翠之饰，除彫瑑之巧"[11]。武帝则不同，开拓疆土，南方建珠崖七郡，获取大量珍宝，不仅宫人簪戴，还以玳瑁押帘，饰床，极为奢靡。东汉和帝邓皇后以节俭著称，史书载其表现就是减抑奢侈品消费，其

① [唐]魏征等：《隋书·食货志》，中华书局1973年版，第678页。

② [清]严可均辑：《全上古三代秦汉三国六朝文》，中华书局1958年版，第958页。

③ [唐]杨炯：《杨炯集·唐恒州刺史建昌公王公神道碑》，中华书局1980年版，第99页。

④ 傅璇琮等编：《全宋诗》卷一七八三，北京大学出版社1998年版，第19879,19882页。

⑤ [清]严可均辑：《全上古三代秦汉三国六朝文》，中华书局1958年版，第608页。

⑥ [清]严可均辑：《全上古三代秦汉三国六朝文》，中华书局1958年版，第1206页。

⑦ [宋]李心传：《建炎以来系年要录》卷六，中华书局1956年版，第161页。

⑧ [宋]欧阳修、宋祁：《新唐书·食货志》，中华书局1975年版，第1379页。

⑨ [明]徐溥等：《明会典》卷一〇二，上海古籍出版社1987年影印文渊阁《四库全书》本，第617页，第931页。

⑩ [汉]班固：《汉书·东方朔传》，中华书局1962年版，第2858页。

⑪ [汉]班固：《汉书·扬雄传下》，中华书局1962年版，第3560页。

中"御府、尚方、织室锦绣、冰纨、绮縠、金银、珠玉、犀象、玳瑁、雕镂玩弄之物,皆绝不作"[①],而当时京师不仅"贵戚衣服饮食、车舆庐第奢过王制",甚至他们的"徒御仆妾,皆服文组彩牒,锦绣绮纨,葛子升越,筩中女布。犀象珠玉,虎魄玳瑁,石山隐饰,金银错镂,穷极丽靡"[②]。《三国志》写陆胤在交州"十有余年,宾带殊俗,宝玩所生,而内无粉黛附珠之妾,家无文甲犀象之珍"[③],生活简朴;《南齐书》记东昏侯"置射雉场二百九十六处,翳中帷帐及步鄣,皆袷以绿红锦,金银镂弩牙,玳瑁帖箭"[④],生活极为侈靡。北齐幼主高恒修建玳瑁殿,唐代同昌公主有七宝辇,南唐李煜有玳瑁帐,都是生活荒淫奢靡的表现,史家对此皆持批评态度。

文学作品中与玳瑁相关的意象大多带有富贵之意。玳瑁筵常指豪华盛大的宴席,如李世民《帝京篇》"罗绮昭阳殿,芬芳玳瑁筵"[⑤]、杜甫《观公孙大娘弟子舞剑器行》"玳筵急管曲复终,乐极哀来月东出"[⑥];玳瑁床、玳瑁梁、玳瑁帘、玳瑁钩、玳瑁押皆为描述富贵人家生活场景的器物,如沈佺期《古意呈乔补阙知之》"卢家少妇郁金堂,海燕双栖玳瑁梁"[⑦]、崔颢《邯郸宫人怨》"水晶帘箔云母扇,琉璃窗牖玳瑁床"[⑧]、顾况《李供奉弹箜篌歌》"美女争窥玳瑁帘,圣人卷上真珠箔"[⑨]、温庭筠《过华清宫二十二韵》"屏掩芙蓉帐,帘褰玳瑁钩"[⑩]、文彦博《和太师相公重九日燕府僚之什》"陶菊香浓侵玳押,吴歈声缓倚鹍弦"[⑪];玳瑁簪则有珍贵或奢靡之意,如汉乐府《有所思》[⑫]中的主人公的恋人在大海之南,于是为他精心准备了礼物——"双珠玳瑁簪",而且还"用玉绍缭之",可一旦"闻君有他心",立刻"拉杂摧烧之",情没了,再珍贵的物也没有存在的必要了。繁钦《定情诗》"何以表别离,耳后玳瑁钗"[⑬]也是以玳瑁钗之珍贵表离别相思之苦;晋张华《轻薄篇》:"横簪刻玳瑁,长鞭错象牙"[⑭]则以玳瑁簪表现轻薄子弟生活之奢靡。

三、地位身份之标志

玳瑁属于奢侈品,由于不少统治者担心玳瑁流行会造成社会风气的淫靡奢华,故对其贸易和消费进行限制,甚至将之列为禁物,仅限于特殊阶层和特殊身份的人使用,故而玳瑁的使用也是高阶级、高身份、高地位的标志。刘宋规定,"骑士卒百工人,加不得服大绛紫襈、假

---

① [南朝宋]范晔:《后汉书·和熹邓皇后纪》,中华书局1965年版,第422页。
② [南朝宋]范晔:《后汉书·王符传》,中华书局1965年版,第1635页。
③ [晋]陈寿:《三国志·吴志》,中华书局1959年版,第1410页。
④ [梁]萧子显:《南齐书》,中华书局1972年版,第103页。
⑤ [清]彭定求等编:《全唐诗》卷一,中华书局1960年版,第2页。
⑥ [清]彭定求等编:《全唐诗》卷二二二,中华书局1960年版,第2357页。
⑦ [清]彭定求等编:《全唐诗》卷九六,中华书局1960年版,第1043页。
⑧ [清]彭定求等编:《全唐诗》卷一三〇,中华书局1960年版,第1325页。
⑨ [清]彭定求等编:《全唐诗》卷二六五,中华书局1960年版,第2947页。
⑩ [清]彭定求等编:《全唐诗》卷五八〇,中华书局1960年版,第6736页。
⑪ 傅璇琮等编:《全宋诗》卷二七六,北京大学出版社1991年版,第3493页。
⑫ 逯钦立辑校:《先秦汉魏晋南北朝诗》,中华书局1983年版,第160页。
⑬ 逯钦立辑校:《先秦汉魏晋南北朝诗》,中华书局1983年版,第386页。
⑭ 逯钦立辑校:《先秦汉魏晋南北朝诗》,中华书局1983年版,第611页。

结、真珠珰珥、犀、玳瑁、越叠、以银饰器物、张帐、乘犊车……"①，可见只有官员才能用。南齐规定"诸王不得作乖体格服饰"，庐陵王萧子卿顶风作玳瑁乘具，被父王所批评。② 宋代限制玳瑁最为严格，仁宗天圣五年(1027)罢除了琼州玳瑁的岁贡，景祐元年(1034)又将玳瑁列为禁物，"罢造玳瑁龟筒器"，三年又规定"非三品以上官及宗室戚里之家，毋得用金棱器，其用银者，毋得涂金。玳瑁酒食器，非宫禁毋得用"③。因此，玳瑁主要用于礼服和礼品。作为礼服的玳瑁饰品是身份的象征。汉代后宫入庙服"诸簪珥皆同制，其擿有等级焉"，其中太皇太后、皇太后入庙服，"簪以玳瑁为擿，长一尺，端为华胜，上为凤凰爵，以翡翠为毛羽，下有白珠，垂黄金镊。左右一横簪之，以安蔮结"；贵人助蚕服是"大手结，墨玳瑁，又加簪珥"④。晋代沿袭汉风，贵人、贵嫔、夫人助蚕服为"太平髻，七钿蔽髻，黑玳瑁，又加簪珥"⑤。宋代大臣祭服中等级最高的九旒冕也是以"犀、玳瑁簪导"⑥。

通常而言，玳瑁仅次于玉、金。隋人据《史记》记载平原君夸楚用玳瑁簪，班固赠弟黑犀簪以及《士燮集》所言"遣功曹史贡皇太子通天犀导"而得出"知天子独得用玉，降此通用玳瑁及犀"的结论，依次制定隋代簪制。⑦ 晋代剑饰亦相类，《晋书》卷二五载："汉制，自天子至于百官，无不佩剑。其后惟朝带剑。晋世始代之以木，贵者犹用玉首，贱者亦用蚌、金银、玳瑁为雕饰。"⑧宋代因长期禁用玳瑁，玳瑁地位更高。宋初一、二品官员朝服之进贤五梁冠(又名笼巾)，以"犀、玳瑁簪导"，中书门下另加笼巾貂蝉，貂蝉即以玳瑁为之；三四品的"三梁冠"则仅以"犀角簪导"；元丰间有所变化，宰相、亲王、使相、三师、三公所用第一等朝服为"貂蝉笼巾七梁冠"，"蝉，旧以玳瑁为蝴蝶状，今请改为黄金附蝉"⑨，可见玳瑁仅次于玉，等同于金。金代皇后冠服中的革带以玳瑁衬金钉脚，皇后犀冠也以玳瑁盘为饰⑩，元时皇帝衮服之凉带以玳瑁衬钉⑪，明代洪武二十六年(1393)所定文武官朝服以八梁玉蝉的公冠为最贵，其次为七梁金蝉的侯冠和七梁玳瑁的伯冠⑫，地位仍不低。但万历间流行的玳瑁带为低级官吏服饰。史载"严清拜尚书，不能具服色，束素犀带以朝"，有人嘲笑说"公释褐时七品玳瑁带犹在耶"⑬，可知素犀、玳瑁为七品官带而已。据《通雅》，"万历初腰带曰玳瑁带，实即青花带也"⑭。清代的六品官带为"银衔玳瑁圆版四"⑮，次于红宝石、金、银，地位下降。

---

① [梁]沈约:《宋书》，中华书局1974年版，第518页。

② [梁]萧子显:《南齐书》，中华书局1972年版，第703页。

③ [元]脱脱等:《宋史》，中华书局1977年版，第183，198，3575页。

④ [南朝宋]范晔:《后汉书·舆服志下》，中华书局1965年版，第3676，3677页。

⑤ [唐]房玄龄等:《晋书·舆服志》，中华书局1974年版，第774页。

⑥ [元]脱脱等:《宋史·舆服志四》，中华书局1977年版，第3539页。

⑦ [唐]魏征等:《隋书·礼仪志》，中华书局1973年版，第272页。

⑧ [唐]房玄龄等:《晋书·舆服志》，中华书局1974年版，第7771页。

⑨ [元]脱脱等:《宋史·舆服志四》，中华书局1977年版，第3550～3555页。

⑩ [元]脱脱等:《金史·舆服志上》，中华书局1975年版，第978，979页。

⑪ [明]宋濂等:《元史·舆服志一》，中华书局1976年版，第1932页。

⑫ [明]张廷玉等:《明史·舆服三》，中华书局1974年版，第1634页。

⑬ [明]张廷玉等:《明史·严清传》，中华书局1974年版，第5888页。

⑭ [明]方以智:《通雅》卷四七，上海古籍出版社1987年影印文渊阁《四库全书》本，第857册，第884页。

⑮ [清]允祹等:《钦定大清会典》卷三〇，上海古籍出版社1987年影印文渊阁《四库全书》本，第619册，第243页。

作为被限定阶层消费的奢侈品，玳瑁常用作最高统治者赐予下臣以示恩宠的高级礼品。据说隋炀帝"常以端午日赐百僚玳瑁钗冠"[①]，唐代贞观中效法汉代端午赐百僚乌犀腰带之俗，端午赐文官黑玳瑁腰带，武官黑银腰带[②]。金代二三品官诰轴皆用玳瑁[③]。周必大多年在朝为高官，得到皇帝所赐玳瑁杯与笔，倍感荣幸，在《走笔再次西美韵兼简季章》诗中自注云："家有此杯及笔，皆赐物也。"[④]明洪武十三年(1380)，高丽进贡玳瑁笔，皇帝分赐学士刘三吾、侍讲学士葛均等[⑤]，正统初赐大学士杨士奇金织纱罗袭衣金镶玳瑁带[⑥]，成化元年驾幸太学后除赐孔子为犀带、赐颜孟为玳瑁带外[⑦]，还赐讲官厢金玳瑁香带[⑧]，来自皇帝的赐品，非常人所能得到，自然具有特殊的意义。

在文学作品中，玳瑁物象也有此义。如唐代张九龄《答陈拾遗赠竹簪》"遗我龙钟节，非无玳瑁簪。幽素宜相重，雕华岂所任"[⑨]，宋人吴潜《三用喜雨韵三首》其二"披襟雅称琉璃簟，散发何销玳瑁簪"[⑩]，玳瑁簪与竹簪的朴质有节相对，意味着雕镂华美及其相适应的官员身份。玳瑁簪意象更多代指幕僚、门客、侍臣甚至宾朋，也是与《史记》所载平原君门客出使楚国，欲在楚人面前炫富，故"玳瑁簪、刀剑室以珠玉饰之"[⑪]而来。

四、吉祥长寿之象征

玳瑁是龟类，龟是长寿的代表，玳瑁也具有吉祥长寿之寓意。汉武帝求长生，司马相如《子虚赋》所描摹的云梦泽中有神龟蛟鼍、玳瑁鳖鼋，都是祥瑞之物。《汉书·郊祀志下》记载："(王)莽篡位二年，兴神仙事，以方士苏乐言，起八风台于宫中。台成万金，作乐其上，顺风作液汤。又种五梁禾于殿中，各顺色置其方面，先鬻鹤髓、毒冒、犀玉二十余物渍种，计粟斛成一金，言此黄帝谷仙之术也。"[⑫]王莽为求长生不老，以鹤髓、玳瑁、犀玉之类浸渍五色之谷，可见玳瑁被认为具有延年益寿之功用。王燮《杂章》云"伏闻令月辰立皇后，谨赍翠羽、玳瑁甲上万岁寿也"[⑬]，以玳瑁甲祝寿，表吉祥美意。玳瑁此寓意的深层原因在于玳瑁能够检

① [五代]马缟：《中华古今注》卷中，中华书局2012年版，第101页。
② [五代]马缟：《中华古今注》卷上，中华书局2012年版，第92页。
③ [元]脱脱等：《金史》卷四三，中华书局1975年版，第1338页。
④ 傅璇琮等编：《全宋诗》卷二三三一，北京大学出版社1998年版，第26793页。
⑤ [明]廖道南：《殿阁词林记》卷四，上海古籍出版社1987年影印文渊阁《四库全书》本，第452册，第192页。
⑥ [明]黄佐：《翰林记》卷一六，上海古籍出版社1987年影印文渊阁《四库全书》第596册，第1031页。
⑦ [清]林尧俞：《礼部志稿》卷三七，上海古籍出版社1987年影印文渊阁《四库全书》本，第597册，第686页。
⑧ 廖道南：《殿阁词林记》卷一五，上海古籍出版社1987年影印文渊阁《四库全书》本，第452册，第332页。
⑨ [清]彭定求等编：《全唐诗》卷四八，中华书局1960年版，第583页。
⑩ 傅璇琮等编：《全宋诗》卷三一五八，北京大学出版社1998年版，第37867页。
⑪ [汉]司马迁：《史记·春申君列传》，中华书局1959年版，第2395页。
⑫ [汉]班固：《汉书》，中华书局1962年版，第1270页。
⑬ [唐]虞世南：《北堂书钞》卷三一，中国书店1989年版，第73页。

测食物是否含毒,疗百毒,辟邪恶。据《神农本草》,玳瑁“寒,无毒,主解岭南百药毒”。缪希雍(1546—1627)疏曰,“玳瑁得水中至阴之气,故气寒无毒,而解一切热毒。其性最灵,凡遇饮食有毒则必自摇动,然须用生者乃灵,死则不能矣。岭南人善以诸毒药造成蛊,人中之则昏愦闷乱,九窍流血而死,惟用活玳瑁,刺其血饮,或生者磨浓汁服之可解”,“又能解痘毒,神效”[①]。解毒以求健康,健康才能长寿。历代皇室都崇尚玳瑁,以其为器用,为饰品,为礼物,不仅因其图案美观,质地莹润,也因其隐含健康长寿的吉祥寓意。

五、孤独之意蕴

古人以为玳瑁一生只交配一次,然后单独生活。唐段成式《酉阳杂俎》卷十七记载:“虫不再交者,虎鸳与玳瑁也。”[②]明叶子奇《草木子》作:“物之牝牡一生不再交者,虎也,鸳鸯也,玳瑁也。”[③]徐应秋《玉芝堂谈荟》亦云:“兽不再交者,虎也;鸟不再交者,鸳鸯;介虫不再交者,玳瑁也。”[④]可见古人认为玳瑁与鸳鸯、老虎一样,雌雄只交配一次。然而有趣的是,鸳鸯雌雄永远相随,而玳瑁单独行动,故而具有孤独之意。如李白《去妇词》“自从离别久,不觉尘埃厚。尝嫌玳瑁孤,犹羡鸳鸯偶”[⑤],徐积《双树海棠》其一“独树已难有,双株岂易培……种是鸳鸯骨,根非玳瑁胎”[⑥],皆以“玳瑁”与“鸳鸯”相对,表达孤独、单独、一个之意。玳瑁的这一意蕴显然源于古人对玳瑁不够科学的考察,归根结底源于古人对海洋和海洋生物的陌生。玳瑁是如此独来独往,甚至有人错误地认为玳瑁不需交配,望卵即可怀孕。如《埤雅》言玳瑁“乳卵大如弹丸,亦望卵而菿,一如龟鳖,名呼为卵”[⑦]。

综上,玳瑁这种来自海洋的珍稀动物,首先以其独特的解毒疗毒的功效而被人关注,其得名即在于此。然而随着历史的发展,人们的关注点逐渐转移到其纹路、质地独特的甲壳上,玳瑁器物和装饰品大量被制作出来,流行于上层社会、富豪之家,玳瑁由此而生成与富贵豪奢、身份地位等相关的文化意蕴。虽然玳瑁的龟属的类别和独来独往的生活习性也被赋予长寿、孤单的文化内涵,但属于次要地位。我们发现,玳瑁的审美价值、社会价值远远超越了其实用价值,为什么呢?追根溯源,仍然要回到玳瑁的产地与稀缺性上,要回到作为农业民族的中国内陆民众对海洋的陌生和向往上。在相当长的时间里,中原民众对海洋极为陌生,由此而产生对海洋的种种想象和复杂情感,而其中最重要的便是认为海洋就是珍宝的府库、财富的渊薮。玳瑁作为海洋珍稀动物,一直被认为是与珠玑同样的宝货。在古代对海洋开发比较落后的情况下,海产品的获得极为不易,当它们千里迢迢被运送到内陆,价格自然不菲,地位自然更高,也只能为富人所得,而等级社会又规定了它的使用者的高身份。德国哲学家恩斯特·卡西

① [明]缪希雍:《神农本草经疏》卷二○,上海古籍出版社1987年影印文渊阁《四库全书》本,第775册,第767页。

② [唐]段成式:《酉阳杂俎》卷一七,中华书局1981年版,第165页。

③ [明]叶子奇:《草木子》,中华书局1959年版,第90页。

④ [明]徐应秋:《玉芝堂谈荟》卷三二,上海古籍出版社1987年影印文渊阁《四库全书》本,第883册,第762页。

⑤ [清]彭定求等编:《全唐诗》卷一六五,中华书局1960年版,第1914页。

⑥ 傅璇琮等编:《全宋诗》卷六五七,北京大学出版社1993年版,第7565页。

⑦ 陆佃:《埤雅》卷二,浙江大学出版社2008年版,第12页。

尔说：“符号化的思维和符号化的行为是人类生活中最富于代表性的特征，并且人类文化的全部发展都依赖于这些条件，这一点是无可争辩的。”[①]观之玳瑁，亦复如此。

（本文发表于《集美大学学报》（哲社版）2015 年第 2 期，文字略有改动）

① [德]恩斯特·卡西尔著，甘阳译：《人论》，上海译文出版社 1985 年版，第 35 页。

中国海关雏形:南宋市舶司研究

柳平生

(集美大学财经学院　福建　厦门　361021)

【摘　要】 南宋市舶司的建置构造大体可以视为广南、福建和两浙三个市舶司鼎足而立的格局。本文对"专置提举制"下的南宋市舶司及其职能的研究表明,广南市舶司在海南琼州设有市舶场务;福建市舶司在绍兴头十年有过"两罢三置"的动荡;两浙市舶司在头四十年属路司统辖,在乾道二年(1166)后进入五务并存期,在杭州、庆元、秀州、温州和江阴分设市舶务。就职能而言,南宋市舶司(务)既是外贸税收机构,又是行政管理机构,既是外贸经营机构,又是经济仲裁机构,同时承担外交使节的接待任务,其活动范围较之现代海关要广泛得多。

【关键词】 南宋;市舶司;建置沿革;职能;性质

市舶司是宋代海外贸易的管理机构,其性质类似于今天之海关,当然两者之间亦有一些不同。学界研究成果表明,宋代市舶官制有一个演变过程。自北宋初年到元丰三年(1080),实行的是"州郡兼领"制,中经元丰三年到崇宁初年的"漕臣兼领"制,到南宋演变为"专置提举"制,一直维持到宋亡之时①。这反映出南宋对海外贸易的重视与外贸收入对于中央财政的重要。鉴于学界对南宋市舶司的研究相对较少②,且对市舶司的职能及其性质的认识尚有歧见,本文拟对东南各路市舶司的设置沿革作一考察,在此基础上对市舶司的职能及其性质作一分析和归纳。

一、"专置提举制"下的市舶司及其编制

在南宋专置提举制下,市舶司设官四员,吏十一员。具体分工如下:

官有:

提举市舶司使:市舶司之首长。

市舶监官:"主管抽买舶货,收支钱物",每个市舶司或务,"抽解博买,专置监官一

柳平生,副教授,主要研究西方经济思想与中国经济。

① 廖大珂:《宋代市舶官制的演变》,《历史研究》1998年第3期。

② 目前所见专论仅止章深的《南宋市舶司初探》一篇。章深:《南宋市舶司初探》,《学术研究》1992年第5期。

员”[①],即负责财政税收之业务首长。

勾当公事:又称干办公事,简称“舶干”,主持市舶司的日常事务,相当于办公室主任或秘书长。

监门官:主管市舶库,“逐日收支,宝货钱物浩瀚,全籍监门官检察”,“杜绝侵盗之弊。”[②]

吏有:

主管文字:负责点检市舶司(务)账状。

孔目:负责对海商申请发舶放洋的审核、验实,然后给付公据。

手分:管“钱帛案”,即负责钱物的收支工作。

贴司、书表:制作账簿、文字档案。

都吏:负责巡视、检查和安全。

专库:负责市舶库舶货的保管和出纳。

专称:负责临场抽解、和买等具体工作。

客司:负责贡使和蕃商的接待工作。

前行、后行:负责警卫。

整个市舶机构实行的是首长负责制,“提举官宜得人而久任,庶蕃商肯来”。因此,提举市舶的位置十分引人注目。在当时政府看来,既然提举市舶之职“委寄非轻”[③],那么,只要“使有风节、才力者为之”[④],必定能“示远人之信,明赏以激劝”[⑤],从而使海外贸易兴盛起来。所以提举市舶使在赴任之前,要经过品行上的考核。廉洁自然是首要条件,同时也因为当时外贸兴盛的地方一般“民蛮种落”众多,“可以廉平服,而不可以贪酷治”[⑥]。绍兴年间,李庄在任福建提举市舶使前,高宗要求“赴阙禀议,然后赴任”[⑦]。左朝散郎王勳,在任广南提举市舶使前,“有荐其治状者,上召对而有是命”[⑧]。理宗时,对提举市舶之职,往往“弄印久之”[⑨],“每择佳士,俾持琛节”[⑩],然后任之。可见宋廷对市舶使人选任命之慎重。

各市舶司设于各地港口城市的下属机构还有市舶务和市舶场,前后总计有十数个之多。南宋外贸管理体制大体上可以看作广南市舶司、福建市舶司和两浙市舶司三足鼎立的格局。

---

①② (清)徐松编:《宋会要辑稿》职官四四之一一,中华书局1957年影印本。

③ (宋)李心传:《建炎以来系年要录》卷一六二绍兴二十一年四月甲戌条,上海古籍出版社1992年影印“文渊阁四库全书”本,第3册第265页。

④ (宋)蔡戡:《定斋集》卷二《乞选择监司奏状》,上海古籍出版社1992年影印“文渊阁四库全书”本,第1157册第587页。

⑤ (宋)李心传:《建炎以来系年要录》卷一一一绍兴七年五月癸酉条,上海古籍出版社1992年影印“文渊阁四库全书”本,第2册第510页。

⑥ (清)徐松编:《宋会要辑稿》职官七四之一一,中华书局1957年影印本。

⑦ (宋)李心传:《建炎以来系年要录》卷一六二绍兴二十一年四月甲戌条,上海古籍出版社1992年影印“文渊阁四库全书”本,第2册第265页。

⑧ (宋)李心传:《建炎以来系年要录》卷一一二绍兴七年七月戊寅条,上海古籍出版社1992年影印“文渊阁四库全书”本,第2册第528页。

⑨ (宋)刘克庄:《后村先生大全集》卷六〇《韩补福建市舶》,“四部丛刊”本。

⑩ (宋)刘克庄:《后村先生大全集》卷六二《吴洁知泉州》,“四部丛刊”本。

二、广南路市舶司和海南市舶场务的设置

广州自秦汉以来就是对外贸易的重要港口。北宋时广南市舶司创立时间最早，到了南宋，它又是唯一从未废罢过的市舶司。《建炎时政记》云："建炎中兴诏罢两浙、福建市舶司归转运司，而广南如故。"[①]然李心传《建炎以来朝野杂记》曰"（建炎）四年春，复置广司"，王应麟《玉海》引《中兴小历》所载略同[②]。按李、王二人的记载，广南市舶司在建炎四年（1130）前应被废罢过，与《中兴小历》《建炎时政记》所载相抵牾。考《宋会要辑稿》食货五〇之一一："建炎三年三月四日臣僚言：昨缘西兵作过，并张遇徒党劫掠商贾，畏惧不来……欲下两浙、福建、广南提举市船（舶）司招诱兴贩。"又《宋会要辑稿》职官五七之六四载："（建炎）二年三月七日诏：诸路帅臣供给每月不得过二百五十贯，诸路提举茶盐公事，陕西、福建路提举茶事、广南路提举市舶……供给每月不得过一百十贯。"这些记载说明在"建炎四年"之前的"二年""三年"，广南市舶司是存在的。李纲是南宋初年省并市舶机构的主持者，他本人也未提到要将广南市舶司废罢，他的做法是将"提举香盐茶矾司并归提举常平司，提举市舶除广南外，余路并归转运司"[③]。由此可以断定，李心传和王应麟的记载是不准确的，广南市舶司应是南宋时期唯一未废罢过的市舶司。

广南市舶司治所设在广州，有时又称为"广东市舶司"或"广州市舶司"。就整个广南路而言，除了设在广州的市舶司以外，时属广南西路的海南是否设有市舶机构呢？方豪《中西交通史》认为"宋时琼州有设立市舶司之议，而未见实施"[④]，意思是宋代海南地区没有市舶机构的设置。然前引赵汝适《诸蕃志》云"（琼州）属邑五：琼山、澄迈、临高、文昌、乐会，皆有市舶……（舶舟）至则津务申州，差官打量丈尺，有经册以格税钱。本州官吏兵卒仰此以赡"，明确指出琼州设有市舶机构。赵汝适又云："（吉阳军）郡治之南有海口驿，商人舣舟其下，前有小亭，为迎送之所。"众所周知，迎送制度是宋代海外贸易的重要制度，迎来送往是宋代市舶机构的重要职责，广州、泉州市舶司均设有迎送之所。广州的溽洲（即今天广东的广海）有望舶巡检司，"商船去时，至溽洲少需以诀，然后解去，谓之'放洋'。还至溽洲，则相庆贺，寨兵有酒肉之馈，并防护赴广州"[⑤]。海南吉阳军像广州、泉州一样，也有迎送舶商之所，由此可以断定吉阳军也应该有市舶机构。笔者这样认定的理由如下：

---

① （宋）章如愚：《山堂考索》后集卷一三《官制·提举市舶司》引《建炎时政记》，中华书局1992年影印本，第533页。（宋）王象之：《舆地纪胜》卷八九《广州·提举市舶司》引《中兴小历》（中华书局1992年影印本，第2833页）所载略同。

② （宋）李心传：《建炎以来朝野杂》甲集卷一五《市舶司本息》，中华书局2000年标点本，第330页。（清）王应麟：《玉海》《唐市舶司》有"（建炎）四年二月，复置广司"之说。（清）王应麟：《玉海》卷一八六《唐市舶司》，江苏古籍出版社、上海书店1987年影印本，第3402页。

③ （宋）李纲：《梁溪集》卷六二《乞省官吏裁廪禄札子》，上海古籍出版社1992年影印"文渊阁四库全书"本，第1125册第997页。

④ 方豪：《中西交通史》上册，第二编第五章《唐宋时代之贸易港》，上海人民出版社2008年版，第181～190页。

⑤ （宋）朱彧：《萍洲可谈》卷二，"丛书集成初编"本。

其一,海南地处热带地区,所产之物有许多品种属市舶司抽解、和买的重要物品,如"名香、槟榔、椰子、翠羽、黄腊、苏木、吉贝之属"①。尤其是名香,品种繁多,有"沉香、蓬莱香、鹧鸪香、笺香、生香、丁香"等。不仅如此,海南还常出香料精品,范成大说,"大抵海南香,气皆清淑,如莲花、梅英、鹅梨、蜜脾之类",而"舶香往往腥烈,不甚腥者,意味又短,带木性,尾烟必焦"②。此外,海南"地多荒田,所种秔稌,不足于食",所以农业生产活动少,而"俗以贸香为业"③。其时贸易活动相当频繁,"省民以盐、铁、鱼、米转博,与商贾贸易。泉舶以酒、米、面粉、纱绢、漆器、瓷器等为货"④。对广南市舶司而言,海南各港的市舶收入是不可或缺的财源。

其二,海南地处交通要冲,又多良港,是商舶往来的必经之地和歇息之所。相比较而言,琼州(海南海口市)比昌化军、吉阳军、万安军的良港要多一些,琼山的神应港,文昌的石栏港,乐会的调懒港、冯家港和博敖港等均是聚舶之处,"神应港,一名白沙津……淳祐戊申忽飓风作,自冲成港……宋于此置渡"⑤,"石栏港,商贾舟过,最为险要","博敖港……中有大石拦阻倭船,俗呼圣石"⑥。海南还是行商海贾的歇息之地。"(昌化军)有白马井,泉味甘美,商舶回日,汲载以供日用"⑦,"闽商值风飘荡,赀货陷没,多入黎地耕种之"⑧。海南作为海贸繁盛之地,设市舶机构进行管理自然顺理成章。

其三,面对日益勃兴的海上贸易,当时中外均有在海南建立市舶机构的呼声。南宋乾道九年(1173),广南提举市舶黄良心建议朝廷创置"广南提举市舶司主管官一员,专一觉察市舶之弊,并催赶回舶抽解,于琼州置司"⑨。朝廷虽未同意,但这是要求在海南建立市舶机构的第一次明确动议。淳熙三年(1176),又有占城国"申乞与本番(即海南)通商"⑩。可知此时海南尚未设立市舶机构。前引赵汝适《诸蕃志》云,海南琼州五个属县"皆有市舶",则在赵汝适任福建提举市舶使的理宗初年(1225—1228)之前已有市舶场务这一设置。

综上所述,至少在南宋后期的13世纪这个时段内,海南琼州是有市舶场(务)机构存在的。

三、福建路市舶司的罢置与兴复

福建路市舶司于元祐二年(1087)创设于泉州。南宋初年在李纲减并政策的指导下,政府决定将"福建路提举市舶司并归转运司,令……将见在钱谷器皿等拘收具数,申尚书

① (宋)朱彧:《萍洲可谈》卷二,"丛书集成初编"本。
② (宋)范成大:《桂海虞衡志》,《范成大笔记六种》,中华书局2002年标点本,第93,94页。
③ (宋)赵汝适:《诸蕃志》卷下《海南》,中华书局2000年标点本,第216页。
④ (宋)赵汝适:《诸蕃志》卷下《海南》,中华书局2000年标点本,第217页。
⑤⑥ (明)唐胄:《正德琼台志》卷六,"天一阁明代方志选刊"本。
⑦ (宋)赵汝适:《诸蕃志》卷下《海南》,中华书局2000年标点本,第218页。
⑧ (宋)赵汝适:《诸蕃志》卷下《海南》,中华书局2000年标点本,第220~221页。
⑨ (清)徐松编:《宋会要辑稿》职官四四之二九至三〇,中华书局1957年影印本。
⑩ (明)唐胄:《正德琼台志》卷二一《番方》,"天一阁明代方志选刊"本。

省"[①]。时在建炎元年(1127)六月。但是,一年以后,转运司不仅自身"亏失数多",而且弄得福建地区的海外贸易萧条冷落,"市井萧索","土人以并废为不便"。所以,建炎二年(1128)五月,政府又决定"依旧复置两浙、福建路提举市舶司",还"赐度牒,牒值三十万缗,为博易本"[②]。一罢一置,这是福建路市舶司的第一次动荡。

五年后,它又一次面临动荡的命运。由于地理位置的优越,福建的对外贸易自北宋中叶以来一直十分繁盛,"凡滨海之民所造舟船,乃自备财力,兴贩牟利","资食于海外"[③]。可以想见,市舶之利亦相当丰厚。所以福建路各监司对市舶司虎视眈眈,为争夺统辖权而吵闹不休。绍兴二年(1132)七月,安抚转运提举司首先发难,认为"本路地狭民贫,官吏猥众。访闻有市舶只是泉州一处,旧来系守臣兼领。今既有提举,设属置吏,费耗禄禀,其利所入,徒济奸私,而公上所得无几",要求将市舶司"废罢","其提举司官吏上项月份并各端闲,委是以废还逐司"[④]。但这次安抚转运司并未取得对市舶司的统领,而是提刑司稳得渔翁之利。朝廷以"每岁海舶不至,虚废官吏廪禄"之故,罢福建提举市舶司,"依旧法令宪臣兼领"[⑤]。然而,事隔一月,朝廷又令"福建市舶司职事,令提举茶盐官兼领",同时"提举茶事司权移往泉州,就旧提举市舶司置司"[⑥]。这样,市舶之权又落到茶盐司手中。

依《中兴小历》载,福建市舶司自这次被吞并,经过了十年之久,才重新独立,"(绍兴)十二年(1142)茶事司归建州,而提举市舶以次复矣"[⑦]。《宋会要辑稿》和《群书考索》亦有相似记载[⑧]。然而史实证明,就是在由提刑司和茶盐司兼领期间,福建市舶仍有独立的行动,其名称也不断被人们单独提出来:

绍兴六年(1136)十二月,福建路市舶司言"蕃舶纲首蔡景芳招诱舶货,自建炎元年至绍兴四年共收息钱九十八万缗",乞推恩赏官。宋廷诏令"蕃舶纲首蔡景芳特与承信郎"[⑨]。

绍兴三年(1133)十二月和绍兴六年(1136)十二月户部上言中均提到"三路市舶",将福建市舶司与广南、两浙并称。[⑩]

绍兴八年(1138)七月,臣僚的上言又言及"广南、福建、两浙市舶司"[⑪]。

---

① (清)徐松编:《宋会要辑稿》职官四四之一一,中华书局1957年影印本。

② (宋)李心传:《建炎以来系年要录》卷一五建炎二年五月丁未条,上海古籍出版社1992年影印"文渊阁四库全书"本,第1册第254页;(清)徐松编:《宋会要辑稿》职官四四之一二,中华书局1957年影印本。

③ (清)徐松编:《宋会要辑稿》刑法二之一三七,中华书局1957年影印本。

④⑤ (清)徐松编:《宋会要辑稿》职官四四之一五,中华书局1957年影印本。

⑥ (宋)李心传:《建炎以来系年要录》卷五八绍兴二年九月己卯条,上海古籍出版社1992年影印"文渊阁四库全书"本,第1册第772页。

⑦ (宋)王象之:《舆地纪胜》卷一三〇《泉州·市舶提举司》引《中兴小历》,中华书局1992年影印本,第3731页。

⑧ (宋)章如愚:《山堂考索》后集卷一三《官制·提举市舶》,中华书局1992年版,第533页;(清)徐松编:《宋会要辑稿》职官四四之二三,中华书局1957年影印本。

⑨ (宋)李心传:《建炎以来系年要录》卷一〇七绍兴六年十二月丁未条,上海古籍出版社1992年影印"文渊阁四库全书"本,第2册第468页。(清)徐松编:《宋会要辑稿》职官四四之一八,中华书局1957年影印本。

⑩ (清)徐松编:《宋会要辑稿》职官四四之一七,四四之二〇,中华书局1957年影印本。

⑪ (清)徐松编:《宋会要辑稿》职官四四之二〇,中华书局1957年影印本。

时人曹勋在一份上书中说："窃见广、泉二市舶司，南商充牣。"[①]时间是在绍兴三年(1133)。

以上史实证明，福建路市舶司重新独立出来已是势在必行了。

从绍兴十二年(1142)以后，福建路市舶司再无动荡，一直到南宋末年市舶提举浦寿庚以泉州城降元为止。

四、两浙路市舶司与州县市舶场务的设置沿革

两浙路是南宋时期三路市舶司中兴废、变迁情况最为复杂的一路。它既涉及路级"司"的变化，又涉及州、军级"务"的废置。其变动历程可以乾道二年(1166)两浙路级"司"最终被废这一事件为界，分为两个阶段：即"路司统辖期"和"五务并存期"。为免繁复，在前一个时期内虽然五务均已恢复和建立，但主要介绍"路司"的变化情况。两浙各务的废置状况，放到后一个时期再述。前后两个时期的不同情况表明，两浙"路司"时罢时复，最终被取缔；"州(军)务"逐渐增多，日趋强盛，最终取而代之。

(一)路司统辖期(1127—1166)

南宋初年，两浙路市舶司与福建路市舶司一样，在李纲的提议下废罢。这是第一次动荡。不久，又有了迁司的波澜。两浙路市舶司成立时设在杭州。北宋太宗淳化三年(992)一度迁往明州定海县，时隔一年又迁回杭州，一直到南宋初期未变。到了绍兴二年(1132)，朝廷决定将两浙市舶司由杭州"移就秀州华亭县置司，官属供给，令秀州应副"[②]。十一年后，即绍兴十三年(1143)五月"以言者论两路("路"字疑为"浙")市舶所得不过一万三千余贯，而一司官吏请给仍过于所收"[③]之故，而被废罢。

这次废罢之后于何时复置，史载不明。不过为时不长，至多不超过三年。《宋会要辑稿》职官四四之二四言："(绍兴)十五年十二月十八日诏：江阴军依温州例置市舶务，以见任官兼管。从本路市舶司请也。"。这说明在绍兴十五年(1145)十二月之前，两浙路市舶司已经恢复。

乾道二年(1166)六月，两浙市舶司因办事效率低下、官风不正而再遭废罢。此前臣僚抨击其弊病，"近年遇明州舶船到，(两浙)提举官者，带一司公吏，留明州数月，名为抽解，其实骚扰。余州瘠薄处终任不到，可谓素餐……置官委是冗蠹，乞赐废罢"。针对这种现状，朝廷终于下令"罢两浙路提举市舶司，所有逐处抽解职事，委知通、知县、监官同行检视而总其数，令转运司提督"[④]。此为南宋两浙市舶司的第三次废罢，此后再不复置。自此，两浙路级市

---

① (宋)曹勋：《松隐集》卷二三《上皇帝书十四事》，上海古籍出版社1992年影印"文渊阁四库全书"本，第1129册第468页。

② (清)徐松编：《宋会要辑稿》职官四四之一四，中华书局1957年影印本。

③ 佚名：《皇朝中兴两朝圣政》卷二九绍兴十三年五月月末条，北京图书馆出版社2007年影印本，第3册第473页。

④ (清)徐松编：《宋会要辑稿》职官四四之二八，中华书局1957年影印本。

舶机构统辖期宣告结束，进入五务并存期。

(二)五务并存时期(1166——1276)

1. 杭州市舶务(行在市舶务或临安府市舶务)

杭州曾是两浙路市舶司的设置地。自“咸平二年，杭、明二州各置(市舶)务”[①]以后，设于杭州的市舶机构则有两级，即路级市舶司和州级市舶务。前者管理从长江东段到浙南的沿海港口，其中包括杭州港，后者则仅管杭州一地，在前者管辖之下[②]。结合前文路司的兴废情况，杭州一地存在两级市舶机构的时间从咸平二年(999)一直持续到绍兴二年(1132)，共有133年。

南宋承北宋制度，杭州市舶务继续管辖杭州港外贸业务并受“路司”统辖。建炎三年(1129)，杭州升为临安府，所以杭州市舶务又称“临安市舶务”。《淳祐临安志》载：“市舶务旧在保安门外。淳祐八年(1248)拨归户部，于浙江清水闸河岸新建，牌曰‘行在市舶务’”[③]。故杭州市舶务又称“行在市舶务”。

如前所述，南宋杭州港的外贸十分繁盛，依《梦粱录》的记载，在杭州白洋湖一带“塌房”很多，作为储寄货物之用，这些货物有不少是舶来品[④]。繁荣的贸易使市舶务工作十分忙碌，“凡海商自外至杭，(市舶务)受其券而考验之”[⑤]，进行各项管理工作。

2. 庆元府(明州)市舶务

明州市舶务于北宋咸平二年(999)就已设立，南宋时明州升格为庆元府，仍有市舶务之设，是两浙五务当中最稳定、最重要的一个。陆游说，“惟兹四明，表海大邦……万里之舶，五方之贾，南金大贝，委积市肆，不可数知”[⑥]，所以市舶管理显得非常重要，“每年遇舶船至，舶务必一申明”[⑦]。

明州的贸易对象主要是高丽与日本。南宋前期由于宋金战争的影响，外贸曾几度中断，市舶务也无大作为。“宁宗皇帝更化后，禁贡舶泊江阴及温、秀州，则三郡之务又废。凡中国之贾，高丽与日本诸蕃之至中国者，惟庆元得受而遣焉”[⑧]，从此，明州市舶务日益兴旺，“南则闽广，东则倭人，北则高句丽”[⑨]，“蕃汉商贾并凑”[⑩]。

---

① (宋)杨潜:《宝庆四明志》卷六《叙赋下·市舶》，中华书局影印“宋元方志丛刊”本1990年版，第5054页。

② 吴振华:《杭州市舶司研究》，《海交史研究》1992年第1期。

③ (宋)施锷:《淳祐临安志》卷七《仓场库务》，中华书局影印“宋元方志丛刊”本1990年版，第3288页。

④ (宋)吴自牧:《梦粱录》卷一九《塌房》，中国商业出版社1982年版，第167页。

⑤ (宋)潜说友:《咸淳临安志》卷九《监当诸局》，中华书局影印“宋元方志丛刊”本1990年版，第3439页。

⑥ (宋)陆游:《渭南文集》卷一九《明州阿育王山买田记》，《陆游集》，中华书局1976年版，第2148页。

⑦ (宋)胡榘、罗浚:《宝庆四明志》卷六《叙赋下·市舶》，中华书局影印“宋元方志丛刊”本1990年版，第5054页。

⑧ (宋)胡榘、罗浚:《宝庆四明志》卷六《叙赋下·市舶》，中华书局影印“宋元方志丛刊”本1990年版，第5054页。

⑨ (宋)张津等:《乾道四明图经》卷一《分野》，中华书局影印“宋元方志丛刊”本1990年版，第4877页。

⑩ (宋)张津等:《乾道四明图经》卷一《风俗》，中华书局影印“宋元方志丛刊”本1990年版，第4877页。

3. 秀州华亭县市舶务

秀州华亭县市舶务设立于政和三年(1113)。华亭与杭州一样，一度曾是两浙路市舶司的驻地。那么市舶务的驻地在哪儿呢？刘贵芳《上海港史话》认为华亭县市舶务设在青龙镇，此说恐不确。《云间志》载："青龙镇去县五十四里，居松江之阴……政和间改曰'通惠'，高宗即位复为青龙云。"[①]他认为青龙就是通惠。建炎四年(1130)十月，户部拟"将秀州华亭县市舶务移就通惠镇"[②]，但两浙市舶提举刘无极表示反对，"今相度欲且存华亭县市舶务，却乞令通惠镇税务监官招邀舶船到岸，即依市舶法就本州抽解，每月于市舶司差专称一名前去主管"[③]；朝廷同意刘无极的意见，认为可以等到"将来见得通惠镇商贾免般剥之劳，往来通快，物获兴盛"之际，"即将华亭市舶务移就本镇置立"[④]。这说明两个问题：其一，华亭县市舶务仍设在华亭，并未迁往通惠(即青龙)；其二，青龙镇定期有市舶司的临时工作组。绍兴三年(1133)六月户部的上言也能证明这一点："两浙提举市舶司申：本司契勘临安府、明、温州、秀州、华亭及青(即青龙，亦即通惠)近日场务，因兵火实无以前文字供攒……"[⑤]这里"华亭"与"青龙"并提，且明言二者均属"场务"。此时，两浙市舶司已迁址华亭一年，如果华亭没有"市舶务"而只有"市舶司"的话，两浙市舶司的上言岂非笑话？合理的解释只能是华亭县在两浙市舶司迁入之后，像当年杭州一样，有两个级别不同但性质相同的市舶机构；通惠镇则是市舶司直接派出的临时机构，当然其级别只能是"市舶场"，与澉浦镇的市舶场相类。《云间志》卷上《廨舍》条又云："(华亭县)公宇之视他邑亦盛矣。旧有提举市舶廨舍，在县之西。乾道二年并舶司归漕台，今废……市舶务监官廨舍在县西南二百九十步。"[⑥]由此可以断定华亭县址存在着司、务两级市舶机构且各有官廨。青龙(即通惠)镇并无市舶机构。

关于华亭市舶务何时废止，史载不一。前《宝庆四明志》称在宁宗更化之后，即庆元年间已经废止。而《宋会要辑稿》则有开禧元年(1205)年关于"秀州市舶(务)的记载"[⑦]，似开禧年间秀州华亭仍设有市舶务。

4. 温州市舶务

温州市舶务是南宋新增设的市舶机构。温州地区东濒海滨，有许多湖河与海相连，如"沧湖""白水溪"等均"下河入海"[⑧]，有利于外贸港的建立。陈傅良《咏温州诗》云："江城如在水晶宫，百粤三吴一苇通"[⑨]，充分反映了温州海上交通的便利，当时就有"吾瓯处浙东之僻陋，号海上之繁华"[⑩]的说法。贸易的发达使得市舶管理显得十分必要。但温州市舶务设

① (宋)杨潜：《云间志》卷上《镇戍》，中华书局影印"宋元方志丛刊"本1990年版，第7页。

②③④ (清)徐松编：《宋会辑要稿》职官四四之一三，中华书局1957年影印本。

⑤ (清)徐松编：《宋会辑要稿》职官四四之一六，中华书局1957年影印本。

⑥ (宋)杨潜：《云间志》卷上《廨舍》，中华书局影印"宋元方志丛刊"本1990年版，第19～20页。

⑦ 开禧元年八月九日赵善谥言："后下明、秀、江阴三市舶，遇番船回舶，乳香到岸，尽数博买"云云。(清)(清)徐松编：《宋会要辑稿》职官四四之三三，中华书局1957年影印本。

⑧ 《光绪永嘉县志》卷二《舆地·叙水》。成文出版社"中国方志丛书"本1935年版，第173～174页。

⑨ (宋)陈傅良：《止斋文集》卷五《汪守三以诗来次韵奉酬》，《丛书集成初编》本。

⑩ (清)孙宝琳等：《光绪永嘉县志》卷六《风土》引张泰《青鸥城灯幔记》，成文出版社"中国方志丛书"本1935年版，第555页。

置的具体时间史载不明。《宋会要辑稿》职官四四之一六载："(绍兴)三年户部言：……两浙提举市舶申：本司契勘临安府、明、温州、秀州华亭及责近日场务……"依此，温州市舶务在至迟绍兴三年(1133)以前已经建立。为了提高温州等新务的业务水平，绍兴十八年(1148)朝廷将"明、秀州华亭市舶务监官，除正官外，其添差官内许从市舶司每务移差官一员，前去温州、江阴军(此时江阴军已有市舶务)市舶务专充监官"①。

朝廷的这些措施的确发挥重要作用。新务建立后，温州港与东南亚半岛和印度次大陆出现繁荣的外贸往来。杨蟠诗云"一片繁华海上头，从来唤做小杭州"②，陈照《题江心寺》诗云"两寺今为一，僧多外国人"，《移象雁池》亦云"夜来游岳梦，重见日东人"③，这些都是温州外贸兴盛、外国人颇多的反映。

5. 江阴军市舶务

江阴市舶务是南宋设置最晚的市舶机构。"(绍兴)十五年(1145)十二月十八日诏：江阴军依温州例置市舶务，以见任官一员兼管"④。这样，两浙路的市舶务总数达到五个，所以《宋会要辑稿》职官四四之二八云："两浙路惟临安府、明州、秀州、温州、江阴军五处有市舶"。宋廷在江阴设市舶务当然是出于增加财政收入之目的，但其根本动因应是江阴军优越的地理位置及其带来的繁荣商贸。江阴军位于长江南岸入海口处，"边临大江，正是下流，北与通、泰相对，东连海道，西接镇江，最为控扼"⑤，"顺江而纵者，朝江海而夕毗陵"⑥。黄田港、扬舍港、蔡港均是江阴有名的大港，"远商海舶，货物辐辏"。高宗建炎二年(1128)《复江阴军牒》云"本县为临江海，商旅船贩浩大，所收税钱过迭常州之数"⑦，可知收入不少。

至于江阴军市舶务的详情，周振鹤撰文认为江阴军市舶务位于江阴子城北门，而不在城里；主管官由签判兼任，其下属监管由知县兼任，监官之下又有专库、书手三名；市舶务在扬舍、蔡港、黄田港等处设有税场；务中建有宽民堂⑧。

江阴军市舶务的废止时间，像华亭市舶务一样，《宝庆四明志》与前引《宋会要》职官四四所记不同，前者认为在庆元年间废止，后者却有开禧元年关于"江阴军市舶(务)"的记载，看来该务至少亦存在至开禧年间。

依据上述对南宋三路市舶司变迁历程的考察可以做出下面的示意图：

---

① (清)徐松编：《宋会要辑稿》职官四四之二五，中华书局1957年影印本。

② (清)孙宝琳等：《光绪永嘉县志》卷六《风土》引杨蟠诗，成文出版社"中国方志丛书"本1935年版，第557页。

③ (宋)陈照：《芳兰轩诗集》卷中《题江心寺》《移象雁池》，"敬乡楼丛书"第一集。

④ (清)徐松编：《宋会要辑稿》职官四四之二四，中华书局1957年影印本。

⑤ (宋)王象之：《舆地纪胜》卷九《江阳军·风俗形胜》引乾道八年知军向子丰奏札，成文出版社"中国方志丛书"本1935年版，第494页。

⑥ (明)赵锦：《嘉靖江阴县志》卷三载李淳父《君山浮远堂记》，"天一阁明方志丛刊"本。

⑦ 陈思修、缪荃孙：《民国江阴续志》卷二一《石刻》，成文出版社"中国方志从书"本1935年版，第265页。

⑧ 周振鹤：《宋代江阴军市舶务小史》，《海交史研究》1988年第1期。

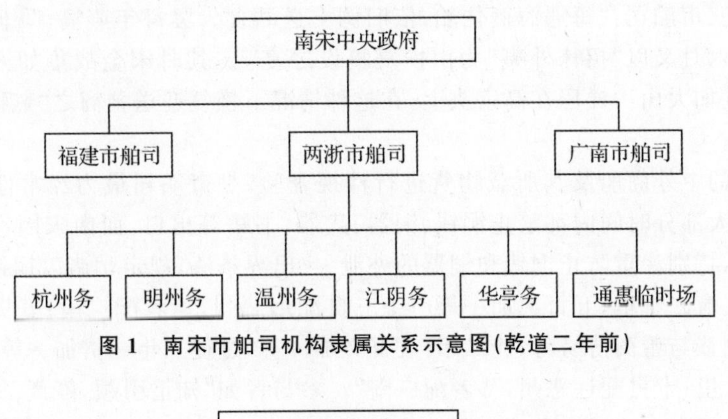

图1 南宋市舶司机构隶属关系示意图(乾道二年前)

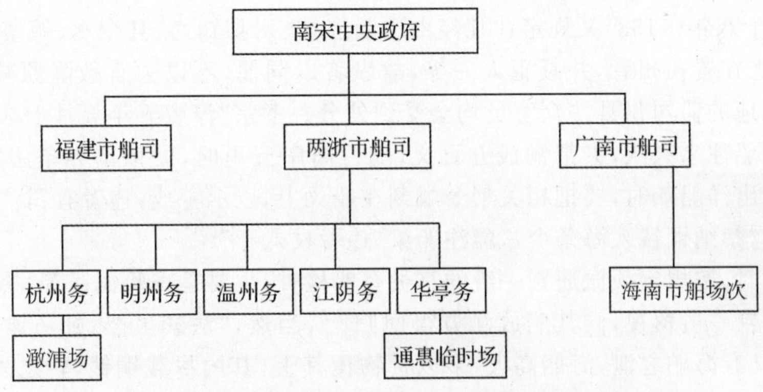

图2 南宋市舶司机构隶属关系示意图(乾道二年后)

五、市舶司性质及其职能

从职能与活动来看,材料显示南宋市舶司具有多种身份:它既是外贸行政管理机构,又是外贸税收机构;既是外贸经营机构,又是经济仲裁机构;还是外交接待机构。其活动范围较之现代的海关要广泛得多。

(一)外贸行政管理机构

东南三路市舶司首先是海外贸易管理机构。"掌市易南蕃诸国物货,航舶而至者"①。其主要职能有办理船舶出港和回航手续、招徕和保护外商、保管舶货、检查禁物。《市舶法》规定:"商贾许由海道往来,蕃商兴贩,并具人船物货名数、所诣去处,申所在州,仍召本土有物力户三人委保,州为验实,牒送愿发舶州,置簿给公据听行。回日许于合发舶州住舶,公据纳市舶司。"②此"公据"即市舶司发给海舶的出洋证明,其性质颇似"外贸许可证"。为了扩大外贸规模,南宋继续鼓励各地市舶司招徕外国使者和商人。北宋时,由市舶司设宴迎送外国蕃商已成惯例,但南宋初年迫于经费紧张曾一度取消。建炎二年(1128)七月八日诏令两

① (清)徐松编:《宋会要辑稿》职官四四之一,中华书局1957年影印本。

② (清)徐松编:《宋会要辑稿》职官四四之八,中华书局1957年影印本。

浙、广南、福建三市舶司:“每遇海商住船,依旧例支送酒食。罢每年燕犒。”[1]但四年后,即绍兴二年(1132)六月又以“招徕外夷”为由恢复犒设之宴[2]。其时宋金战争如火如荼,未见稍息,军费开支犹如大山一样压在高宗头上,在这种情况下恢复迎送蕃商之“燕犒”是需要一点决心和魄力的。

对进出港的中外商船及其所载物货进行检视查验,是市舶司最为经常性的管理事务。自北宋以来的大部分时间内都禁止铜钱、铜器、武器、书籍等出口,而南宋因官铸铜钱不足,民间钱荒严重,特别注重防止铜钱和铜器的外泄。《出界条法》规定,“诸以铜钱出中国界者,徒三年,五百文流二千里,五百文加一等……三贯配远恶州,从者配广南;五贯绞,从者配远恶州”,“诸以铜钱与蕃商博易者,徒二年,五百文加一等,过徒三年一贯加一等……五贯配广南,从者配三千里;十贯配远恶州,从者配广南”。参与者如“知情引领,停藏、货载人”皆有罚则[3]。绍兴二十八年(1158)又规定:“凡经由透漏巡捕、州县知通、县令丞、镇寨官、市舶司官吏、帅臣监司之在置司州者,并减犯人一等,故纵者以同罪,不以去官赦降原减。”[4]即,连发生铜钱外泄之地的监司州县一众官员均会受到处分。孝宗“淳熙五年五月十八日敕:今后如有蕃商海船等船往来兴贩,夹带铜钱五百文,随行离岸五里时,便依出界条法”[5],甚至要求沿海地区在造出洋船舶时,要把相关禁令雕刻在船梁上,以示警戒,违者有罚:“诸打造海船,先经所属请给《禁纳铜钱入海条令》,雕注船梁,违者杖八十”[6]。

蕃舶回国时,按规定须派通判一级的官员登船检查,主要是查验铜钱等“禁物”不准携带出境,“仍差通判一员覆视,候其船放洋方得回归”[7],当然,“法禁虽严,奸巧愈密”。据南宋章如愚所说“又有海舶之泄,海船高大,多以货物覆其上,其内尽载铜钱,转之外国。朝廷虽设官禁,那曾检点得出,其不廉官吏反以此为利”[8],这种行为即是现代之“设租”与“寻租”。

外国海舶在入港之时,也要接受市舶司官员的登船检查。如商舶进入泉州外洋,先由巡检司差兵监督,谓之“编栏”;再对所载货物贴上封条,此即“封桩”后,由所差人吏“坐押”,护送至泉州市舶司[9]。到港后须经市舶司长官与地方官员共同“阅实赀货”[10],即核实所载舶货的品种、数量,以便进行“抽解”和“博买”。

(二)外贸税收机构

南宋政府努力建设市舶机构的主要目的便是“征稽蕃舶”。此即“下碇有税”,“利于镏

---

① (清)徐松编:《宋会要辑稿》职官四四之一二,中华书局1957年影印本。

② (清)徐松编:《宋会要辑稿》职官四四之一五,中华书局1957年影印本。

③ 佚名:《庆元条法事类》卷二九《榷禁门二·铜钱金银出界》,黑龙江人民出版社2002年版,第410页。

④ (宋)李心传:《建炎以来系年要录》卷一八·绍兴二十八年九月辛未条,第3册第542~543页。

⑤ 佚名:《庆元条法事类》卷二九《铜钱金银出界》,黑龙江人民出版社2002年版,第414页。

⑥ 佚名:《庆元条法事类》卷二九《铜钱下海敕令》,黑龙江人民出版社2002年版,第415页。

⑦ (清)徐松编:《宋会要辑稿》,职官四四之二三,中华书局1957年影印本。

⑧ (宋)章如愚:《山堂考索》别集卷二〇《财用门·钱币》,中华书局1992年版,第1401页。

⑨ (明)何乔远:《闽书》卷三九《版籍志·市舶税课》,福建人民出版社1995年版,第976页。

⑩ 《圣宋名贤五百家播芳大全文粹》卷三五载林岜臣《贺提舶启》,(台湾)学生书局1985年版。

铢"[①]。作为一个税收机构，南宋市舶司颇类现时之海关，即所谓"关税之职，至宋始备"。南宋市舶关税制度（抽解制度）已经十分详密，对在不同标准下的不同税率，都有较为严格的规定。具体地说，南宋实行过的关税标准主要有粗细标准（依进口商品价值分成粗、细两色）、经营者身份标准、海船载量标准以及其他标准。不同标准有不同税率，视具体情况而定。

先看粗细标准。细色系贵重商品，进口税率高；粗色系一般商品，进口税率低。《宋会辑要稿》载："闽广市舶，'旧法'置场抽解，今为粗细二色，般运入京。其余粗重难起发之物，本州打套出卖。"[②]建炎元年（1136）六月规定，"将前项抽解粗色，并令本州依时价打套出卖，尽作现钱桩管。许诸客人就行在中纳见钱，赍执兑便关子，前来本州支请"[③]。在南宋时期，除了从绍兴十四年到十七年（1144—1147）这段时期内某些细色进口舶货税率高达40%以外，绝大部分时段基本上是"细色十分抽二分，粗色十五分抽一分"或称"细色五分抽一分，粗色七分半抽一分"，即细色税率为20%，粗色税率约7%或13%左右。至于粗细两种舶货的区别和划分，根据需要时有调整。依《宋会要辑稿》，绍兴十一年（1141）十一月，户部重新裁定了市舶香药发运京师的名色，其中细色有诃子等70种，粗色有胡椒等110多种[④]。此外，因过于粗重只在市舶司出售的粗色还有140种。较之北宋，南宋重征的细色品种大增。这固然是为了增加中央政府的财政收入，但也说明南宋时期进口舶货的品种亦有显著增加。下节会对粗细两色进口商品的详细情况进行归纳分析，此不赘述。

再看经营者身份标准。宋代海外贸易经营者大别可分两类，一类是官府经营的"朝贡""交聘"贸易，另一类是中外舶商经营的民间海外贸易，市舶司（务）所能管辖、管理的只是后者。私商群体又有身份上的差别，例如两浙路明州市舶务于抽解之时"不分粗细，优润抽解"，对于由日本、高丽回港的舶船，"纲首、杂事九分抽一分，余船客十五分抽一分，起发上供"，即在纲首、杂事等高级船员所贩货物内征取实物税约11%，在水手、散客之类一般船客所贩货物内征取实物税约7%。这样，纲首、杂事的税率比一般船客要高4%。这种"公平抽解"的结果是舶货"更无留滞"[⑤]，显然有利于当时海上贸易的发展。

三看海船载量标准。海南市舶场务则以舶船的不同长阔为收税标准。前引赵汝适《诸蕃志》云："（琼州有）属邑五：琼山、澄迈、临高、文昌、乐会皆有市舶……（船舶）至则津务申州，差官打量丈尺，有经册以格税钱。"具体地说，其法分三等，"（舶舟中）上等为舶，中等名包头，下等名蜑船"[⑥]。然这三等舶船的税率具体是多少，由于史料阙如，不能确知。

这种"较船之丈尺"的征税方法在实际操作中随意性大，常常"所较无几，而输钱多寡十倍"。所以早在元丰五年（1082），琼州市舶管理官就要求实行"用物贵贱、多寡计税，官给文凭"[⑦]的方法。虽然朝廷同意这项建议，但就赵汝适《诸蕃志》反映的情况来看，恐怕南宋时

---

① （宋）林之奇：《拙斋文集》卷四《往福建市舶谢上表》，上海古籍出版社影印"文渊阁四库全书"本1992年版，第1140册第403页。

② （清）徐松编：《宋会要辑稿》职官四四之一一至一二，中华书局1957年影印本。

③ （清）徐松编：《宋会要辑稿》职官四四之一二，中华书局1957年影印本。

④ （清）徐松编：《宋会要辑稿》职官四四之二一至二二，中华书局1957年影印本。

⑤ （宋）胡榘、罗濬：《宝庆四明志》卷六《叙赋下·市舶》，中华书局影印"宋元方志丛刊"本1990年版，第5054页。

⑥ （宋）赵汝适：《诸蕃志》卷下《海南》，中华书局标点本2000年版，第287页。

⑦ （元）脱脱等：《宋史》卷一八六《食货下八·商税》，中华书局影印本1977年版，第4545页。

期仍旧以"格纳"的方式为主。

最后看其他影响南宋市舶税率的因素。为了刺激海上贸易的发展,南宋市舶机构或提举官常常主动调低进口税率。如理宗初期,泉州"番舶畏苛征,至者岁不三四。(真)德秀首宽之,至者骤增至三十六艘"[①]。此前也曾相应调低过出口税率,隆兴二年(1164),市舶司在征得朝廷允许的情况下,决定"(海贾由)物力户充保,自给公凭日为始,若在五月内回舶,与优饶抽税"[②]。即较规定出海期限(半年或一年)提前回国者,可以享受优惠税率。

虽说南宋各路市舶司抽解时有多种征税标准和税率,但以"舶货粗细"即商品价值来决定税率高低仍是主要标准。

(三)外贸经营机构

南宋三路市舶司"抽买"所得的货物,有一部分就地"打套出卖",所得收入上交中央财政,所以它同时具有外贸经营者的身份。中外商船在抵达港口后,先由市舶司按照规定进行"抽解"(征税)和"博买"(征购),由政府专营的玳瑁、象牙、镔铁、犀角、鳖皮、珊瑚、玛瑙、乳香等禁榷物品全数收购,"他货择良者止市其半"[③],征购的品种和数量视不同的需要而时有变迁。各地市舶司为博买蕃货准备了巨额本钱,称作"市舶本钱"或"博易本钱",这是官方为市舶贸易投入的商业资本,故又称"官本"。

市舶本钱有中央财政拨备、市舶司自身经营所得等多种来源。如绍兴三年(1133),户部要求"诸路收买市舶司博易特色本钱,欲依旧用坊场钱应副"[④]。隆兴二年(1164),"福建市舶司于泉、漳、福州、兴化军,应合起发左藏西库上供银内,不以是何窠名,截拨二十五万贯,专充抽买乳香等本钱"[⑤]。这是从上供钱物中截拨部分和用坊场钱作为市舶本钱。

市舶司将抽解、博买到的粗细舶货变卖所得即为市舶库钱物,可以充作下一轮博买本钱,这种本钱称作"循环本钱"[⑥]。广南市舶司的循环本钱常常被"转运画旨取拨,致无以应付蕃商"。绍兴三年(1133)九月,朝廷只得下令广南市的舶库钱物,除"朝廷指定取本合应付外,其余官司今后并不得取拨支使"[⑦]。淳熙元年(1174),临安府、明、秀、温州市舶务将抽解、博买"并积年合变卖物货,根括见数","存留五分"作为博易本钱[⑧]。

南宋市舶司所经营的外贸业务,主要是向中外到岸舶商按一定比例博买已抽解过的进口商品,然后转手出卖,并不直接组织船队,出海贩易,此即"市舶司全藉蕃商来往货易"[⑨]而已。在这个意义上,市舶司经营的外贸生意是民间海外贸易的继续。抽解即征收关税时,市舶司是政权机关,海商是纳税人;在收购舶商进口货物,再将"粗重舶货"就地出卖时,市舶司即是享有垄断特权的官营舶货贸易机构。

---

① (元)脱脱等:《宋史》卷四三七《真德秀传》,中华书局影印本1977年版,第12960页。

② (元)马端临:《文献通考》卷二〇《市籴一·市舶互市》,中华书局1986年影印本。第201页(下)至202页(上)。

③ (清)徐松编:《宋会要辑稿》职官四四之二,中华书局1957年影印本。

④ (清)徐松编:《宋会要辑稿》职官四四之一七,中华书局1957年影印本。

⑤⑧ (清)徐松编:《宋会要辑稿》职官四四之三〇,中华书局1957年影印本。

⑥ (清)徐松编:《宋会要辑稿》职官四四之二一,中华书局1957年影印本。

⑦ (清)徐松编:《宋会要辑稿》职官四四之一七,中华书局1957年影印本。

⑨ (清)徐松编:《宋会要辑稿》职官四四之二〇,中华书局1957年影印本。

自绍兴和议签订以后，南宋朝廷的外贸收入呈上升趋势。据郭正忠之钩稽，绍兴初年之“舶入”仅在五六十万贯之间，绍兴六年上升到百万余贯，到绍兴二十九年即达200万贯，绍兴三十二年也有147万余贯[①]。这是中央财政收入，地方不得染指，所以许月卿说：“(市舶)息钱尽归户版，经费有裕。”[②]经济上的巨大收益，是使最高统治者的观念由“市舶司多以无用之物枉费国用”[③]转变到“市舶之利最厚”的重要原因[④]。

(四)经济仲裁机构

随着海上贸易的勃兴，东南沿海白姓为利益所驱动，纷纷下海兴贩。不少人“自备财力，兴贩牟利”[⑤]。但也有向富人借贷钱物，出海经商者，“富者乘时蓄缯帛、陶货，加其直与求债者计息”[⑥]。还有的是合资出海，如宁、理宗朝一海舶，“除纳主家货物外，有沉香五千八十八两，胡椒一万四百三十包，象牙二百一十二合，系甲、乙、丙、丁四人合本博到，缘昨来凑本互有假借。”[⑦]这艘舶船除舶主外，还有甲、乙、丙、丁四人合资购办的货物放洋贩易。这些错综复杂的债务关系势必引起经济纠纷，市舶司则有权处理此类案件，沿海州郡，类有市舶。国家绥怀外夷，于泉、广二州置提举市舶司，故凡蕃商急难之欲赴诉者，必提举司也”[⑧]。在广州，“广人举债总一倍，约舶过迴偿……广州官司受理有利，债务亦市舶使专敕，欲其流通也”[⑨]。由此可见对中外舶商之间的债务关系作出仲裁，是市舶司的又一职能。

(五)外交接待机构

如果从政治方面看，南宋市舶司还具有外交机构的性质。其中最主要的是负责外国贡使与外商的接待工作。《进贡令》规定：“诸蕃夷入贡，初至州，具录国号、人数、姓名、年甲及所赍之物名数申尚书礼部、鸿胪寺……初入贡者，仍询问其国远近、大小、强弱，与已入贡何国为比奏。”[⑩]具体事例如：绍兴元年(1131)十一月十六日，提举广南市舶张书言报告：“契勘

---

① 郭正忠：《南宋海外贸易岁收的比重》，《中华文史论丛》1982年第1辑(总21辑)。
郭正忠：《两宋城乡商品货币经济考略》，经济管理出版社1997年版，第389～405页。

② (宋)许月卿：《百官箴》卷六《提举市舶箴》，上海古籍出版社影印“文渊阁四库全书”本1992年版，第602册第702页。

③ (清)徐松编：《宋会辑要稿》职官四四之一一，中华书局1957年影印本。

④ (清)徐松编：《宋会辑要稿》职官四四之二〇，中华书局1957年影印本。

⑤ (清)徐松编：《宋会辑要稿》刑法二之一三七，中华书局1957年影印本。

⑥ (宋)朱彧：《萍洲可谈》卷二。

⑦ (宋)秦九韶：《数学九章》卷九《均推货本》]上海古籍出版社影印“文渊阁四库全书”本1992年版，第797册，第600页。此条材料系日本学者今崛诚二首先引用，今崛诚二著《十六世纪以后的合伙(合股)的性质及其发展》，载于[日]《法制史研究》第8卷1号(1957年)。后有斯波义信在《宋代商业史研究》中再次及使用，以说明“合本”制惯例即合伙经营在宋代已经出现(第113～114页)。我国学者刘秋根《中国古代合伙制初探》(人民出版社2007年版)认为宋代不但存在合伙制，且比之前代有较大发展(第158页)。事实上“纠合伙伴，连财合本”之经营方式在宋代初年沿淮一线的民间走私贸易中已经存在，事见《宋会要辑稿》刑法二之一〇七。揆诸情理，数学题所述之合本经营方式理应事先见诸社会实践，不应视为空想。

⑧ (宋)周去非：《岭外代答》卷三《航海外夷》，中华书局1999年版，第126页。

⑨ (宋)朱彧：《萍州可谈》卷二，“丛书集成初编”本。

⑩ 佚名：《庆元条法事类》卷七八《蛮夷门·进贡令》，黑龙江人民出版社2002年版，第848页。

大食人遣使蒲亚里进贡象牙。"[1]绍兴二年(1132)三月二十一日,提举福建市舶郑震奏称:"占城国遣使赍到进奉,表章、方物并书信。"[2]乾道三年(1167)十月一日,福建路市舶司上疏:"本土纲首陈应等昨至占城蕃,蕃首称欲遣使副……今应等船五只,除自贩物货外,各为载乳香、象牙等,并使副人等前来。继有纲首吴兵船入,赍到占城蕃首邹亚娜开具进奉物数。"[3]淳熙元年(1174)七月三日,福建路市舶张坚又称:"占城国奉使杨卜萨达麻翁华顿、副使教领离力星翁令、判官霞罗日加益五迟恻到本司,赍出蕃首邹亚娜表章一通并进奉物数一本,共一银筒,称愿赴朝见。"[4]庆元六年(1200)八月十四日,庆元府报告:"真理富国王摩罗巴甘勿丁思里房麾蛰立二十年遣其使……其表系金打卷子,国王亲书黑字……纲首蒲德修言:自今年三月离岸……六十日到定海县。"[5]淳祐三年(1243)三月五日,福建路提举市舶司奏称:"占城蕃主事官馆宁赍到蕃首邹亚娜表章一牙匣。"[6]

海外舶商出于对中国文化的向往,更出于"入贡"可以避免关税,所以也有假"朝贡"之名而前来贸易者。绍兴二十七年(1157),"诏广南经略市舶司察蕃商假托入贡"[7]。故此,南宋市舶司向礼部报告外国贡使的到来实际上也含有认定来华蕃人具有正式官方外交代表身份的含义。为了避免闹出笑话,宋制规定"初入贡者",由"安抚、钤辖、转运等司体问其国所在、远近、大小、与今入贡何国为比,保明闻奏,庶待遇之礼,不致失当"。假入贡者,"令本路验实、保明,如涉诈伪,以上书诈不实论"[8]。可见,报告贡使到来是一件严肃的政治事件,涉及天朝威严,市舶司往往是此项重任的承担者。

以上五种职能中,最主要的仍是税收职能和贸易职能。南宋市舶司机构集多种职能于一体,表明它是多重身份的组合体。

(本文发表于《浙江学刊》2014年3月第2期)

① (清)徐松编:《宋会辑要稿》蕃夷四之九三,中华书局1957年影印本。

② (清)徐松编:《宋会辑要稿》蕃夷四之七五,中华书局1957年影印本。

③ (清)徐松编:《宋会辑要稿》蕃夷四之五〇,中华书局1957年影印本。

④ (清)徐松编:《宋会要辑稿》蕃夷四之八三,中华书局1957年影印本。

⑤ (清)徐松编:《宋会要辑稿》蕃夷四之九九,中华书局1957年影印本。

⑥ (清)徐松编:《宋会要辑稿》蕃夷四之八四,中华书局1957年影印本。

⑦ 《古今图书集成·方舆汇编·边裔典》卷八九《南方诸国总部汇考》,中华书局、巴蜀书社影印本1986年版,第21册第25720页。

⑧ 《古今图书集成·方舆汇编·边裔典》卷二《边裔总部》,中华书局、巴蜀书社影印本1986年版,第21册第24832页。

试论泉州回民与海洋文化的关系

——以百崎回族自治乡为例

庄莉红

（集美大学文学院　福建　厦门　361021）

【摘　要】 元末明初从海上丝绸之路而来的泉州回民，繁衍生息至今已有数百年的历史，其文化中也已打上深深的海洋烙印。本文以百崎回族自治乡为例，阐述其历史和现实生活中与海洋文化相关的涉海性、开放性、拓展性、包容性和崇商性，说明求同存异、包容多样、民族融合是大势所趋，也是人类发展的主流。

【关键词】 泉州；回民；海洋文化

“海洋文化，就是和海洋有关的文化，是人类对海洋本身的认识、利用、和因有海洋而创造出的精神的、行为的、社会的和物质的文明生活内涵”①，这是广义上的海洋文化概念，对其外延的界定也有较为宽泛的说法，例如“包括物质层面的船舶、饮食、服饰，再到精神层面的海神信仰、文化观念等”②。但随着现代化进程中意识形态的冲突和较量，在中国，海洋文化和大陆文化的二元对立曾经让国人为之怦然心动并引发巨大的影响……如1988年的中国，央视的纪录片《河殇》（又名《河殇——中华文化反思录》）荡气回肠，掀起“黄色文明”与“蓝色文明”之争。这里的“黄色文明”指的是以黄河为代表的中原文化，通常代指大陆文化；“蓝色文明”指的是以西方发达国家为代表的海洋文明，通常指海洋文化。

图1　接官亭碑记

这黄色文明与蓝色文明的划分和内涵对立，源自于黑格尔的《历史哲学》对历史文化

庄莉红，女，副教授，主要研究公共关系学、策划学、礼仪学和笔迹心理学。

① 曲金良：《海洋文化概论》，青岛海洋大学出版社1999年版，第7～12页。

② 吴志：《闽台区域文化形成的海洋文化学分析》，《云南地理环境研究》2012年第3期。

类型的划分，他以海洋文明作为人类文明的最高发展，认为与海相连的海岸地区的民族性格智慧、勇敢，超越“把人类束缚在土壤上”而“卷入无穷的依赖性里边的”平凡的土地，走向大海，从事征服、掠夺和追逐利润的商业，以此来否定以游牧和农耕为代表的大陆文明。这里的“大陆文化”是保守的、苟安的、封闭的、忍耐的，“海洋文化”则是冒险的、扩张的、开放的、竞争的，等等。[①] 当然我们不认同黑格尔将海洋文化与大陆文化对立的说法，但将海洋文化作为一种文化形态加以研究还是有相当的历史和现实意义。

黑格尔认为，中国是一个与海“不发生积极的关系”的国家[②]，在黑格尔看来，中国海洋文化（即便有）根植于中国人淡漠的海洋意识中，殊难发挥积极作用。但是近年来，随着中国的东南沿海在经济发展、社会进步方面一直走在全国的前列，海洋经济开发愈见成效，海洋的经济社会功能受到重视，中国与周边国家在相临海域的摩擦不断，也使得人们越发认识到“海洋强国”国际战略的重要性，对海洋文化的研究也日见蓬勃和繁荣。

福建作为中国东南沿海的一个省份，其3300多公里的海岸线上分布有包括回族、畲族、蒙古族、满族、高山族等53个少数民族。其中回族占全省少数民族的18.82％，大部分是通过海上丝绸之路到访的古阿拉伯人、波斯人的后裔，主要生活在泉州、莆田等地，福建因此成为回族的发祥地之一。在漫长的历史岁月里，福建的回族既保持着本民族的部分特色，又表现出与居住地自然地理、风俗民情相融合的文化特性。在此，我们以百崎的郭姓和晋江陈埭的丁姓作为泉州回民的代表加以研究，重点以百崎回族自治乡为切入窗口，适当结合同为阿拉伯后裔的陈埭丁姓、蒲姓来说明海洋文化长久以来对福建特别是对泉州回民的深远影响。

一、涉海性

海洋文化的第一个特性就是“涉海性”，这是其首要的也是本质的特征，“既包括人类对海洋的自然属性的认知和把握，又包括人类缘于海洋而生成的文明的属性”[③]。

百崎回族乡位于福建沿海的泉州台商投资区、泉州湾北部，全乡面积16.7平方公里，其中陆地面积8.6平方公里，原俗称“九乡郭”，现辖5个行政村，人口15 022人，其中回族人口占81％左右。

海洋文化对百崎的影响，首先表现在生活方式上。

旧时百崎与外面的交通，由于陆路丘陵阻隔，极为不便，明万历二年（1574）离职的惠安县令叶春及认为：“险厄莫过于此”[④]，反而由于与泉州后渚港隔海相望，海路更为便捷，成为乡民们与外界交往的首选。

与福建大多数沿海地区一样，百崎地方田地贫瘠，植被稀疏，水土流失严重，缺水不利于农耕，田园收成不足以养家糊口，因此除农业外，海上贸易、运输和渔业成为其传统产业。清代时期，百崎人的航海及海上贸易达到全盛时期，航线通往国内外，人们纷纷出海经商。叶春及提到当地人“食海者十之六七”。

---

①② ［德］黑格尔著，王造时译：《历史哲学》，新知三联书店1956年版，第132～147页。

③ 曲金良：《海洋文化概论》，青岛海洋大学出版社1999年版，第7～12页。

④ ［明］叶春及：《惠安政书》，福建人民出版社第1987版，第221页。

其次，"涉海性"还表现为乡民潜意识中与"海上丝绸之路"的关系上，主要是开基始祖郭仲远与三宝太监郑和的一段传说佳话。

在该乡的白崎渡口，面向后渚港，有一个县级文物——接官亭。此亭坐北朝南，为纯花岗岩结构的古老四角凉亭，占地约五十平米，四边方形石柱共十二根，中央石柱四根，恰恰组成一个"回"字，顶部为石构四角攒尖式，伞形的塔盖向四方倾斜，亭内有乾隆三十六年(1771)、光绪二十年(1894)重修碑记各一方。在其外面树立的碑文上有乡政府重修的碑记："接官亭原名桥尾亭，公元一四一七年明钦差总兵太监郑和第五次下西洋，船队停泊后渚港，应百崎肇基祖郭仲远邀请，前来探访，百崎先祖在此亭迎接，接官亭因此得名。"

明永乐十五年(1417)，郑和奉旨第五次下西洋途中，船队曾在泉州后渚港一带候风。从小出生在信奉伊斯兰教家庭、同为回族穆斯林的郑和，在泉州逗留期间结识了在清净寺礼拜的百崎肇基祖郭仲远，出自回民之间的族谊，郑和过海探访。郭仲远家族一时找不到迎宾驿馆，遂借渡口凉亭摆设香案，携众儿孙恭候钦差太监大驾。此后，百崎回民为纪念郑和来访，将此凉亭称为"接官亭"。

永乐二十年(1422)，郑和第六次下西洋返回时途经泉州，又在这里短暂逗留，而且还留下一段佳话。据说当时郑和与郭仲远对弈下棋，本来棋艺精湛的郭仲远竟步步失手、盘盘皆输。郑和询问后得知，郭的第五子郭仕昭奉例造列军伍，在玄钟郑指挥麾下当贴身护卫，与郑的千金郑馥互生情愫，私订终身。被发觉后，郭仕昭逃回家乡，郑指挥即令手下追拿问罪，不日将达白崎，是以郭仲远神情恍惚、惶惶不安。郑和悉其隐衷，毅然为老友解忧，施计促成郑指挥答应这门亲事并送来丰厚妆奁。官船运送到白崎渡口，停放于接官亭。郑和还亲自在接官亭为郭仕昭与郑馥主持婚礼。因此，接官亭又称为"送嫁亭"。

二、开放性

"面对开放的海洋，必须产生出'天然'的开放性的文化历史。"①

元末明初，泉州被称为"刺桐港"，海上丝绸之路就从这里始发，将欧亚大陆甚至非洲贯穿在一起。随着阿拉伯帝国的崛起，一些穆斯林来到泉州这个被称为"东方第一大港"的繁华都市从事贸易工作并定居下来，繁衍生息，成为现在泉州回民的先祖。

百崎郭氏入闽远祖应该追溯至元朝的伊本库斯德广库，据其祖庙石碑记载其先世来自天方，信奉伊斯兰教。"天方"所指的具体国家，后人已无从考证并渴望此谜有朝一日能够顺利解开。百崎郭氏的一世祖郭德广自浙江杭州富阳县迁泉州，配吴氏，生一男子洪，洪娶翁氏，生二子，次子郭仲远生于元末至正八年(1348)，原居住在泉州东海法石，以养鸭为生，明洪武九年(1376)在家族分支时，率妻子陈氏和两个儿子来惠安，居百崎，成为惠安郭氏的开基祖。据百崎郭氏族谱载，"我祖(仲远)自开基百崎以来，曾贮天经(指《古兰经》)三十部，创礼拜寺，尊重经教，认主为本……名曰回回之教……我祖由是遵教焉"②。当前保存完好的郭氏祖先的墓区，墓碑上还雕刻有"古兰经"片段，郭氏宗祠举行祭祖时灵位前也会摆放《古

① 曲金良：《海洋文化概论》，青岛海洋大学出版社1999年版，第7～12页。

② 硕石：《百奇郭氏回族宗谱.复遵回回教序》，百奇郭氏回族宗谱重修委员会2000年编印，第50页。

兰经》。

元朝迅速灭亡之后，泉州作为国际贸易商埠的地位开始动摇，加上明清时期实行的海禁政策，泉州从此衰落下去，失去对阿拉伯人的吸引力，原来定居于泉州的穆斯林后裔成为相对隔绝的独立群体，与内地回民们也因区域问题缺少联系，故其历史演变就具有相对独立和完整的意味，其阿拉伯文化也就充满大陆文化与海洋文化相结合的独特风情，在闽台之间一枝独秀。

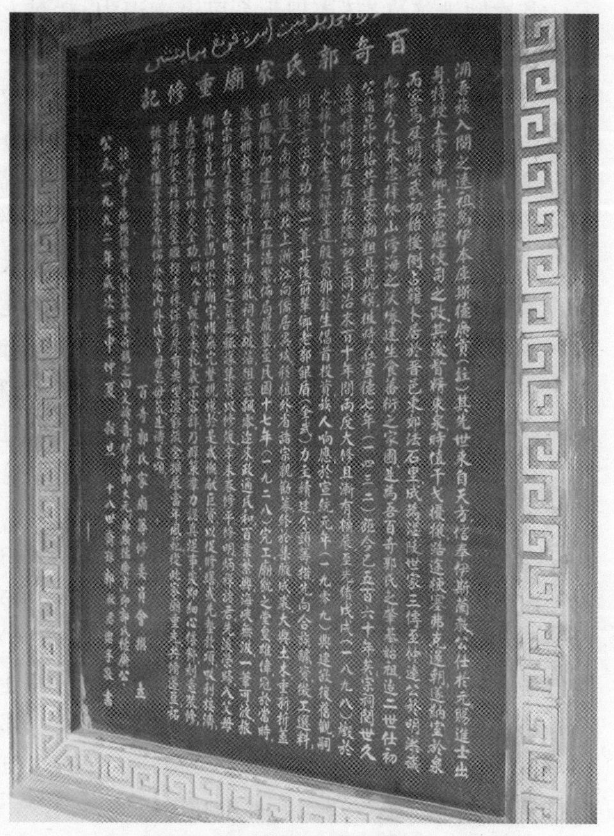

图 2　百崎郭氏家庙重修记

晋江陈埭丁氏回族有七个回族村，是福建省内较集中的穆斯林聚居地，其一世祖赛典赤乌马儿（汉名丁谨），元朝时被任命为泉州市舶司提举，其祖父赛典赤瞻思丁，据称为伊斯兰教创始人穆罕默德的直系裔孙，是个著名的政治家。

泉州蒲姓也源自大食的阿拉伯，10 世纪前定居占城（今越南），因海上贸易来华定居广州，后移居泉州，信奉伊斯兰教。元初蒲寿庚（蒲姓七世）任泉州市舶司，为泉州港在元代成为世界最大的商港之一奠定基础，也为泉州黄金时代的到来创造有利条件。

因海上丝绸之路而展开的泉州郭、丁、蒲姓历史，充分说明了其海洋文化开放的历史特性。

三、拓展性

“面向海洋的开放，必然带来拓展，并以拓展为手段，同时也是目的。它的拓展性，包括经济活动范围的拓展、生活资料来源的拓展、商贸市场的拓展、人文精神影响力的拓展、以及人居空间环境的拓展。”①

王日根、陈支平的《福建商帮》介绍福建人，“他们天生就多是移民的后裔，他们天生就涌动着不懈的奋进精神，他们生活在四周封闭的山谷，但他们的观念却不见得封闭，在家族不断繁衍壮大、生存空间显得日益狭窄时，他们中的有志者便毅然跨越山界，走向外部的世界，

① 曲金良：《海洋文化概论》，青岛海洋大学出版社 1999 年版，第 7～12 页。

去开拓新的生存空间"①。700多年的繁衍生息，泉州回民的经济活动范围、人居空间环境都有了很大的变化。百崎已有1.2万郭姓，还有2万多散居在东南亚、香港、台湾及大陆各地沿海。陈埭丁姓也早已是"万人丁"，目前拥有人口2.2万人，在国内各地的有1万多人，居台湾、香港、澳门及东南亚的也有3万人左右。

泉州回民秉承阿拉伯先祖航海、经商的潜能，在商业、经济建设领域都有着不俗的业绩，他们奉行"爱拼才会赢"的开拓创新精神，与当地汉族同胞合力发展，共存共荣，大胆探索，艰苦创业，拓域开疆，走出一条"以市场调节为主、外向型经济为主、股份合作制为主、多种经济成分共同发展"的具有侨乡特色的经济建设路子。此外，他们还纷纷走出国门闯天下，在国外设立办事机构或兴办实体，参加国际展览展销会，市场份额不断扩大，市场触角已由东南亚向西欧、中东等地拓展，部分中高档产品已打入南非、北美等市场。其产品远销美国、南非、欧洲、北美、香港等几十个国家和地区，成为出口创汇的生力军。陈埭回民实现他们"业日以拓，族日以大"的目标。

四、包容性

海洋的宽广与博大，昭示着开放的胸襟；海洋的神秘与未知，需要进取的精神。海洋文化被认为具有开放进取、兼收并蓄的价值特征，即"对外辐射性与交流性，亦即异域异质文化之间的跨海联动性和互动性。这也是由海洋文化的本质所决定的"②。

这种价值特征在百崎回族自治乡中体现为汉化后对传统的传承和回归，这里的传统包括儒家思想、佛道思想，也包括伊斯兰文化，当然，现今的他们对伊斯兰教义已经很陌生，他们跟当地的汉民一样，多数人以佛教、道教尊崇的神道代替原来的安拉一神教，也不再奉行严格的宗教节庆。传统的伊斯兰文化已经所剩无几，只有在丧葬仪式上才有所体现。如按照伊斯兰教规定，回民是不能食用包括猪在内的"兽畜而无角者、水族而无鳞者""没有分蹄的牲畜"等等，但经过几百年的同化，郭氏族人大多采取"生吃死不吃"的方式，只是在丧葬、祭祖时才遵照"死者应重归清真"的祖训"禁油"，远离一切伊斯兰教禁例之内的食品，会将食具严格清洗消毒，务求洁净，并且摆上三杯茶("五杯茶"更隆重)，以示清洗肠胃回复干净之躯，出殡仪式上向收藏有《古兰经》的人家借阅并在殡葬队伍前面引道。在传统的穆斯林们看来，福建的回民被称为"回族佛教徒"，这也许能够比较好地概括其信仰特点。

宋明理学以来，福建的哲学思想、文学艺术等得到很好的发展，自宋代开始，福建成为科举大省，进士人数约占全国的五分之一，仅状元就有20多位。尽管受到新文化运动和十年"文化大革命"的破坏，但在福建深厚的儒家思想影响下，以"礼"为准绳、以祖先为崇拜对象的传统却始终未丢弃，修族谱、建祠堂、清明祭祖等行为思潮都影响着百崎回族。郭氏家庙自明宣德年间建立，之后三度重建，世称"宣慰府"，为县级文物保护单位。百崎郭氏族谱也已多次修订，现编订成册的有三本三房一套，约八公斤重。

与大多数沿海地区一样，由于鸦片战争之后被迫开放通商口岸及洋商的大量到来，福建

① 王日根、陈支平：《福建商帮》，中华书局第1995年版，第2页。

② 曲金良：《海洋文化概论》，青岛海洋大学出版社1999年版，第7～12页。

的沿海地区都陆续建起基督教堂供洋人礼拜及传教之用，百崎这个海路比陆路方便的小乡镇，也建起基督教堂，迄今已有百年历史。“文革”期间尽管也受到影响，但近年来已重新恢复教堂并满足当地50多户人家的信仰需求。同时，以海为生和对海洋的畏惧也让百崎人民信奉天后妈祖，在妈祖有关纪念日，人们也同样准备祭品，祈祷上香。此外，与福建沿海多数地方一样，他们也信奉帝爷公(即关帝爷)、保生大帝和七娘妈等道教神祇，呈现多神教的特色。

在经济共同发展的过程中，回族与其他民族和睦相处，经济联合十分密切，文化交流十分频繁，混居较多，回汉通婚实现常态化，并不因宗教文化的差异而存在障碍，在家庭观念、教育方式内容、服饰等方面均与汉族相同。2009年，百崎回族乡被国务院授予“全国民族团结进步模范集体”称号。泉州市人民政府也因此多次被国务院评为“民族团结进步模范单位”。百崎的宗教信仰、风俗习惯成为中西文明兼容并蓄、多元文化相熔于一炉的典范。

图3　清明祭祖仪式

五、崇商性

“就海洋文化的价值取向而言，是海洋文化的商业性和慕利性。在海洋文明特征里，崇商具有着突显的特征”[①]，“在海洋文化这里看来，经商‘下海’不是副业，而是主业；经商贸易

① 曲金良:《海洋文化概论》，青岛海洋大学出版社1999年版，第7～12页。

不是可耻可贱的,而是光明正大的"①。

自改革开放至今,泉州集古今海内外优势,一举引领全省经济发展的龙头,截至 2013 年 11 月,福建省经贸委省网站所发布的信息,作为地级市的泉州,其经济总量占福建省的 1/4,位居全省第一。晋江,被称为全国的"鞋都""中国纺织产业基地",而陈埭镇在 2008 年期间,工业生产总产值达 269 亿元,财政收入 10.6 亿元,当地的鞋材一条街被原全国人大副委员长王汉斌题写为"陈埭中国鞋业材料市场"。其中,占全镇三分之一人口的回族村贡献了全镇的 60%的工业生产总值。

百崎的经济总量与陈埭相比小了些,2009 年全乡实现工农业总产值 22.73 亿元,上缴税收 6 704 万元,农民人均纯收入 9 182 元。截至 2012 年 9 月,百崎全乡有 4 个福建省著名商标和 3 个福建名牌产品、1 家获得国家农业部名牌产品。全乡年纳税超 1 000 万元的企业 2 家,超 500 万元的企业 1 家。鞋业是百崎的主导产业也是传统产业,其他的机械和针织也得到扶持,形成较为完整的上下游产业链。

六、结　语

90 年代,为发展地方经济,给地方经济发展以较强的"识别力"和希望在阿拉伯国家打开产品销路的目的,在当地政府的倡议和扶持下,泉州建了一些带有明显阿拉伯风情的建筑,如百崎村委会、中小学校园和乡政府等。随着海内外穆斯林沟通交流的频繁,百崎和陈埭的回民通常会在祭祖时请来内地或泉州清净寺的阿訇来讲经布道,也将一些年轻人送到西北地区或阿拉伯国家学习伊斯兰文化。划入泉州台商投资区后的规划蓝图,将百崎作为民族风情区和旅游小镇进行建设。但汉化程度极深的当地回民,应该说对自己的少数民族成分感到满意的居大多数,有些早已出去的人员又想尽各种办法回迁,因为除了享受工商税收的民族优惠政策外,在丧葬方面(当地实行土葬)和计划生育及各类招生考试方面可以得到照顾和倾斜,但这些与穆斯林的身份认同并没有太大的关系。迄今为止,仅有正大鞋业的老总郭廷志一家改奉伊斯兰教。在目睹其夫人的穆斯林葬礼之后,很多老年人感到无法接受,由此对伊斯兰信仰心生恐惧,也无法从意识形态上真正认同回归传统穆斯林的想法。大部分的年轻人也不觉得维持现状有何不妥,觉得没有修正和回归的必要。

百崎回族自治乡在我国工业化、信息化、城镇化、市场化、国际化的进程中呈现出来的求同存异、包融多样的海洋文化特征,说明自觉自愿的民族融合是大势所趋,这也是多民族国家的一个普遍现象,是人类发展的主流,也将成为一种历史现象贯穿始终。

生态政治学家丹尼尔·A.科尔曼也指出人类不同文化的重要性,他说:"历史地看,人类各种文化往往都能很好地适应,并且有力地促进其周围环境的稳定与活力。"②历史经验已经表明,各民族文化都有其存在和发展的内在逻辑,都包含着各民族在处理人与自然、人与社会、人与人关系上的精神信仰、价值观、生存与发展的知识和智慧,同时具有普遍性和特殊性两个基本方面,这两个方面是辩证统一为一体的。因此,无论是大陆文化,还是海洋文

---

① 曲金良:《海洋文化概论》,青岛海洋大学出版社 1999 年版,第 7～12 页。

② [美]丹尼尔·A.科尔曼:《生态政治:建设一个绿色社会》,上海译文出版社 2002 年版,第 117 页。

化，各民族的文化是平等的，可以而且应该在相互吸收、借鉴的基础上共同繁荣发展的，可以而且完全能够和谐相处与相互包容。

［本文发表于《集美大学学报》（哲社版），2015 年第 2 期］

广阔·雄壮·自由
——中国古代文学中的海洋观念之一

张克锋

（集美大学文学院　福建厦门　361021）

【摘　要】 在中国古代文学作品中，海是百川汇聚之处，是广阔、博大、深邃、永恒而雄壮的。这一观念常常通过浩浩、茫茫、荡荡、洋洋、无际涯、不可极、吞吐日月等词语来直接表达，也常常用鲲鹏、长鲸、巨鳌、大鹏、惊涛骇浪等意象来形象描述。中国古代文人对海洋的认知，更多的是精神层面的，而非物质和现实层面的；他们对大海的歌颂，体现了追求自由的精神、豪迈的气质、远大的志向和广阔的胸怀。

【关键词】 中国古代文学；海洋观念；广阔；雄壮；自由

在中国古代文学作品中，相对于其他内容而言，对海洋的描写并不是很多，但这些作品还是反映出中国古人基本的海洋观念。他们认为，海是百川汇聚之处，是广阔、博大、深邃、永恒和雄壮的，是自由的象征；海是财富之源，海中有珍奇异宝；但海也是灾难的多发地，是危险的、恐怖的。对中国古代文学作品中的海洋观念做一番梳理，不仅有助于我们全面认识中国古代海洋观念，也有助于我们了解中国古代文学题材的丰富性。限于篇幅，上述三个方面的梳理，将在三篇文章中进行，本文是第一篇。

一、海洋是广阔无垠、深不可测的

按照传统观念，中国文明是黄土文明、农耕文明，但近年来的考古发现和历史研究表明，早在夏代时，山东滨海一带就有人立邦建国、栖息繁衍；商本来就是生活在滨海的东方的民族；夏、商时期，滨海的人们已经开始对大海的探索并有了海洋意识和海洋观念。比如，夏商时期人们已经有“四海”的观念。《山海经》中关于东海、南海、西海和北海及其海神的记载，证明夏商时期人们已经有了海洋崇拜仪式和祭祀仪式①。甲骨文中已出现“海”字。《说文·水部》说：“海，天池也，以纳百川者”，这是“海”的本义。“海”字的出现，标示着“海纳百川”这一海洋观念已经确立。《山海经》之《山经》《南山经》记载多条河流“注于海”，《南山经》的记载更具体，如丹水、汎水皆“南流注于渤海”②，可见作者已有明确的海纳众水的观念。《尚书·

张克锋，男，教授，主要研究中国古代文学、海洋文化、书法教学。

① 陈智勇：《中国海洋文化史：先秦秦汉卷》，中国海洋大学出版社2008年版，第39～41页。

② 袁珂：《山海经校注》，巴蜀书社1992年版，第19～20页。

禹贡》曰："江汉朝宗于海。"[①]《诗经·小雅·沔水》曰："沔彼流水，朝宗于海。"[②]虽是以水流千里必归大海的事实来象征诸侯尊崇天子的政治理念，但从中我们可以看到明确的海洋观念——海纳百川。《管子·形势解》："海不辞水，故能成其大；山不辞土石，故能成其高；明主不厌人，故能成其众；士不厌学，故能成其圣。"[③]《老子》三十二章："譬道之在天下，犹川谷之于江海。"[④]六十六章："江海所以能为百谷王者，以其善下之，故能为百谷王。"[⑤]《荀子·劝学》："不积小流，无以成江海。"[⑥]《儒效》："故积土而为山，积水而为海，旦暮积为之岁。"[⑦]《史记·李斯列传》载李斯曰："河海不择细流，故能就其深。"[⑧]都强调海纳百川而具有的包容和大度的品质。《庄子·秋水》通过河神和海神的对话，赞美了大海的博大、深广和无限：

> 秋水时至，百川灌河，泾流之大，两涘渚崖之间，不辨牛马。于是焉河伯欣然自喜，以天下之美为尽在己。顺流而东行，至于北海，东面而视，不见水端。于是焉河伯始旋其面目，望洋向若而叹曰："野语有之曰，'闻道百，以为莫己若者'，我之谓也……"
>
> 北海若曰："……今尔出于崖涘，观于大海，乃知尔丑，尔将可与语大理矣。天下之水，莫大于海，万川归之，不知何时止而不盈；尾闾泄之，不知何时已而不虚；春秋不变，水旱不知。此其过江河之流，不可为量数。[⑨]

这是中国文学作品中对大海特性最早、最准确也是最富有诗意的描述。《秋水》中还讲了一个著名的"坎井之蛙"的故事。东海之鳖告诉坎井之蛙关于海洋的巨大深广："夫千里之远，不足以举其大；千仞之高，不足以极其深。禹之时十年九潦，而水弗为加益；汤之时八年七旱，而崖不为加损。夫不为顷久推移，不以多少进退者，此亦东海之大乐也。"[⑩]以井底之蛙喻眼光短浅，"东海之乐"当指广大壮阔之美给人的精神享受。从《逍遥游》中的鲲鹏神话也可以看出庄子眼中的北海是广阔无边、深不可测的："北冥有鱼，其名曰鲲。鲲之大，不知其几千里也。化而为鸟，其名曰鹏。鹏之背，不知其几千里也；怒而飞，其翼若垂天之云。是鸟也，海运则将徙于南冥。南冥者，天池也……鹏之徙于南冥也，水击三千里，抟扶摇而上者九万里，去以六月息者也。"[⑪]在《对楚王问》中，宋玉也用鲲鹏来凸显江海之大："鲲鱼朝发昆仑之墟，暴鳍于碣石，暮宿于孟诸；夫尺泽之鲵，岂能与之量江海之大哉？"[⑫]《庄子·外物》写任公用五十头牛为诱饵钓到一条奇大无比的海鱼(鳌)，鳌之大显出海之深广；《知北游》以海之博大深广来比拟圣人品质的谦虚、深邃和无私；《山木》形容大海"望之而不见其崖，愈往而

---

① 李民、王健：《尚书译注》，上海古籍出版社2000年版，第66页。
② 程俊英、蒋见元：《诗经注析》，中华书局1991年版，第526页。
③ 黎翔凤：《管子校注》，中华书局2004年版，第1178页。
④ 冯达甫：《老子译注》，上海古籍出版社1991年版，第77页。
⑤ 冯达甫：《老子译注》，上海古籍出版社1991年版，第150页。
⑥ [清]王先谦：《荀子集解》，中华书局1988年版，第8页。
⑦ [清]王先谦：《荀子集解》，中华书局1988年版，第144页。
⑧ [汉]司马迁：《史记》，中华书局1982年版，第2545页。
⑨ [清]郭庆藩：《庄子集释》，中华书局1961年版，第561～563页。
⑩ [清]郭庆藩：《庄子集释》，中华书局1961年版，第598页。
⑪ [清]郭庆藩：《庄子集释》，中华书局1961年版，第3～4页。
⑫ [清]严可均辑校：《全上古三代秦汉三国六朝文》，中华书局1958年版，第78页。

不知其所穷"[①]。

《天地》篇描述"大壑"云：

谆芒将东之大壑，适遇苑风于东海之滨。苑风曰："子将奚之"？曰："将之大壑。"曰"奚为焉"？曰："夫大壑之为物也，注焉而不满，酌焉而不竭；吾将游焉。"[②]

"大壑"一词最早出现在《山海经》中，《大荒东经》："东海之外有大壑，少昊之国。"郭璞云："《诗含神雾》曰：'东注无底之谷。'谓此壑也。"[③]《列子·汤问》亦载："渤海之东，不知其几亿万里，有大壑焉。实惟无底之谷，其下无底，名曰归墟。八弦九野之水，天汉之流，莫不注之，而无增无减焉。"[④]《楚辞·远游》在叙述主人公游历求索的过程时也提到"大壑"："经营四荒兮，周流六漠；上至列缺兮，降望大壑。"[⑤]这个"大壑"，其实就是古人对海洋其深无底、其大无际的形象化解释。

总之，从先秦文学典籍来看，先秦时期人们已经有海纳百川，海洋广阔无限、深不可测的海洋观念。这也是古今中外人类一致认可的基本观念。

汉代是中国历史上最伟大的时代之一，是统一、强盛的时代，也是追求广大无限的时代。汉代人笔下的大海也是浩瀚广大，包容无限的。司马相如《子虚赋》写渤海的巨大和包容："且齐东陼巨海，南有琅邪，观乎成山，射乎之罘，浮渤澥，游孟诸。邪与肃慎为邻，右以汤谷为界。秋田乎青邱，旁徨乎海外，吞若云梦者八九于其胸中，曾不蒂芥。"[⑥]《安世房中歌》写大海含纳众水："大海荡荡水所归，高贤愉愉民所怀。"[⑦]班彪《览海赋》以"茫茫""浩浩""汤汤"来形容大海的浩渺无际，"欲有事于淮浦，览沧海之茫茫"，"风波薄其裔裔，邈浩浩以汤汤"[⑧]。魏晋以降，随着文人涉海活动的增多和对海洋认识的深入，海洋题材的文学作品逐渐增多，但海纳百川、海洋深广无限的观念仍是一以贯之的。如王粲《游海赋》写大海"吐星出日，天与水际。其深不测，其广无臬。寻之冥地，不见涯洩。章亥所不极，卢敖所不届……洪洪洋洋，诚不可度也"[⑨]；左思《吴都赋》写大海"莫测其深，莫究其广"[⑩]；木华《海赋》说大海"其为广也，其为怪也，宜其为大也"[⑪]；潘岳《沧海赋》云观大海之状也，"则汤汤荡荡，澜漫形沉，流沫千里，悬水万丈。测之莫量其深，望之不见其广。无远不集，靡幽不通，群溪俱息，万流来同。含三河而纳四渎，朝五湖而夕九江"[⑫]；北齐祖珽《望海》诗云"登高临巨壑，不知千万里。云岛相连接，风潮无极已"[⑬]，"巨壑"即前文所引之东方"大壑"，也就是大海；唐王维

① [清]郭庆藩：《庄子集释》，中华书局1961年版，第674页。

② [清]郭庆藩：《庄子集释》，中华书局1961年版，第439～440页。

③ 袁珂：《山海经校注》，巴蜀书社1992年版，第390页。

④ 杨伯峻：《列子集释》，中华书局1979年版，第151页。

⑤ [宋]洪兴祖：《楚辞补注》，中华书局1983年版，第175页。

⑥ 费振刚、胡双宝、宗明华辑校：《全汉赋》，北京大学出版社1993年版，第49页。

⑦ 逯钦立辑校：《先秦汉魏晋南北朝诗》，中华书局1983年版，第146页。

⑧ 费振刚、胡双宝、宗明华辑校：《全汉赋》，北京大学出版社1993年版，第252页。

⑨ 费振刚、胡双宝、宗明华辑校：《全汉赋》，北京大学出版社1993年版，第657页。

⑩ [清]严可均辑校：《全上古三代秦汉三国六朝文》，中华书局1958年版，第1884页。

⑪ [清]严可均辑校：《全上古三代秦汉三国六朝文》，中华书局1958年版，第2062页。

⑫ [清]严可均辑校：《全上古三代秦汉三国六朝文》，中华书局1958年版，第1980页。

⑬ 逯钦立辑校：《先秦汉魏晋南北朝诗》，中华书局1983年版，第2273页。

《送秘书晁监还日本国》云“积水不可极，安知沧海东。九州何处远，万里若乘空”[①]；张悦《入海二首》其一云“云山相出没，天地互浮沉。万里无涯际，云何测广深”[②]；宋务光《海上作》云“旷哉潮汐池，大矣乾坤力。浩浩去无际，沄沄深不测”[③]；独孤及《观海》云“澒洞吞百谷，周流无四垠。廓然混茫际，望见天地根”[④]等等，文烦不例举。总之，在文人的笔下，深广、无限是海洋的特征。

二、海洋是雄奇壮阔的

大海的雄奇壮阔，除了空间的广远和海水的深厚之外，主要体现在汹涌的波涛、耸峙的岛屿、众多而巨大的海洋生物等方面。古代海洋题材文学作品写海洋的雄奇壮阔，莫不从此着眼。

由于赋这种文体具有铺张扬厉的特点，最善于表现巨大、宏伟、繁复的事物，故历代写海者，多用赋体，仅魏晋南北朝时期就有曹丕的《沧海赋》、王粲的《游海赋》、潘岳的《沧海赋》、庾阐的《海赋》、孙绰的《望海赋》、顾恺之的《观涛赋》、萧纲的《大壑赋》、木华的《海赋》、张融的《海赋》、卢肇的《海潮赋》等。这些赋大致都以百川灌河、浩渺无垠、惊涛骇浪、巨鳞出没、大鹏展翅、莫测深广等为描写内容。如曹丕《沧海赋》先直接赞美沧海之美、之壮——“美百川之独宗，壮沧海之威神”，接着写海之广远，“经扶桑而遐逝，跨天崖而托身”，接着写惊涛骇浪，“惊涛暴骇，腾踊澎湃。铿訇隐邻，涌沸凌迈”，再写“鼋鼍渐离，泛滥淫游。鸿鸾孔鹄，哀鸣相求。杨鳞濯翼，载沈载浮。仰唼芳芝，俯濑清流。巨鱼横奔，厥势吞舟”[⑤]，景象颇为壮观。王粲《游海赋》写大海波浪曰“洪涛奋荡，大浪踊跃”[⑥]，言辞极简，但气势已出。左思《吴都赋》写海中之长鲸、海上之大鹏：“于是乎长鲸吞航，修鲵吐浪……巨鳌赑屃，首冠灵山。大鹏缤翻，翼若垂天。振荡汪流，雷抃重渊。殷动宇宙，胡可胜原！”[⑦]木华《海赋》将大海描绘得极为雄伟壮阔：“尔其为状也，则乃浟湙潋滟，浮天无岸；沖瀜沆瀁，渺弥湠漫；波如连山，乍合乍散。嘘噏百川，洗涤淮汉；襄陵广舄，瀄潫浩汗……于是鼓怒，溢浪扬浮，更相触搏，飞沫起涛。状如天轮，胶戾而激转；又似地轴，挺拔而争迴。岑岭飞腾而反覆，五岳鼓舞而相磓……惊浪雷奔，骇水迸集。”他还写了鲸鱼之巨、力量之强：“鱼则横海之鲸，突扤孤游；戛岩嶅，偃高涛，茹鳞甲，吞龙舟，噏波则洪涟踧蹜，吹涝则百川倒流。或乃蹭蹬穷波，陆死盐田，巨鳞插云，鬐鬣刺天，颅骨成岳，流膏为渊……翻动成雷，扰翰为林。”最后直接赞扬大海的宏阔与包容：“且其为器也，包乾之奥，括坤之区。惟神是宅，亦只是庐。何奇不有，何怪不储？芒芒积流，含形内虚。旷哉坎德，卑以自居；弘往纳来，以宗以都；品物类生，何有何无。”[⑧]其

---

① [清]彭定求等:《全唐诗》,中华书局 1960 年版,第 1298 页。
② [清]彭定求等:《全唐诗》,中华书局 1960 年版,第 931 页。
③ [清]彭定求等:《全唐诗》,中华书局 1960 年版,第 1078 页。
④ [清]彭定求等:《全唐诗》,中华书局 1960 年版,第 2765 页。
⑤ [清]严可均辑校:《全上古三代秦汉三国六朝文》,中华书局 1958 年版,第 1072 页。
⑥ 费振刚、胡双宝、宗明华辑校:《全汉赋》,北京大学出版社 1993 年版,第 958 页。
⑦ [清]严可均辑校:《全上古三代秦汉三国六朝文》,中华书局 1958 年版,第 1884 页。
⑧ 费振刚、胡双宝、宗明华辑校:《全汉赋》,北京大学出版社 1993 年版,第 49 页。

他海赋基本上不除上述内容，不烦征引。直到明清，海赋所写物象仍不离长鲸、巨蛟、大鹏等意象，以此显示海洋之深广。如王亮《观海赋》："长鲸巨蛟兮，不知其凡几也，如蚯蚓之跃洿池。鲐鲨鰋鲤兮，畴得而为纪也，如秕糠之浮太空。鹏翼覆三山兮，曾不足当北溟之径寸。鳌足戴六极兮，差可云沧波之一尘。"①

诗人对大海的描写不像赋那么夸饰、繁复，但表达的观念是一样的。曹操的《步出夏门行·观沧海》是中国第一首观海的诗，它用简练的笔墨写出大海波涛汹涌、山岛竦峙、吞吐日月、包孕群星的壮阔气势和博大胸怀，颇显出大海之精神气度："水何澹澹，山岛竦峙。树木丛生，百草丰茂。秋风萧瑟，洪波涌起。日月之行，若出其中，星汉灿烂，若出其里。"②曹植《远游篇》写远游临四海，看到的是"洪波""大鱼""灵鳌"和"嵯峨之神岛"："远游临四海，俯仰观洪波。大鱼若曲陵，承浪相经过。灵鳌戴方丈，神岳俨嵯峨。"③郭璞《游仙诗》写海中吞舟之鱼和"高浪"："吞舟涌海底，高浪驾蓬莱。"④又如，唐代诗人杨师道《奉和圣制春日望海》："洪波回地轴，孤屿映云光。落日惊涛上，浮天骇浪长。"⑤李峤《海》："三山巨鳌涌，万里大鹏飞。"⑥宋务光《海上作》："浩浩去无际，沄沄深不测。崩腾翕众流，泱漭环中国。"⑦高适《和贺兰判官望北海作》："迢遥溟海际，旷望沧波开。四牡未遑息，三山安在哉。巨鳌不可钓，高浪何崔嵬。湛湛朝百谷，茫茫连九垓。挹流纳广大，观异增迟回。"⑧李白《古风》其三："连弩射海鱼，长鲸正崔嵬。额鼻象五岳，扬波喷云雷。鬐鬣蔽青天，何由睹蓬莱？"⑨《古风》其三十三："北溟有巨鱼，身长数千里。仰喷三山雪，横吞百川水。凭陵随海运，燀赫因风起。吾观摩天飞，九万方未已。"⑩《天台晓望》："云垂大鹏翻，波动云鳌没。风潮争汹涌，神怪何翕忽？"⑪《上崔相百忧章》："鲲鲸喷荡，扬涛起雷。"⑫李群玉《登蒲涧寺后二岩三首》之三："南溟吞越绝，极望碧鸿濛。龙渡潮声里，雷喧雨气中。赵佗丘垄灭，马援鼓鼙空。遐想鱼鹏化，开襟九万风。"⑬柳宗元《乐府杂曲·鼓吹铙歌·奔鲸沛》："奔鲸沛，荡海垠。吐霓翳日，腥浮云。"⑭僧齐己《相和歌辞·善哉行》："大鹏刷翮谢溟渤，青云万层高突出。"⑮《观李琼处士画海涛》："巨鳌转侧长鳍翻，狂涛颠浪高漫漫。"⑯苏轼《催试官考校戏作》："八月十八潮，壮观天下无。

---

① [清]陈元龙：《御定历代赋汇》补遗卷三，影印本文渊阁四库全书第1422册，上海古籍出版社1987年版，第466页。

② 逯钦立辑校：《先秦汉魏晋南北朝诗》，中华书局1983年版，第353页。

③ [魏]曹植撰，赵幼文校注：《曹植集校注》，人民文学出版社1984年版，第402页。

④ 逯钦立辑校：《先秦汉魏晋南北朝诗》，中华书局1983年版，第866页。

⑤ [清]彭定求等：《全唐诗》，中华书局1960年版，第46页。

⑥ [清]彭定求等：《全唐诗》，中华书局1960年版，第703页。

⑦ [清]彭定求等：《全唐诗》，中华书局1960年版，第1078页。

⑧ [清]彭定求等：《全唐诗》，中华书局1960年版，第2192页。

⑨ [唐]李白撰，王琦注：《李太白全集》，中华书局1977年版，第92页。

⑩ [唐]李白撰，王琦注：《李太白全集》，中华书局1977年版，第129页。

⑪ [唐]李白撰，王琦注：《李太白全集》，中华书局1977年版，第971页。

⑫ [唐]李白撰，王琦注：《李太白全集》，中华书局1977年版，第1118页。

⑬ [清]彭定求等：《全唐诗》，中华书局1960年版，第6587页。

⑭ [清]彭定求等：《全唐诗》，中华书局1960年版，第48页。

⑮ [清]彭定求等：《全唐诗》，中华书局1960年版，第239页。

⑯ [清]彭定求等：《全唐诗》，中华书局1960年版，第9587页。

鲲鹏水击三千里，组练长驱十万夫。”①清代诗人冯敏昌《登浴日亭作》：“百尺危亭拾级登，海天纵目气飞腾。未从北极瞻双阙，先见南溟起大鹏。”②他们无不以长鲸、大鹏、巨鳌、惊涛骇浪来显示大海的深广、雄奇及巨大的力量。直至近代诗人陈澧的《虎门观潮》，仍以大潮来袭来显示海的阔大和巨大力量：“千盘万转地力尽，但有巨海疑无天……天河洗甲会有期，海水浇萤岂无力！”③

唐代诗人孟云卿《放歌行》曰：“吾观天地图，世界亦可小。落落大海中，漂浮数洲岛。”④诗人似乎站在地球之外俯瞰地球，看到大陆只不过是落落大海上漂浮着的几个小岛而已。描写角度不同于前述诸诗不同，但对海的认识——海是巨大的——是相同的。

明清小说中的大海同样是汇纳百川、浩渺无垠、惊涛接天。如《西游记》第十七回描写南海：“汪洋海远，水势连天。祥光笼宇宙，瑞气照山川。千层雪浪吼青霄，万叠烟波滔白昼。水飞四野振轰雷，浪滚周遭鸣霹雳。”⑤第五十七回写南海：“包乾之奥，括坤之区。会百川而浴日滔星，归众流而生风漾月。潮发腾凌大鲲化，波翻浩荡巨鳌游。水通西北海，浪合正东洋。四海相连同地脉，仙方洲岛各仙宫。”⑥

三、海是自由的象征，海上游历是志向远大、具有开拓进取精神的表现

海是深广的、雄奇的、博大的、无限的，相应地，海乃自由的象征，逍遥之所在。《说苑·正谏》载齐景公“游于海上而乐之，六月不归”⑦，这是把海作为逍遥娱乐的场所。孔子曾说“道不行，乘桴浮于海”(《论语·公冶长》)⑧，是把“浮于海”作为摆脱政治功业的束缚，身心获得自由的一种行为。《史记·越王勾践世家》载越王勾践灭吴后，范蠡“自与其私徒属乘舟浮海以行，终不反”⑨，此举是为了避祸而远离政治中心的逍遥之举。《韩非子·外储说右上》说：“齐东海上有居士曰狂矞、华士昆弟二人者，立议曰：‘吾不臣天子，不友诸侯，耕作而食之，掘井而饮之，吾无求于人也；无上之名，无君之禄，不事仕而事力。’”⑩此贤者应该是避世的隐者，或者是燕赵方士之流，总之是一些不为尘俗所累、追求身心自由的人。李白《对雪奉饯任城六父秩满归京》云：“君看海上鹤，何似笼中鹑。独用天地心，浮云乃吾身。”⑪“海上鹤”与“笼中鹑”相对，象征自由不羁。杜甫《破船》：“平生江海心，宿昔具扁舟。”⑫苏轼《临江

---

① [宋]苏轼：《苏轼诗集》，中华书局1982年版，第8381页。
② 陈永正编注：《中国古代海上丝绸之路诗选》，广东旅游出版社2001年版，第322页。
③ 陈永正编：《岭南历代诗选》，广东人民出版社1993年版，第524页。
④ [清]彭定求等：《全唐诗》，中华书局1960年版，第1067页。
⑤ [清]吴承恩：《西游记》，上海古籍出版社2009年版，第136～137页。
⑥ [清]吴承恩：《西游记》，上海古籍出版社2009年版，第485页。
⑦ [汉]刘向撰，向宗鲁校证：《说苑校证》，中华书局1987年版，第207页。
⑧ [魏]何晏集解，邢昺疏，《论语注疏》，中华书局1957年版，第121页。
⑨ [汉]司马迁：《史记》，中华书局1982年版，第1752页。
⑩ [战国]韩非子撰，王先慎集解：《韩非子集解》，中华书局1998年版，第315页。
⑪ [唐]李白撰，王琦注：《李太白全集》，中华书局1977年版，第777页。
⑫ [清]仇兆鳌：《杜诗详注》，中华书局1979年版，第1121页。

仙》:"小舟从此逝,江海寄余生。"[①]朱敦儒《好事近·渔父词》:"拨转钓鱼船,江海尽为吾宅。"[②]张元幹《水调歌头·同徐师川泛太湖舟中作》:"平生颇惯,江海掀舞木兰舟。"[③]"江海"应是远离政治功业、逍遥自在的象征,也体现出诗人气量之恢弘、心胸之壮大。《庄子·让王》写中山公子牟谓瞻子曰:"身在江海之上,心居于魏阙之下,奈何?"[④]以"江海"与"魏阙"对举,可证。贯休《寒月送玄士入天台》:"之子逍遥尘世薄,格淡于云语如鹤。相见唯谈海上山,碧侧青斜冷相沓。"[⑤]"海上"代表着逍遥世外。乔吉《中吕·满庭芳·渔父词》:"疏狂逸客,一樽酒尽,百尺帆开。划然长啸西风快,海上潮来。入万顷玻璃世界,望三山翡翠楼台。纶竿外,江湖水窄,回首是蓬莱。"[⑥]钓于海上,显然是"疏狂逸客"即避世者远离尘世的豪迈之举,因为,海上的逍遥远胜于江湖的逍遥。

海是壮阔的,海中巨鳌、长鲸有巨大的力量,故钓于沧海,非有远大志向和非凡魄力者不行。唐代笔记小说《封氏闻见记》卷十"犷谲"条记载王严光自号为"钓鳌客"。五代后蜀何远光的《鉴诫录》卷七"钓巨鳌"条、宋代笔记小说《谈苑》卷四载张祜谒李绅亦称"钓鳌客"。《唐语林》卷五载:"李白开元中谒宰相,封一板,上题曰'海上钓鳌客李白'。"[⑦]李白诗中多次写到"钓鳌",如《赠薛校书》"未夸观涛作,空郁钓鳌心"[⑧],《同友人舟行》"空持钓鳌心,从此谢魏阙"[⑨],《悲清秋赋》"临穷溟以有羡,思钓鳌于沧洲"[⑩]。"钓鳌"无疑是志向远大、胸襟开阔、放荡不羁的象征。有时只言钓于东海或钓大鱼,如《猛虎行》"我从此去钓东海,得鱼笑寄情相亲"[⑪],《赠从弟南平太守之遥》其一"愿随任公子,欲钓吞舟鱼"[⑫],其象征意与"钓鳌"是一样的。

梁启超说"海也者,能发人进取之雄心者也"[⑬],故海上游历是英雄壮举,是志向远大、具有开拓进取精神的表现。汉赋、汉乐府中对乘巨鳞大鱼而游遨四海的描写,体现的就是汉人远大的志向和开拓进取的精神。《子虚赋》:"浮波澥,游梦诸……彷徨乎海外。"[⑭]扬雄《羽猎赋》:"乃使文身之技,水格麟虫……出苍梧,乘巨鳞,骑京鱼。"[⑮]汉《郊祀歌·天门》:"专精历意逝九阂,纷云六幕浮大海。"[⑯]《铙歌·上林》:"沧海之雀赤翅鸿,白雁随……芝为车,龙为

---

① 唐圭璋编:《全宋词》,中华书局1965年版,第287页。
② 唐圭璋编:《全宋词》,中华书局1965年版,第854页。
③ 唐圭璋编:《全宋词》,中华书局1965年版,第1077页。
④ [清]郭庆藩:《庄子集释》,中华书局1961年版,第979页。
⑤ [清]彭定求等:《全唐诗》,中华书局1960年版,第9327页。
⑥ 隋树森编:《全元散曲》,中华书局1964年版,第580页。
⑦ [宋]王谠:《唐语林》,中华书局2007年版,第178页。
⑧ [唐]李白撰,王琦注:《李太白全集》,中华书局1977年版,第481页。
⑨ [唐]李白撰,王琦注:《李太白全集》,中华书局1977年版,第929页。
⑩ [唐]李白撰,王琦注:《李太白全集》,中华书局1977年版,第24页。
⑪ [唐]李白撰,王琦注:《李太白全集》,中华书局1977年版,第363页。
⑫ [唐]李白撰,王琦注:《李太白全集》,中华书局1977年版,第587页。
⑬ 梁启超:《饮冰室文集(十)·地理与文明之关系》,中华书局1989年版,第108～110页。
⑭ 费振刚、胡双宝、宗明华辑校:《全汉赋》,北京大学出版社1993年版,第49页。
⑮ 费振刚、胡双宝、宗明华辑校:《全汉赋》,北京大学出版社1993年版,第189页。
⑯ 逯钦立辑校:《先秦汉魏晋南北朝诗》,中华书局1983年版,第152页。

马。览遨游，四海外。”[①]这些描写中皆充满对阔大遥远境界的向往和搏击海洋的豪情。李白一说到自己的志向，就会写下这样的话，“长风破浪会有时，直挂云帆济沧海”（《行路难》其一）[②]，“浮四海，横八荒，出宇宙之寥廓，登云天之渺茫”（《代寿山答孟少府移文书》）[③]。杜甫则写道：“安能陷粪土，有志乘鲸鳌。”（《送重表侄王砅评事使南海》）[④]他们都把出海远游看作志向高远的表现。

海上航行被看作“壮游”，是具有英雄气概的表现。李白《永王东巡歌》之八：“长风挂席势难回，海动山倾古月摧。”[⑤]陆游《航海》：“我不如列子，神游御天风。尚应似安石，悠然云海中。卧看十幅蒲，弯弯若张弓。潮来涌银山，忽复磨青铜。饥鹘掠船舷，大鱼舞虚空。流落何足道，豪气荡肺胸。歌罢海动色，诗成天改容。行矣跨鹏背，弭节蓬莱宫。”[⑥]英雄的豪气与大海汹涌的波涛，是十分契合的。明代诗人张以宁《发广州》写自己奉使安南，遨游大海的感受：“斯游少吐平生气，巨浪长风万里秋。”[⑦]其豪情壮志，表露无遗。同样，明代诗人何景明的《送宗鲁使安南》也称出海为“壮游”：“壮游真万里，无外见今朝。”[⑧]梁启超《二十世纪太平洋歌》：“吾欲我同胞兮御风以翔，吾欲我同胞兮破浪以扬！”[⑨]面对太平洋，诗人大声疾呼，鞭策激励国人奋起，破浪前行，追求新世纪文明的曙光。

但是，无论是汉赋、汉乐府中的“遨游四海”，还是李白诗中的“长风破浪”，都仅仅是一种愿望，一种主观情志的表达，一种高远理想和阔大胸襟的外化而已，他们并不打算将其付诸实施。也就是说，诸如此类的描写所反映出的，只是人们对大海的认知和观念，而非要付诸实践的行为。中国古代的文人，很少有真正遨游海洋、探索海洋的冒险之举。这种冲动和热情，要等到近代才出现。比如，在晚清王韬的海洋小说中，我们可以看到作者主动探索海洋的愿望和热情。《闵玉叔》中的主人公闵玉叔年轻时借阅谢清高的《海录》，跃然而起，说：“海外必多奇境，愿一览其风景，以扩见闻。”之后便一直向往海洋探险，后来同试的士子邀请他去台湾一游，闵玉叔欣然而起，说：“乘风破浪，固素志也。”《消夏湾》中的嵇仲仙素有“乘槎浮于海之志”，先到日本横滨，又转乘西人邮艇横穿大洋，面对飓风怒涛，他不躲不避，盘坐船头，体会着“乘长风破万里浪”的境界。《海上美人》中的陆海舫和他的妻子都对海外奇闻心驰神往，对海洋有着强烈的主动探求的愿望，二人结伴而行，开始了他们的创海梦想。[⑩]

---

① 逯钦立辑校：《先秦汉魏晋南北朝诗》，中华书局1983年版，第158页。

② [唐]李白撰、王琦注：《李太白全集》，中华书局1977年版，第189页。

③ [唐]李白撰、王琦注：《李太白全集》，中华书局1977年版，第1225页。

④ [清]仇兆鳌：《杜诗详注》，中华书局1979年版，第1121页。

⑤ [唐]李白撰、王琦注：《李太白全集》，中华书局1977年版，第431页。

⑥ 《全宋诗》卷二二四，北京大学出版社1998年版，第39册，第24257页。

⑦ [明]张以宁：《翠屏集》卷二，影印本文渊阁四库全书第1226册，上海古籍出版社1987年版，第182页。

⑧ [明]何景明：《大复集》卷十九，影印本文渊阁四库全书第1267册，上海古籍出版社1987年版，第162页。

⑨ 黄珅编：《梁启超诗文选》，华东师大出版社1990年版，第160页。

⑩ 倪浓水：《中国古代海洋小说与文化》，海洋出版社2012年版，第149～150页。

四

要之，在中国古代文学作品中，海是百川汇聚之处，是广阔的、博大的、深邃的、永恒的、雄壮的。这一观念常常通过浩浩、茫茫、荡荡、洋洋、无际涯、不可极、吞吐日月等词语来直接表达，也常常用鲲鹏、长鲸、巨鳌、大鹏、惊涛骇浪等意象来形象描述。中国古代文人对海洋的认知更多的是精神层面，而非物质和现实层面，他们赋予了海以谦下、博大、包容、力量、自由等人文精神，这无疑是他们自己的精神追求的写照。对大海的歌颂，体现了中国古代文人自由豪迈的气质、远大的志向和广阔的胸怀。

[本文发表于《集美大学学报》(哲社版)2015年第2期]

海洋为财富之源

——中国古代文学中的海洋观念之二

张克锋
(集美大学文学院　福建厦门　361021)

【摘　要】 中国古代小说、诗、赋、民间故事等文学作品中有不少是描写大海的。首先是对海中仙山的描写，主要写海中仙山上有珍禽异兽、奇花异草、金玉珠宝、甘泉美池；其次是对海中丰富、奇特的物产及其实用价值、审美价值的描写，让人感到海中物产极为丰饶；再次是写海龙王及其龙宫拥有很多宝藏，这些宝物具有奇特的功能。这些描写都包含着海洋蕴含巨大财富的观念，反映了中国古人在对海洋的认识与想象。

【关键词】 中国古代文学；海洋；财富之源

中国大陆东、南两面环海，有绵延1.8万公里的海岸线，海洋资源非常丰富，生活在沿海的先民很早就开始海洋渔业和海外贸易活动。[①] 在长期的渔猎生活中，中国先民们认识到海洋物产的丰富与奇特，形成海洋乃财富之源的观念。早在春秋时期，管子就明确指出："渔人之入海，海深万仞，就彼逆流，乘危百里，宿夜不出者，利在水也。"[②]被唐玄宗派去祭祀南海的太常少卿张九龄说："海外诸国，日以通商，齿革羽毛之殷，鱼盐蜃蛤之利，上足以备府库之用，下足以赡江淮之求。"[③]"鱼盐蜃蛤"即海洋资源，祭海的目的就是为了从海洋中获得更多的利益，这种观念在古代海洋题材文学作品中有充分的体现。纵观中国历代海洋文学作品，给人最突出的印象就是海中有仙山，仙山上风景绝美、金玉遍地；海中有大鱼、巨鳖、珊瑚、珠宝，珍奇无数。这些对海中物产带有夸张和虚构成分的描写，鲜明地体现了中国古人对海洋的朴素认识——大海是富有的。

一、海中仙山：珍宝所集之地

《山海经》是中国最早的一部比较集中地写海洋的作品，其中《海经》占主要部分。古《山海经》有图，有人认为《海经》就是上古之民的海外旅行图，其中多记载奇异的人和动植物，也记载一些海中岛屿上丰富的物产，如，"此诸夭之野，鸾鸟自歌，凤鸟自舞。凤皇卵，民食之；

---

① 《竹书纪年》记载夏朝第九代帝王芒曾"冬狩于海，获大鱼"。

② 黎翔凤：《管子校注》，中华书局2004年版，第1015页。

③ [唐]张九龄：《开大庾岭路记》，《全唐文》卷291，上海古籍出版社1990年版，第1304页。

甘露,民饮之,所欲自从也。百兽相与群居”[①],“平丘在三桑东……百果所生”[②]。《海经》中还提到“蓬莱山在海中”[③],“姑射国在海中”[④],树立了海中有仙山的观念,“蓬莱”“姑射”因而成为神话传说中著名的仙山。海中仙山的主要特征是,其上有珍禽异兽、奇花异草、金玉珠宝、甘泉美池。如《列子·汤问》载,渤海之东有大壑,其中有五神山,“其上台观皆金玉,其上禽兽皆纯缟,珠玕之树皆丛生,华实皆有滋味,食之皆不老不死”[⑤]。《史记·封禅书》载渤海中有蓬莱、方丈、瀛洲三神山,上有不死之药,“其物禽兽尽白,而黄金银为宫阙”[⑥]。汉魏小说中对海外仙山的记载很多,《海内十洲记》最为集中、典型,如云:“祖洲近在东海之中……上有不死之草”[⑦];“瀛洲在东海中……上生神芝仙草。又有玉石,高且千丈。出泉如酒,味甘,名之为玉醴泉,饮之,数升辄醉,令人长生”[⑧];“长洲一名青丘……上饶山川,及多大树,树乃有二千围者……又有仙草灵药,甘液玉英,靡所不有”;“流洲在西海中……上多山川积石,名为昆吾。冶其石成铁,作剑光明洞照,如水精状,割玉物如割泥”;“生洲在东海丑寅之间……天气安和,芝草常生,地无寒暑,安养万物。亦多山川仙草众芝。一洲之水,味如饴酪”;“凤麟洲在西海之中央……洲上多凤麟,数万各为群;又有山川池泽及神药百种,亦多仙家。煮凤喙及麟角……此胶能续弓弩已断之弦、刀剑断折之金”[⑨];“方丈洲在东海中心……有金玉琉璃之宫……耕田种芝草……亦有玉石泉”;“扶桑在碧海之中,又有椹树,长数千丈,大二千馀围……味绝甘香美。地生紫金丸玉”[⑩];昆仑在西海,其中有墉城,“金台、玉楼,相鲜如流,精之阙光,碧玉之堂,琼华之室,紫翠丹房”[⑪]。西汉铜镜铭文也记载了人们对海中神山的想象,“上大人,见神人,食玉英,饮醴泉,驾文龙,乘浮云”,“上有仙人不知老,渴饮玉泉饥食枣,浮游天下遨四海,徘徊名山采芝草,寿如金石为国保”[⑫]。班彪的《览海赋》想象自己到达海上仙山,那里金玉为堂,灵芝列于道路,醴泉喷涌,明珠夜光。李白想象中的神仙岛也在海上,其上有玉树、银台、金阙之类(《杂诗》《登高丘而望远海》)。直到明清小说中,还有关于“神仙岛”的描写。如《西游记》第一回写花果山:“势镇汪洋,威宁瑶海……丹崖上,彩凤双鸣;削壁前,麒麟独卧。峰头时听锦鸡鸣,石窟每观龙出入。林中有寿鹿仙狐,树上有灵禽玄鹤。瑶草奇花不谢,青松翠柏长春。仙桃常结果,修竹每留云。一条涧壑藤萝密,四面原堤草色新。”[⑬]第十七回写东海观音道场普陀山:“汪洋海远,水势连天……中间有千样奇花,百般瑞草。风摇宝树,日映金莲。观音殿,瓦盖琉璃;潮音洞,门铺玳瑁。绿杨影里语鹦哥,

① 袁珂:《山海经校注》,巴蜀书社1992年版,第267页。
② 袁珂:《山海经校注》,巴蜀书社1992年版,第292页。
③ 袁珂:《山海经校注》,巴蜀书社1992年版,第377页。
④ 袁珂:《山海经校注》,巴蜀书社1992年版,第375页。
⑤ 杨伯俊:《列子集释》,中华书局2012年版,第145页。
⑥ [汉]司马迁:《史记》,中华书局1982年版,第145页。
⑦ 王根林、黄益元、曹光甫,《汉魏六朝笔记小说大观》,上海古籍出版社1992年版,第64页。
⑧ 王根林、黄益元、曹光甫,《汉魏六朝笔记小说大观》,上海古籍出版社1992年版,第65页。
⑨ 王根林、黄益元、曹光甫,《汉魏六朝笔记小说大观》,上海古籍出版社1992年版,第66页。
⑩ 王根林、黄益元、曹光甫,《汉魏六朝笔记小说大观》,上海古籍出版社1992年版,第69页。
⑪ 王根林、黄益元、曹光甫,《汉魏六朝笔记小说大观》,上海古籍出版社1992年版,第70页。
⑫ 刘为鹏:《汉代神鬼观念在墓葬中的反映》,《咸阳师范学院学报》2002第3期。
⑬ 吴承恩:《西游记》,上海古籍出版社1991年版,第4页。

紫竹林中啼孔雀。罗纹石上，护法威严；玛瑙滩前，木叉雄壮。”[1]《聊斋志异·仙人岛》写海中仙岛宫殿巍峨壮丽，筵席铺张炫目，珍肴杂错，入口甘芳，其间女子光艳明媚，姿态秀曼，秋波流动，琴声悦耳。

从上面大量的引述可以看出，早期文学作品对海中仙山的想象，主要反映的是人们对长生不老的渴望，也反映他们的生活理想——生活要有优美的环境、丰饶的财富。唐以后的诗歌和小说中对海中神仙岛的描写中，追求长生的意愿已经弱化，但海洋中蕴含着奇珍异宝的观念却一以贯之。大海中有仙山，仙山上环境优美、物产丰饶、珍宝满地，这就是中国古代文学作品中对大海的认识和想象，也就是“望海者”的海洋观念。

二、海中物产丰饶、珍宝无数

《尚书·禹贡》曰：“海岱惟青州……厥贡盐絺，海物惟错。”[2]“错，杂也”，意思是说，青州沿海海产品种类繁多。据史书记载，商代时，海产品已成为周边诸侯国向中央王朝进贡的主要物品，比如伊尹曾以法令的方式规定：“臣请正东符娄、仇州、伊虑、沤深、九夷、十蛮、越、沤、鬋文身，请令以鱼支之鞞、□鲗之酱、鲛盾、利剑为献；正南瓯邓、桂国、损子、产里、百濮、九菌，请令以珠玑、瑇瑁、象齿、文犀、翠羽、菌鹤、短狗为献。”[3]其中进贡之物很多是海产品。由此可见，中国人很早就认识到海洋物产的丰饶并加以充分利用了。这种观念反映在文学作品中，就是对海洋物产大量而且夸张的描写。

在历代文学作品中，赋是写海洋比较多的一种文体，海赋的重点，基本都是对海中物产的描绘。王粲《游海赋》写海中的珍奇灵异之物产：“或无气而能行，或含血而不食，或有叶而无根，或能飞而无翼。鸟则爰居孔鹄，翡翠鹔鹴，缤纷往来，沉浮翱翔，鱼则横尾曲头，方目偃噩，大者若山陵，小者重钧石”；大贝发明月之夜光，玳瑁具金质黑章，“长洲别岛，旗布星峙，高或万寻，近或千里。桂林藂乎其上，珊瑚周乎其趾”；岛上“群犀代角，巨象解齿，黄金碧玉，名不可纪”[4]。曹丕《沧海赋》写海中有鼋鼍、巨鱼遨游，海上有鸿鹄翱翔，海边有大贝、明珠，岛上有美石、美玉，“于是鼋鼍渐离，泛滥淫游。鸿鸾鸾鹄，哀鸣相求。杨鳞濯翼，载沉载浮。仰唼芳芝，俯濑清流。巨鱼横奔，厥势吞舟”[5]。左思《吴都赋》写海中物产之丰，极铺陈之能事：“于是乎长鲸吞航，修鲵吐浪。跃龙腾蛇，鲛鲻琵琶。王鲔鯸鲐，鲫龟鳍鲭。乌贼拥剑，䵶鼊鲭鳄。涵泳乎其中。葺鳞镂甲，诡类舛错。溯洄顺流，噞喁沈浮……蚌蛤珠胎，与月亏全。巨鳌赑屃，首冠灵山。大鹏缤翻，翼若垂天。振荡汪流，雷抃重渊。殷动宇宙，胡可胜原！”[6]潘岳《沧海赋》、木华《海赋》、孙绰《望海赋》等都有类似的铺成描写，如《沧海赋》云：“其鱼则有吞舟鲸鲵，乌贼龙须，蜂目豺口，狸斑雉躯。怪体异名，不可胜图。其虫兽则素蛟丹虬，元

① 吴承恩：《西游记》，上海古籍出版社1991年版，第97页。
② 李民、王健：《尚书译注》，上海古籍出版社2012年版，第46页。
③ 黄怀信、张懋镕、田旭东：《逸周书会校集注(修订本)》，上海古籍出版社2007年版，第912～914页。
④ 严可均辑校：《全上古三代秦汉三国六朝文》，中华书局1958年版，第958页。
⑤ 严可均辑校：《全上古三代秦汉三国六朝文》，中华书局1958年版，第1072页。
⑥ 严可均辑校：《全上古三代秦汉三国六朝文》，中华书局1958年版，第1884页。

龟灵鼍;修鼋巨鳖,紫贝螣蛇;玄螭蚴虬,赤龙焚蕴。迁体改角,推旧纳新。举扶遥以抗翼,泛阳侯以濯鳞,其禽鸟则鸥鸿鹔鹴,鸠鹅鸡鹊;朱背炜烨,缥翠葱青。"[①]《海赋》云:"吐云霓,含鱼龙,隐鲲鳞,潜灵居。岂徒积太颠之宝贝,与随侯之明珠","鱼则横海之鲸……"[②]《望海赋》云,"瑇瑁熠烁以泳游,蠵蠵焕烂以映涨","王余孤戏,比目双游"[③],"鳞汇万殊,甲产无方"[④]。这样的描写在海赋中俯拾皆是,不烦例举,表达的都是大海中物产丰饶、无奇不有的观念。

明代威海人王悦在《威海赋》列举海中物产,明确指出其实用价值:"但见暴腮折鬣,其积如邱,长大琐细,不可名求。姑粗言其梗概,斯百数而一收。其鳞介也,则有嘉鱼、鳓鲝、鲭鲐、鲫、鲍、鳖、鲨、鲳、鳝、鲻、鳜、乌、鲟鳇、燕儿、青菜、黑婆、红娘。他如虾、蟹、蛤蜊之种类,错杂而难详。又有海驴、海豹、海狗、海羊,深居岛屿,出没沧浪,渔人捕获,以剥以戕,取皮弃肉,毛泽以光,或为鞍鞯,或为囊箱,雨不能润,器用最良。其海蔬也,则有龙须、鹿角、牛尾、谷穗、海枣、沙芹、青虫、紫苣,居人采掇以为食计。"[⑤]清人刘学渤在《北海赋》中以夸张的言辞肯定海中物产的经济价值:"商家客旅,一苇长征,勾吴闽越,幽燕并营,瞬息千里,风帆无惊。赖冯夷之不扰兮,斯获售乎奇赢。若夫三春之末,四月之期,海澨成市,网罟遍施,亦或投卫人之豚饵,垂任公之巨缁,得谢端之青螺,收余且之白龟……又有蛟宫濯贝,水底珊瑚,巩孕老蚌之腹,珠潜痴龙之须。珍堪敌夫连城,价比重于五都。万宝晶莹,然窒温峤之照;千珍璀璨,觅穷水精之奴。"[⑥]

诗歌中也不乏此类描写。陆机《齐讴行》赞美齐国海中物产丰富:"营丘负海曲,沃野爽且平,海物错万类,陆产尚千名。"[⑦]欧阳修《鹦鹉螺》感叹"大哉沧海何茫茫,天地百宝皆中藏",然后罗列海中珊瑚、珠贝、红螺诸宝:"珊瑚玲珑巧缀装,珠宫贝阙爛煌煌。泥居殼屋细莫详,红螺行沙夜生光。"[⑧]赵翼的《南珍》是一首集中描写广州市中所见有关海外珍宝的诗,其中有些是海中物产或者用海中物产做成的工艺品,如玳瑁、珊瑚树、珍珠,并感叹此处"备众美""用物宏"[⑨]。

小说中也有对海产的描写。如明末浙江钱塘人陆人龙的《型世言》第二十五回写道:"即如浙江一省,杭、嘉、宁、绍、台、温,都边着海,这海里出的是珊瑚、玛瑙、夜明珠、砗磲、玳瑁、鲛鮹……每日大小渔船出海,管甚大鲸、小鲵,一罟打来货卖。还又有石首、鲳鱼、鳓鱼、呼鱼、鳗鲡各样可以做鲞;乌贼、海菜、海参,可以作干;其余虾子、虾干、紫菜、石花、燕窝、鱼翅、蛤蜊、龟甲、吐蚨、风馔、弹涂、江鳐、鱼鳔,那件不出于海中,供人食用、货贩?"[⑩]这段描写很有代表性,由此可见当时人们充分认识到海洋物产的丰饶,加以充分的利用。

珍珠自古以来为人所喜爱,是财富的象征。志怪小说中有关于海中鲛人能泣珍珠的故

① 严可均辑校:《全上古三代秦汉三国六朝文》,中华书局1958年版,第1980～1981页。

② 严可均辑校:《全上古三代秦汉三国六朝文》,中华书局1958年版,第2062页。

③ 严可均辑校:《全上古三代秦汉三国六朝文》,中华书局1958年版,第1806页。

④ 严可均辑校:《全上古三代秦汉三国六朝文》,中华书局1958年版,第1807页。

⑤⑥ 刘立鑫、冷卫国:《明清海赋反映的海洋文化》,《东方论坛》2012年第3期。

⑦ 逯钦立辑校:《先秦汉魏晋南北朝诗》,中华书局1983年版,第663页。

⑧ 李逸安点校:《欧阳修全集》卷四《居士集》,中华书局2001年版,第71页。

⑨ [清]赵翼:《瓯北集》卷十六,上海古籍出版社1997年版,第332页。

⑩ 陆人龙:《中国话本大系·型世言》,江苏古籍出版社1993年版,第409页。

事。干宝《搜神记》载:"南海之外,有蛟人,水居如鱼,不废织绩,其眼泣,则能出珠。"[①]张华《博物志》载南海外有鲛人,水居如鱼,不废织绩,其眼能泣珠。有一鲛人从水出,寓人家,积日卖绢,将要离开时泣珠满盘以报答主人。[②] 任昉《述异记》记秦始皇游东海时,有海神捧珠,献于他,又载:"南海有明珠,即鲸鱼目瞳。鲸死而目皆无睛,也可以鉴,谓之夜光。"[③]沈起凤《谐铎·鲛奴》载鲛人大哭,泪流满地,即为珍珠[④]。志怪、传奇小说中此类情节不少,它体现的是人们认为海中多珍珠、珍珠能使人致富的观念。

海盐是海中最重要的资源之一,煮盐、贩盐都有很大的经济收益。早在西周初年,姜太公已充分认识并利用海中渔、盐资源了。《史纪·齐太公世家》记载:"太公至国修政,因其俗,简其礼,通商工之业,便渔盐之利,而人民多归齐,齐为大国。"[⑤]管仲认为齐国"利在海也",于是依据齐国拥有丰富海盐资源的条件,提出"请君伐菹薪,使国人煮水为盐,征而积之"的政策,进一步提出"官山海"政策,国家对"盐、铁"实行专卖,以取得税收,极大地促进了齐国经济的发展。历代统治者都认识到海盐生产、贩运为财富之源,将其紧紧地控制在自己手里,不准私营。在文学作品中,对海盐的描写带有浓重的审美色彩,赞美它带来的丰厚利润,如清人王悦在《威海赋》中写道:"盐之所产,于海之洼。潮波既退,男女如麻。区分畦列,刮土爬沙。漉水煎卤,炷灶参差。凝霜叠雪,积屯盈家。饮食贸易,资用无涯。"[⑥]清人刘学渤《北海赋》亦云:"滩池弥望,星罗棋布。漉沙构白,澄波出素。灿如飞霞,峙如积璐。商市万金,税足国赋。"[⑦]《型世言》第二十五回云:"至于沿海一带,沙上各定了场,分拨灶户刮沙沥卤,熬卤成盐,卖与商人。这两项,鱼有鱼课,盐有盐课,不惟足国,还养活滨海人户与客商,岂不是个大利之薮!"[⑧]对大海产盐而富利国家的认识是很充分的。

海洋的财富不仅直接来源于物产,还间接来源于贸易。唐代以来,写海商的作品不少,从中可以看出人们从事海商贸易、追逐利益的情况以及作者对此的肯定态度。李白《估客行》描写从事海上贸易的商人为追逐利润而远离家乡的情景,对其飘忽不定的生活表达了同情,并没有藐视之意,可见其对经商获利并无传统儒家的偏见。元稹《估客乐》写道:"求珠驾沧海,采玉上荆衡。"[⑨]把海上求宝看作人生之乐。黄滔《贾客》云:"大舟有深利,泛海无浅波。利深波也深,君意竟如何?"[⑩]肯定海上贸易有深利,但也告诫贾客们不要因一味求利而忘记大海的风涛危险。苏轼《鳆鱼行》"东随海舶号倭螺,异方珍宝来更多"[⑪],肯定海外贸易带来珍宝。《初刻拍案惊奇》之《转运汉遇巧洞庭红》写倒运汉文若虚得知张大一行人走海返货,"自家思忖道:'一身落魄,生计皆无。便附了他们航海,看看海外风光,也是不枉人生一

---

① [东晋]干宝撰,汪绍楹校注:《搜神记》卷十二,中华书局1979年版,第页。
② [晋]张华:《博物志》,影印本文渊阁《四库全书》第1047册,上海古籍出版社2002年版,第582页。
③ [宋]李昉:《太平广记·述异记》第9册,卷四〇二。中华书局1961年版,第3236页。
④ 倪浓水选编:《中国古代海洋小说选》,海洋出版社2006年版,第150页。
⑤ [汉]司马迁:《史记》,中华书局出版社1982年版,第1480页。
⑥⑦ 刘立鑫、冷卫国:《明清海赋反映的海洋文化》,《东方论坛》2012年第3期。
⑧ 陆人龙:《中国话本大系·型世言》,江苏古籍出版社1993年版,第409页。
⑨ [清]彭定求等:《全唐诗》卷四一八,中华书局1960年版,第4611页。
⑩ [清]彭定求等:《全唐诗》卷七〇四,中华书局1960年版,第8094页。
⑪ 傅璇琮等主编:《全宋诗》第14册,北京大学出版社1993年版,第9371页。

世'"①。最终幸运发迹。《二刻拍案惊奇》之《叠居奇程客得助 三救厄海神显灵》写商人程宰在辽阳做生意失利,为人作账房先生,海神自荐枕席达七年之久,助其生意获利,三次救其于困厄之中。李渔《连城璧》之《遭风遇盗致奇赢 让本还财成巨富》几次提到飘洋得利的观念。《镜花缘》中的主人公唐敖、林之洋、多九公都是弃学、弃儒,出海经商,第二十回至第三十二回系统地描绘唐敖等人的商船周游海外列国时,根据市场所需供应货物而获利的情形。可以看出,作者李汝珍是肯定海外经商行为的。上述作品都反映了人们对海洋财富的渴望以及对海洋贸易能够获利的清醒认识。

三、海中龙宫富藏珍宝

中国古代小说、民间故事中海龙王藏宝及龙宫探宝、获宝、求宝、夺宝的故事,也隐含着海洋蕴含巨大财富的观念。

中国古代有四海龙王的说法,自玄宗天宝十载(751 年)正月正式册封,"以东海为广德王,南海为广利王,西海为广润王,北海为广泽王"②,封号"广德""广利""广润""广泽"本身就体现人们对大海的认识和希望——大海容纳财富,能泽惠于民。在民间信仰中,龙王是大海的统治者,鱼虾蟹蛤、奇珍海物统统归其统领,也是海洋财富的占有者。据说海龙王领下有明月之珠,价值无量③。唐传奇小说《任顼》中任项救了湫潭黄龙,在黄龙的指点下得到一粒径寸珠,有胡人见之曰:'此真骊龙之宝也,而世人莫可得。'以数千万为价而市之。"④瞿祐《剪灯新话》中的余善文将南海龙王所赠润笔之资,十颗"照明之珠"、二支"通天之犀",卖给波斯宝肆,"获财亿万计,遂为富族"⑤。

海龙王的住处是龙宫,在海水下。中国古代小说和民间故事中凡写到龙宫,总是富贵非常,珍宝满地。海龙王的富有和龙宫的富丽豪华,实际上就是大海的富有。唐传奇《李靖》对龙宫的描写是"朱门大第,墙宇甚峻","床席裀褥,衾被香洁,皆极铺陈"⑥。龙宫又称"水晶宫"("水晶"即"水精"),一般藏有水精,为龙宫中珍宝。《仇池笔记 · 广利王召》云,南海海神所居之所"真所谓水晶宫殿也","其下骊日夜光,文犀尺璧,南金火齐,不可仰视;珊瑚琥珀,不知几多也"⑦。龙宫又称"珠宫"。《古今事文类聚》后集卷五十《问蛙喜怒》云:"蛙问龙王曰:'王之居何处?'王曰:珠宫贝阙,翚飞璇题。"⑧欧阳修《鹦鹉螺》:"大哉沧海何茫茫,天地

---

① [明]凌濛初著,冷时峻校点:《初刻拍案惊奇》,上海古籍出版社 2012 年版,第 5 页。

② [唐]杜佑:《通典》卷四十六《礼六》,中华书局 1988 年版,第 1283 页。

③ [北齐]刘子:《妄瑕》第二十六,影印本文渊阁《四库全书》第 848 册,上海古籍出版社 2002 年版,第 907 页。

④ [宋]李昉:《太平广记》第 9 册,卷四二一,中华书局 1961 年版,第 3755 页。

⑤ 倪浓水选编:《中国古代海洋小说选》,海洋出版社 2006 年版,第 92 页。

⑥ [宋]李昉:《太平广记》卷四一八,中华书局 1961 年版,第 3408 页。

⑦ [宋]曾慥:《类说》卷十,影印本文渊阁《四库全书》第 873 册,上海古籍出版社 2002 年版,第 182~183 页。

⑧ [宋]祝穆:《古今事文类聚》后集卷五十,影印本文渊阁《四库全书》第 926 册,上海古籍出版社 2002 年版,第 772~773 页。

百宝皆中藏。牙鬚甲角争光鋩，腥风怪雨洒幽荒。珊瑚玲珑巧缀装，珠宫贝阙烂煌煌。”①“珠宫”实寓指海中多珠宝之意。《聊斋志·异罗刹海市》中描写龙宫，“俄睹宫殿，玳瑁为梁，鲂鳞作瓦，四壁晶明，鉴影炫目”，“珊瑚之床饰以八宝，账外流苏缀明珠如斗大，衾褥皆香软”②。钮琇《觚賸·海天行》写龙宫：“周遭垣墙，悉以水晶叠成，光明映彻，可鉴毛发……又逾门三重，方及大殿。其制与人间帝王之居相似，而辉煌巍峨，广设千人之馔，高容十丈之旗，不足言矣。”③《西游记》第三回：“悟空笑道：‘古人云，愁海龙王没宝哩……’”④《上洞八仙传》第五十二回写东海龙宫“富贵非常，珍宝满地”⑤。《西湖二集》的《救金鲤海龙王报德》写道“龙宫之宴不寻常，水晶宫殿玳瑁梁，明珠异宝锦绮张，黄金屋瓦白玉堂”⑥，足见龙宫也即大海，乃珍宝之渊薮。

中国古代小说中有“煮海宝”的故事，写的是故事主人公采取逼迫、威胁的手段从龙宫强取金钱、仙药和各种宝物。如唐代张读的《宣室志》之《消面虫》记载一胡人先是从陆颙肚子里诱出一只消面虫，然后用火烤消面虫的办法逼海龙王交出“避水珠”，接着两人凭借避水珠一起前往龙宫，获取珠宝甚多。《太平广记》卷四〇二中的“宝珠”条记载一胡人重金购买士人于无意中得到的宝珠，再“以金瓶盛珠，在醍醐中重煎”，群龙无耐而两次献宝求饶，胡人都不停止，第三次“有二龙女，洁白端丽，投入珠瓶中，珠女合成膏”，胡人用此膏药涂于足，得以步行水上，遂弃舟而去，最终“度世”⑦。从海中强取宝物的故事说明，在故事主人公及作者看来，第一，海中有宝物财富，第二，要从海中掠取宝物财富，为己所用。

四、小　结

综上所述，中国古代小说、诗、赋、民间故事等文学作品中有不少是描写大海的。首先是对海中仙山的描写，主要写海中仙山上有珍禽异兽、奇花异草、金玉珠宝、甘泉美池；其次是对海中丰富、奇特的物产及其实用价值、审美价值的描写，让人感到海中物产极为丰饶；再次是写海龙王极其龙宫拥有丰富的宝藏，这些宝物具有奇特的功能。这些描写都包含着海洋拥有巨大财富的观念。在今天看来，这样的观念虽然表现出人们探求、获取海洋财富的热情和勇气，但它来自于古人尚不丰富的直接的海洋生活经验，其中还夹杂着文人浪漫的想象，因而还是相当浅陋的。对海洋财富更深入的认识和探索，当在现代科学技术诞生之后。

---

① 李逸安点校：《欧阳修全集》卷四《居士集》，中华书局 2001 年版，第 71 页。
② [清]蒲松龄著，张友鹤辑校：《聊斋志异》，上海古籍出版社 1962 年版，第 459～460 页。
③ 倪浓水选编：《中国古代海洋小说选》，海洋出版社 2006 年版，第 143 页。
④ [清]吴承恩：《西游记》，上海古籍出版社 1991 年版，第 20 页。
⑤ 倪浓水选编：《中国古代海洋小说选》，海洋出版社 2006 年版，第 114 页。
⑥ [明]周楫编纂《西湖二集》卷二三，华夏出版社 1995 年版，第 257 页。
⑦ [宋]李昉：《太平广记》第 9 册，卷四〇二，中华书局 1961 年版，第 3238 页。

福建古代的海神信仰与酬神演剧

田彩仙
（集美大学文学院　福建　厦门　361021）

【摘　要】 福建地处东南沿海，由于海洋渔业历来为其重要产业，海难也时有发生，所以，自古便有众多的海神崇拜，其中又以妈祖崇拜为最重要的海神信仰。福建地方戏曲中历代都存有很多与海神信仰相关的剧目，这些剧目的中心人物主要以福建百姓历来尊奉的海神妈祖与陈靖姑为主，与海神信仰相关的戏曲演出主要为在特定场合的宗教酬神演剧。这些都充分反映了福建古代地方戏曲与海神信仰的密切关系。

【关键词】 海神信仰；福建戏曲；酬神演剧

一、以妈祖崇拜为中心的福建古代的海神崇拜

地处东南沿海的福建省，有着漫长的海岸线和众多的天然良港，福建百姓自古以来就与大海结下不解之缘，海上交通的发达，使与之相关的海神信仰也特别发达。汉代之前，福建当地的闽越族便有类似蛇崇拜的海神信仰。随着西汉对福建的开发与两晋南北朝时人民的迁徙，北方汉族的海神也传入福建，主要有龙王信仰、玄武信仰、观音信仰。唐宋时期，观音信仰在福建渐渐普及，很多地方建有观音寺，观音被一些渔民奉为海神。两宋时期，随着中国经济中心的南移，福建经济的迅速发展，尤其是福建的海洋渔业与海上贸易迎来繁荣期，苏东坡曰："福建一路，多以海商为业。"海上活动的频繁，同时也带来一些大小海难，宋代福建著名诗人刘克庄的《泉州南廓》诗曰："海贾归来富不赀，以身殉货实堪悲。"人们出于自身保护的需求，创造出更多的海神崇拜。林国平先生的《福建古代海神信仰的发展演变》一文收集了两宋福建海神15人，其中有王审知赐名的港神显应侯，有因救人被渔民封为神的感应将军、灵应将军、威应将军等，有一些是生前在地方任职，做过很多对百姓有益的事情，受到百姓的尊重，死后被奉为神，如莆田秀屿灵感庙所尊奉的柳冕，连江昭利庙所供奉的是唐观察使陈岩之子延晦，福州厚屿庙则为泉州太守叶忠而建，福安薛令之祠堂中附有薛令之侄子薛芳杜，因其生前为乡人所敬畏，死后受到尊奉，因族中排行十八，故称"十八元帅"，也为宋代的海上保护神。更多的则是偶然的机缘巧合而被百姓祷拜的水神，两宋影响最大的海神便是妈祖，妈祖原名林默娘，莆田湄洲岛人，传说妈祖出生的当晚，满屋红光，晶莹夺目，香气飘荡久久不散。不仅如此，据相关文献记载，妈祖生前是一位"预知人祸福"的女巫，她熟

田彩仙，女，教授，主要研究中国古代文学与艺术、福建古代戏曲。

悉水性，能驾云飞越大海，拯救海难；在湄洲湾海域遇风触礁蒙难的船只常得到她的救助；她善观天象，预知天气变化，能事前告知船户可否出航；她还精通医理，能用草药为人治病，救人防疫减灾。这样一位具有传奇色彩的女子，死后便被当地人奉为海上保护神，建庙祭祀。其后妈祖信仰逐渐扩大。宋宣和五年(1123)，宋徽宗特赐莆田宁海圣墩庙庙额为“顺济”，妈祖信仰得到官府的承认，其海洋渔业保护神的身份也逐渐为沿海地域所知。南宋时期，妈祖身份也由巫转变为道教神仙，妈祖信仰进一步升级，各地的妈祖庙纷纷建立。到南宋末，妈祖影响超出福建，成为江浙闽粤等沿海地区的海神。元明清时期，福建海外交流进一步发达，明末的郑和下西洋，开启海外交通新的篇章，福建与琉球交往密切，与东南亚更是有大规模的移民。在此背景下，妈祖上升为全国影响最大、地位最高的海神，中国的沿海各个省份都开始建庙尊奉，日本、东南亚和欧美一些国家都建有妈祖庙，拥有众多的信仰者。福建航海供奉天妃妈祖之事在历史上有诸多的记载。传说北宋宣和初年(1119)，莆田人洪伯通有一次航行在海上，突然遇到飓风，帆船差一点覆没，急忙呼神女搭救，喊声刚刚结束，大海突然风平浪静起来，洪氏躲过灭顶之灾。北宋宣和五年(1123)，宋朝派使者率船队出使高丽(今朝鲜)，在东海上遇到大风浪，八条船沉了七条，只剩下使者所乘的船还在风浪中挣扎，忽然船桅顶上闪现一道红光，一朱衣女神端坐在上面，随即风平浪静，使者所乘的船转危为安。使者惊奇，船上一位莆田人告说是湄洲神女搭救。明代嘉靖年间从福州渡海使琉球的陈侃由于渡海时虔诚供奉天妃，所以一路顺利：“飞航万里，风涛叵测；玺书郑重，一行数百人之生，厥系匪轻。爰顺舆情，用闽人故事，祷于天妃之神；且官舫上方为祠事之。舟中人朝夕拜礼必虔，真若悬命于神者。”①

传说康熙二十一年(1675)十二月二十六日夜，施琅第一次率兵渡海攻打台澎，因缺风船行很慢，施琅下令回航平海。不久，忽起大风，战舰上小艇被风刮下海，不知去向。第二天风停息后，命令出海寻找小艇，均安然停在湄洲湾中，艇上人报告说：昨夜波浪中见船头有灯光，似人揽艇，是天妃默佑之功。施琅大为感动，命令整修平海天后宫，重塑妈祖神像，捐重金建梳妆楼、朝天阁，请回妈祖神像一尊奉祀在船上。

此外，从宋代开始的福建海神信仰中还有临水夫人陈靖姑，陈靖姑为唐代道姑，唐天佑二年(905)正月十五日生于福州，后人尊称“临水夫人”。临水夫人在唐宋时本为妇女儿童保护神，到明代时，变为天妃妈祖之妹，有了保护渔船与渔民的神应，被福建民间尊为海神。明代嘉靖年间，高澄出使琉球，使团成员多数为闽人。当海上遇险时，众人求救于天妃诸神。后经天妃降箕，说：“吾已遣临水夫人为君管舟矣，勿惧！勿惧！”回到福州后，高澄偶然在福州水部门外发现临水夫人祠，忙请教祠中道士。道士曰：“神乃天妃之妹也。生有神异，不婚而证果水仙，故祠于此。”又曰：“神面上若有汗珠，即知其从海上救人还也。”②元明清时期，被福建民间尊为海神的还有被朱元璋封为“玄天上帝”的玄武信仰，关公信仰。分布在福建各地又有不同地域的海神，如邵武的拿公、莆田的陈文龙、连江的南海神、同安的苏碧云、晋江的施琅等，原来均为对百姓有贡献的英雄人物，死后被尊为神，并渐渐被认为是海上保护神，与天妃妈祖共同被崇祀。福建自古便好巫尚祀，所以古代崇拜的海神众多，海神庙也遍布八闽之地，祭拜也很频繁。这些海神被赋予多种职能，有很多海神原来只是民间普通人

---

① 陈侃：《使琉球录》，日本那霸市史资料篇第1卷，977年年版，第68页。

② 高澄：《临水夫人记》，萧崇业：《使琉球录》，台湾学生书局1970年版，第142～143页。

物,为百姓做了很多善事,所以被尊为神,而这些神往往无所不能,百姓在赋予这些神以保佑百姓的生育、生产、生命的神职的同时,也赋予他们航海保护神的职能。

海神中的很多神是人的化身。明清福建海神中的拿公是福州邵武人,因为饮用有毒之井水而救了当地百姓,死后被尊为海神;陈文龙为福建莆田人,曾起兵抗击元朝统治者,兵败被俘,宁死不屈,死后被尊为神。据文献记载,清朝有两位福州籍人士齐鲲与赵新被册封琉球正使,在赴任船上,便将拿公、陈文龙与妈祖神像同供于船上,充当航海保护神。中国古代的巫术是民间造神运动的孵化器,福建很多海神信仰的形成与巫术有关,如妈祖一开始只是懂一些巫术的民间女子,由于她所处的环境与海事活动密切相关,当时航海技术落后,从事海洋渔业生产劳动时有灾难发生,妈祖的巫者身份以及她能预知人间祸福、可济困扶危的能力,符合了人们对神信仰的标准,所以才被百姓奉为天神。神迹传说是一种口碑,它会不胫而走,四处传播,在传播过程中,人们赋予其更多的超能力,又加上官方的助力,使其成为世界上很多沿海地区百姓宫廷供奉的海神。

二、与海神崇拜相关的福建戏曲剧目与酬神演剧及其意义

与海神信仰相关的戏曲作品在明清时期已经很发达,以反映妈祖故事的天妃戏为例,明清时期,在很多戏曲作品中已经出现天妃形象,如明代著名剧作家汤显祖的《临川四梦》之一的《邯郸记》,取材于唐代沈既济传奇小说《枕中记》。剧作写卢生梦中偶遇富家小姐,结婚生子,行贿做官,出将入相,一门荣华,后在官场倾轧中遭贬,第二十二出"备苦"中写卢生遭贬途中遇盗贼抢劫,搭船后又遇风雨将船倾覆,卢生落水后呼唤:"哎哟!天妃圣母娘娘,一片木板儿,中甚用呵。"也许是圣母保佑,卢生奇迹般地跳上岸来。此剧中天妃出现并不多,但已具有海上保护神的职能。明代无名氏杂剧《奉天命三保下西洋》第二折写郑和率众祭天妃,天妃于郑和梦中显灵,称赞郑和是"秉性忠良""忠心报国,真意向神",所以认为他"此去不动干戈,自然得宝回来"。这里的天妃,完全是护国庇民、保护忠良的女神形象。在明末陆世廉的杂剧《西台记》,清初张大复传奇《钓鱼船》,清代杨潮观杂剧《感天后女神露筋》,清代积石山樵传奇《奎星见》等戏曲作品中均出现天妃形象。在这些剧作中,天妃既是神通广大、辅善除邪的海神,又是统领天界、指挥群仙的天神。在福建地方戏曲中,妈祖戏出现得较晚,妈祖故乡的莆仙戏为南戏活化石,莆仙戏中的妈祖故事有《天妃降龙全本》描述天妃降服东海龙王的神话故事;《妈祖出世》是有关妈祖出世的神话传说;《天妃庙传奇》是近代人林纾编写的有关天妃庙的戏,共十场,该剧以江苏松江地区天妃庙为背景,描写清光绪年间,留学日本的假洋鬼子捣毁天妃庙神像,引起商人们的愤怒,从而引起军阀的干涉,也描写军阀内的斗争。以上妈祖戏,大部分出现在晚清到近代时期。此外,在福建一些地方戏中也时有妈祖的身影,《管府送》是泉州高甲戏的传统戏,主要描写泉州人管府与台湾姑娘美娟的美满姻缘,其《十步送君》唱段最为出名,其中有段戏唱道:"四步送哥妈祖宫,妈祖娘娘有灵应,相邀宫前来咒誓,不敢亏心共侥幸。"妈祖戏之外,戏曲剧目中涉及海神信仰的就是反映陈靖姑故事的"夫人戏"了。寿宁县四平傀儡戏《奶娘传》即是写陈靖姑祈雨救旱、救产护胎、治恶除乱的故事。闽西上杭高腔《夫人戏》讲述陈靖姑与另外两位夫人结拜成姐妹前往闾山学法的过程。由于民间戏曲演出的影响,陈靖姑在福建很多地方成为百姓传颂很广的海神。

与海神信仰相关的戏曲活动主要是宗教酬神演剧。福建沿海居民从古至今祭祀海神的活动大凡有如下几个方面:准备谕祭祈报海神文、拜祭所经之地的天妃寺庙,造舟登舟启航的迎神送神仪式,航海途中向海神祈祷,许愿与还愿、海事完成后为海神奏请封号,题写庙记、庙额,捐资修建天妃庙宇。除此之外,宗教演剧也是祭祀海神重要的活动;宗教演剧本来就是地方戏赖以生存的重要形式。宗教现象分为"信仰"和"仪式"两个基本范畴,宗教"仪式"即以歌舞、戏曲等行为方式来娱神。日本学者田仲一成的《中国戏曲史》认为"戏剧发生于祭祀",在祭祀中形成的"作为神灵降临故事的戏剧",可视为三类戏剧的源头:"庆祝剧"形成于巫师乞求神灵赐福的礼仪;角抵、武戏形成于农民的傩神武技;"悲剧"形成于巫师祈求降伏亡灵的攘灾礼仪[①]。福建戏曲演出历来与世俗的宗教活动有着千丝万缕的联系,这在福建历史文献中多有记载,明代福建著名文学家谢肇淛的《五夜元宵诗》云"更说闽山香火胜,鱼龙百戏列齐筵"记载明代福州闽山庙演出百戏的情景。从戏台、戏场的建设看,福建民间古戏场的设置很多是建立在民间宗教信仰活动之基础上的,福建民间宗教信仰十分丰富,其中包括儒、释、道等多元宗教信仰,民间浓烈的宗教氛围,既构成福建地方戏曲艺术生存之土壤,亦推动古代福建地方戏曲的繁荣。福建民间宗教信仰的繁多,使得民间庙宇不断增多,神诞、谢神、还愿等庙事活动为戏曲提供了丰厚的生存土壤。在福建民间,自古以来与海神信仰相关的宗教演剧主要有:正月初九玉皇大帝、闽越王及临水夫人陈靖姑诞辰戏,正月十九日观音圣诞戏,三月二十三日天妃妈祖圣诞戏,六月十九日观音堂会戏,九月初九妈祖羽化升天日庙会戏。船舶出海和安全返航也要演出祈神戏与谢神戏、还愿戏等。

据相关史料记载,福建福安县社口乡晓洋村每年九月皆举行隆重的戏曲演出,此举是出于向神还愿的缘故。据传该村谢氏祖上曾出有一很值得骄傲的书香门第,兄弟几个皆为朝廷命官,显赫一时,有年八月十五,兄弟们聚院中赏月,酒过数巡,大哥仰首望月,联想到自己怀才不遇,虽为朝廷命官,但无法像明月那样将清辉普撒人间,于是作诗一首以抒发自己的抱负,然被人告发,即以谋权之嫌被罢官归里。途中乘船遇海上巨大风浪,眼见大家性命难保,大哥便拄剑船头跪祈苍天,求仙界诸神保佑他们安返故里晓洋。大哥许愿,如得神恩,将不惜一切财产,每年操办三十六夜的戏,以娱神灵。五显长生大帝为之感动,显灵威,平风浪,帮助他们回到家乡。为还所愿,他们一家变卖家产操办戏曲演出。早先每年演出三十六夜,因时间长,观众受不了,其所奉祀的五显长生大帝亦念其疲劳而允许减为二十六夜,以后又逐次减为十六夜、六夜,最后一夜戏必演通宵,此习历代相传,成为由该村村民集体操办的活动,故至今当地仍有戏谚曰"晓洋神戏透天光"[②]。我国传统节日下元节是在农历十月十五日,这一天也是道教水官的生日,俗称叫作"十月半"。泉州农村多在这一天焚香点烛祭祀土地公,答谢秋季的好收成,祈求社里平安,宗族兴旺,有的地方还演戏娱乐神。泉州沿海的人们以从事渔业生产为生的占大多数,而且大多是南安、惠安、晋江沿海一带人。沿海的渔民,在一次汛期结束,大渔丰收以后,常常举行大规模的"海祭"(祭敬亡魂),称为"做水普",它是泉州颇有渔业特色的习俗。其目的是通过祭祀溺海而死的无主孤魂,以祈求海上作业的平安,渔业生产的丰收。其活动的时间大体在每年的农历十月,具体时间各地不一,如泉港区的沙格为十月初一,惠安县的崇武则是十月十二日。到时,各地都请来戏班,在海边搭

① [日]田仲一成著,云贵彬、于允译:《中国戏曲史》,北京广播学院出版社2002版,第3页。

② 刘闽生:《福建古戏场与民间宗教信仰》,《戏曲艺术》2007年第1期。

建戏台进行酬神演出。

三月廿三日为海神妈祖生日，福建沿海地区和台湾各地都有演戏酬神活动，湄洲地区往往要演戏连台，以示庆贺。台湾地区在妈祖诞辰日开始的一个多月内，每日演出一台戏，可谓密集型的宗教演剧时段。台湾一般演泉州戏曲，称作“下南腔”。清代郁永河在《台南竹枝词》里写道：“肩披鬓发耳垂珰，粉面朱唇似女郎。妈祖宫前锣鼓闹，侏离唱出下南腔。”不仅台湾如此，南洋各地的华侨也在每年的妈祖千秋圣诞日演戏酬神，南洋华侨多为闽南人，故以演出泉州梨园戏为多。与妈祖相关的演戏酬神一般在妈祖庙前，有的是临时搭戏台，有的是在建造天妃宫的同时建造戏台或戏楼，戏楼一般面对供奉祀祖庙神像的大殿，这就产生了有妈祖必有戏楼的格局。

综上所述，无论是从戏曲内容还是戏曲表演的形式与演出场合，都充分反映福建古代地方戏曲与海神信仰的密切关系，这种关系一直保持在福建地方文化中。在现代化日益强大的当代社会，宗教信仰热在福建民间亦仍然存在，宫庙等宗教场所参拜者依然趋之如云。那些社区、村落矗立着的大小庙台上，乡间的神龛前，亦仍经常有民间业余剧团的各类演出，尽管观众寥寥无几，但并不影响其各种海神诞辰日与祭祀日的固定演出。也许在很多年轻人看来，这些演出与当今现代化的进程有些不相称，但它却满足了民间仍未消失的宗教信仰活动之需要。

（本文发表于《集美大学学报》2015 年第 3 期）

期待·补偿·移置

——闽台民间故事中女性形象的文化心理阐释

谢慧英

（集美大学文学院　福建　厦门　361021）

【摘　要】 闽台两地流传的民间故事中，以女性为核心人物的故事占了很大比重。如闽台两地皆存在大量的女神（妈祖、临水夫人）传说，还有许多作为完美道德典范并长于凭借机巧制胜的巧女故事，也有不少居于弱势而最终自保或战胜强势的弱女故事。作为民间文化的生动载体，民间故事总是联结着特定地域、特定社会形态的历史文化渊源，同时也产生出了长期累积并潜隐于其中的深层文化心理积淀。本文尝试通过闽台地区民间故事中三类具有典型意义的女性形象的分析，对闽台民间文化心理的特殊性及其文化意义进行透视和探察。

【关键词】 闽台民间故事；女性形象；文化心理

闽台两地一衣带水，血肉相连。虽然在时间上各有先后，但都是经由中原汉族的历次南徙垦殖而逐渐得到开发。相比于福建，台湾的开发要晚近得多。其开发的过程几经周折，却始终与福建保持了天然的血脉牵连。几个世纪以来，移民垦殖台湾的汉族移民中，福建人（尤以闽南人为主）几近十之八九。可以说，华夏文化在台湾的传播历程同时也是福建文化的移植和发展历史。闽台两地在经济、文化等诸多领域的互生互赖、相依相融的历史关联和文化互动，使其最终形成在文化渊源和精神底蕴上都具有高度一致性的共同文化区。

在特定文化形态的结构中，民间文化的存在虽然常常被主流意识形态有意无意地忽略或遮蔽，但它却自以其无所不在的弥散性渗透在民间社会广大民众的生活日用中。其中，数量众多而互相牵扯勾连的各民族民间故事是民间文化最为活跃的部分。自古以来，“口头讲述故事的活动遍及人类居住的每一个角落”①。客观地说，学者的这番描述绝非夸大之辞。如果将闽台两地流传的民间故事稍作翻检，更能感受到两地在文化领域的亲缘性。大量流传于两地的数不胜数而形态各异的故事中，分明显示出二者在文化渊源上难以分解的重重交叠。研究表明，台湾的民间故事，大多经由福建移民移植而来，再以本土的风物人情、历史事实、民情风俗等稍加附会改编成的亚型或变文，“既表现为两地日常语言的‘习惯表达’的高度一致，而且也表现为两地传统的口语艺术即民间文学或口承文学的基本一致”②。

值得注意的是，在闽台两地流传的民间故事中，以女性为核心人物的故事占了很大比

谢慧英，女，副教授，主要研究文艺理论、现当代文学。

① 刘守华：《中国民间故事史》，湖北教育出版社1999年版，第1页。

② 夏敏：《闽台民间文学》，福建人民出版社2009年版，第59页。

重。这类故事中女性一般是核心人物，并且在事件中处于最重要的地位，或者以自己不凡的智慧、胆识战胜困难和阻碍。如闽台两地皆存在大量的女神（妈祖、临水夫人）传说，褒赞其善德懿行和神力无边，还有许多作为完美道德典范并长于凭借机巧制胜的女子，也有不少居于弱势而最终自保或战胜强势的女性形象。仅以季仲主编的《中国民间故事集成·福建卷》一书收入的泉州民间故事为例，近100篇的总量中涉及女性故事的约占45%。

在中国古代正统的历史叙事中，女性长期处于集体性的"无名""无言"状态，千百年来女性形象往往化约为几个尽忠守节的贞孝妇女，其存在更具有传统伦理规范的符号意味。相比之下，活跃于闽台故事中的这些女性形象，往往能给人留下鲜明的印象，女性的生存状态在虚虚实实的口头传述中得到极为鲜活的呈现。由是，我们似乎得以切近那在宏大历史叙事中被屏蔽了的女性生存状态及其依稀隐约的历史面影。不仅如此，从文化人类学的角度看，民间故事作为民间文化历史踪迹的遗留，更隐含着极具民族性、地域性的文化心理内蕴。正如曾对中国民间故事类型做出细致索引的丁乃通先生所说："民间故事只是间接隐约反映社会的情况，因此能比直接表达的方式——民歌——反映更多的民众心理和生活。"[①]将民间故事产生、发展的历史、文化语境加以深入探究，可以帮助我们去窥探那虽然业已消逝却依然深隐于历史和现实中意味深长的民众文化心理。正是基于民间故事的这一文化功能，本文拟通过对闽台民间故事的考察，从女性形象所包蕴的深层象征意义上对两地民众在闽台社会历史进程中的境遇及其文化心理状况作一分析。需要指出，本文是在比较宽泛的意义上使用"民间故事"这一概念，既包括以虚构为主要特征的故事和在现实基础上加以想象、幻想而形成的传说。

一、女神崇拜：海上生存险境中对母爱的幻想式期待

民间信仰与百姓生活密切相关，它以繁复多样的形式渗透在民众的日用生活中。闽台两地至今仍残留着"信巫尚鬼、重淫祀"的先民遗风，神明众多、庙宇林立，乡野各地祭拜活动常年不断。与中原不同的是，闽人很早就开始了以海为生的生涯，除了进行海水养殖和海洋捕捞外，更有驾船出海，从事海外贸易的漫长历史。因此，闽地有悠久的海神信仰渊源。明清以降，台湾经过几次大规模的移民之后，经济、文化获得迅速的发展，以闽南为核心的民间信仰也被带到台湾，形成两地在民间信仰上的亲缘性。最能代表两地的民间信仰当属妈祖崇拜，她主要是护佑舟楫、化解海难的海上女神。

闽台两地关于妈祖的传说和故事不计其数。妈祖在这些故事中常常被塑造为往来奔波于海上的心地善良而法力无边的美丽女子，她热爱劳动、孝亲遵礼、扶危济困而不求回报。她自幼好道，精通天象海事，后得观音菩萨超度而通灵，成为女神。在闽台两地，妈祖是众多神灵中最具影响力的。闽台之外，海外凡有华人居处几乎都有她的信徒。闽台两地关于她的传说难以计数。作为极具地域特色的民间信仰，妈祖崇拜所具有的超越其他神明的核心地位及其在海内外的强大辐射力引起外界的困惑："在人类学家看来，在夫权盛行的中国古

① ［美］丁乃通著，白丁译：《中国民间故事类型索引导言》，中国民间文艺出版社1986年版，第27～28页；第25页。

代，一个原为普通的乡村姑娘的女神，能取代各个声名赫赫的男性神明，这是一个难解之谜。"①

从两地流传的妈祖传说中，不难发现，除了渲染妈祖奇特的孕育、出生、超化和降妖解难的超凡神力之外，她的形象似乎更具有贴近闽地民众生活的亲和的一面：品貌端庄，秉性善良，温柔可亲，时刻关注海上遭遇危境的船民商贾并随时准备奔赴救难。相对其他的神明传说，妈祖的"神性"里面掺和着为底层民众们易于亲近的"人性"特质。固然，这与妈祖本身就有其真实原型有很大关系，但却不能不联系到福建古代社会特别是沿海一带移民们的特定生存环境。海上谋生不同于大陆，由于气象、造船、航海等技术的限制，福建先民在"讨海"生涯中会频繁遭遇海上的惊涛恶浪，随时有船毁货沉、葬身鱼腹的巨大危险，生死的不确定性要远胜于内陆生存的稳定性。可以想象，每次出海，几乎都是一场生死的赌博，在人力完全不可控的情况下，出海者自然会把生还的希望寄托于冥冥之中神灵的佑护。

与中原农耕社会不同的是，由于福建男子多出外谋生，留守家中的女子（母亲和妻子）必然要承担更多的家庭职责，在家庭中发挥着更大的作用。如明温陵人李光缙曾指出，在郑成功的故乡安平（今南安县），大部分男性"贾行遍郡国，北贾燕，南贾吴，东贾粤，西贾巴蜀，或冲风突浪，争利于海岛绝夷之墟"，"近者岁一归，远者数岁始归，过邑不入门，以异域为家，壶以内之政，妇人秉之，此其俗之大都也"②。对于常年在海上"争利"的福建男性而言，女性独立持家的能力使其免于后顾之忧，从而放手经营事业。在某种意义上，女性是男性拼搏事业的有力助手。同时，海上谋生环境的凶险、生存状态的不稳定性和生死无常的不确定感自然会大大强化男性对其亲族中女性群体（如家庭中的母、妻、姊等）的依恋心理和家庭的归属感。

以此论之，民间故事中的妈祖形象恰恰切合移民过程中福建沿海民众对女性的潜在期待：首先，她能以超凡的神力来化解来自海上生存的各种险难，这无疑是妈祖不断被神化的基本根源；其次，对于这些离家在外、生死全由天意控制的男性们来说，他们内心所期待的女性在危难之时能提供有力的保护和强大的精神支持。于是，一个乡村姑娘在传说中不断被赋予超自然、超现实的魔力。另一方面，妈祖依然保留了她在现实生活中的作为理想的母亲和妻子的亲和性。她既有神的仁慈之心和无边法力，更兼有妻子的温柔体贴与母亲的呵护庇佑、慈爱包容。"在海上遇险时，会产生一种呼唤母亲保护的本能心理，所以当遇到海险时，他们大多想起的是类似母亲的海神——妈祖。这便造成妈祖显灵最多的局面。这样，妈祖便超越了众多男性海灵，成为航海的第一保护神。"③在台湾，妈祖则是民间信仰中最广受民众敬奉的主神。移民渡海来台之初，曾被奉为渔民们的守护神；清末叶以后，妈祖则从守护神转化为一般民众信奉的主神，得到愈来愈多信众的虔诚敬奉。台湾的相关史料记载了妈祖给予民众的强大心理保护效力："台湾往来，神迹尤著。土人呼神为妈祖。倘风浪危急，呼妈祖，则神披发而来，其效立应，若呼天妃，则神必冠帔而至，恐稽时刻，妈祖云者，盖闽人在母亲之称也④。不难看到，在台湾民众心底，妈祖更有有求必应的灵验和超强的保护能

① 徐晓望：《妈祖的子民：闽台海洋文化研究》，学林出版社1999年版，第402页。

② 李光缙：《史母沈孺人寿序》，《景壁集》卷四。江苏广陵古籍刻印社1997年版，第726页。

③ 徐晓望：《妈祖的子民：闽台海洋文化研究》，学林出版社1999年版，第402页。

④ 陈国强、林华章主编：《两岸学者论妈祖》（第二集），香港闽南人出版有限公司1999年版，第177页。

力，民众在祈拜之际或者在遇险时呼唤妈祖，带着对母爱的强烈召唤和寻求呵护的心理期盼，诸多有关妈祖"显灵"的传说轶闻更强化这种心理的潜在诉求。

二、巧女制胜：闽台区域文化边缘性的心理补偿

在闽台民间故事中，有许多女性形象属于"巧女""巧妇"。通常这些民间女性在日常的家庭生活中以善辩或机智顺利应对生活中的难题或巧妙解决各类矛盾，维护家庭的威望和自身利益。故事中的女主人公在面对难题时以冷静的头脑、不凡的勇气和慧黠的机变化险为夷，赢得人们的尊敬和喜爱。中国传统社会长期以来形成性别制度上严格的尊男抑女结构，女性在社会生活的诸多层面都遭到贬抑和拘禁，她们的行动范围基本被限制在相对狭小的家庭生活空间之内。即便是在家庭生活的范围内，她们的言行也必须遵循以男性为核心建立起来的传统宗法礼制的诸多规范。通常的官修史中对女性人物的记载大多仅仅作为男性参与历史和完成齐家治国使命过程中微不足道的附属品或者陪衬物；在某种意义上，女性存在在正统的历史叙事中几乎是缺席的。然而，在民间故事的汪洋大海里，女性与形形色色的男性共同构筑充满生活气息的民间世界。这些机智、勇敢的巧女形象，每每以生动鲜活的面目给人们留下不可磨灭的印象，"巧女们机智的言词、勇敢的作为，都与中国社会的实际传统——女性低下的文化地位与言行规范上的极度保守——有所差异"①。

显然，巧女的存在成为民间社会区别于主流意识形态场域的特殊参照。丁乃通先生认为："一般人通常认为中国旧社会传统是以男性为中心，但若和其他国家比较，就可以知道中国称赞女性聪明的故事特别多。笨妻当然也有，但仅是在跟巧妇对比时才提到。丈夫很少能占上风，而且在家里经常受妻子的管束(1375 的次类型)。1384 型(丈夫寻找三个和妻子一样笨的人)在中国成了 1384 *(妻子遇到和丈夫一样笨的人)。"②女性形象在民间故事中的活跃，意味着民间社会中性别制度在对正统规范的趋近与遵循中又带有某种程度的疏离与反拨。究其原由，乃是民间社会的开放性、边缘性和杂融性使性别规范对女性的约束相对松动；另一方面，与官方意识形态场域不同，民间社会的存在场域主要是乡族之内的家庭日用和乡野底层的社会交往活动，女性在民间社会场域中显然有不可或缺的位置。

具体到闽台地区而言，女性的地位与代表传统中国社会中心的北方中原地区更有所不同。有学者经过细致考察后指出："古代闽中妇女十分能干，她们下田劳动，上街经商，操持家务，里里外外一把手；在南方流行小家庭制的背景下，妇女往往成为家庭的真正主宰。"③很显然，一方面是地缘环境及其相应的生存方式的制约，另一方面作为开发相对晚近的移民地区客观生存条件的恶劣，使得女性在应对外部生活环境的挑战时需要承担更多的责任与义务。而且，"小家庭制"意味着在家庭内部的社会分工因为家庭成员的减少而更趋宽泛，农耕文明中比较稳固的依据性别分工的界限常常被打破。这些因素都决定了闽台地区女性在

---

① 康丽：《利益务实与规范折衷——中国巧女故事中的民间女性德才观探赜》，《民俗研究》2003 年第 1 期。

② [美]丁乃通著，白丁译：《中国民间故事类型索引导言》，中国民间文艺出版社 1986 年版，第 27～28，第 25 页。

③ 国平：《福建民间信仰的源流》，福建人民出版社 2003 年版，第 10,264 页。

家庭内外扮演着更特殊的角色,"她们的社会地位略高于北方妇女"[①]。因此,在大量流传的闽台民间故事中,女性形象的活跃显然有着特殊的地域和文化因缘。如果深入这些女性形象所联系的具体社会历史语境及其背后的深层结构,我们还可以从中寻索到闽台民众更为深隐的文化心理动态。对两地民间故事中女性形象的探究,使我们能深入到闽台社会的历史文化变迁的过程之中,由此进入对两地民众文化心理及其根由的探寻。下文以两地流传颇广《巧选当家人》为例,对其中巧女形象所隐含的文化心理象征意义作一分析。

> 这天,老汉在厅门口放倒一把扫帚,在台阶前放着一枚缝衣针,然后叫四个媳妇到厅堂来商量事情。大嫂来到厅堂前,一眼看到倒在地上的扫帚,心里想:"拾了扫帚,能看见厅堂脏了不扫吗?莫理它。"跨过扫帚进了厅堂。上台阶时,她见阶上掉着一根亮闪闪的缝衣针,又想一根缝衣针值什么?连弯腰都懒得。紧接着,二嫂、三嫂也来了。她们都想:"你前头走,比我大,不动手,不弯腰,我也装作没看见吧。"她们也像大嫂一样走进厅堂。细新婢最后到,看见扫帚倒在地上,忙操起扫帚,麻利地把厅堂打扫得干干净净。扫到台阶上看到缝衣针,连忙拾起来别在衣襟上。这些事她做得自然、大方。……老汉指着院子里刚收下来的一堆甘蔗,对四个新婢说:"我想把它当柴烧,只怕烧不旺,看你们谁能想个法子告诉我。"大儿媳抢着说:"劈个对半晒晒干,入灶一定烧得着。"二儿媳紧接着说:"不,灶里放柴起大火,柴里夹蔗火更旺。"三儿媳却说她们俩的法子都不好,应该劈细甘蔗,浇上松油,烧起火来,赛过蜡烛……细新婢掉不慌不忙地说:"嫂子们说得有理,只是好好的甘蔗烧掉岂不可惜?我想不如将甘蔗榨水熬成糖,蔗渣引火自然上火。"老汉说:"孩子,你回答得好,这蔗就赏给你一人吃。"细新婢……顺着蔗头分给公公、嫂嫂各一节,自己留下蔗尾,说:"公公,让咱们全家'公甘同味,共尝甜头'吧!"[②]

这是典型的考验当家人的故事。家中长辈(一般是公公)拟待选定新任当家人,设题考验家中几个儿媳妇的持家能力和德性,其中的巧媳妇(一般是最小的媳妇)以机敏、贤良和善持家被选定为新任当家人。这里有几个需要注意的地方:

其一,故事中巧媳妇在接受考验的时候自如、娴熟地展示了自己的能力和聪明,正是她的过人之处——"巧"——使她成为故事的主人公,也是最具故事性的因素。同时,她的"巧"体现在能在适当的场合以适当的方式抓住时机,表现自己的"才"。作为被选定的"当家人",她的"细新婢"的身份显然已经打破了"长幼"秩序,也有违于传统社会约定俗成的"女子无才便是德"的论调。因此,巧女的故事一般都有对既定秩序或者惯例的某些突破。

其二,故事中考验者和被考验者一般是翁媳的关系,分别代表了中国社会二元式的等级结构中长幼和性别的尊卑秩序。虽然故事是表现巧媳妇之"巧",但她的"巧"并不完全是自主的发挥,其决定权操纵在作为男性长辈的家翁手里,她的"巧"是在一个"被给定"的情境中通过比较而得以表现的。翁媳之间的关系已经先在性地显示出其间主动与被动、决定与被决定的关系。从横向的角度看,考验过程中四个媳妇的出现依然遵循着长幼之序而不能僭越,小媳妇的"巧"只有在特定的秩序规范内才具有合法性。

三、虽然考验的决定权操之于家翁之手,但他的选拔标准却绝非纯粹的个人化。首先它

---

① 国平:《福建民间信仰的源流》,福建人民出版社 2003 年版,第 10 页,264 页。

② 《中国民间故事集成·福建卷》,中国 ISBN 中心 1998 年版,第 699~702 页。

服从于维护家族利益的要求;其次,选拔标准完全合乎于正统社会规范对女性的既定要求:"巧"媳妇首先能自觉遵守性别、长幼的序列(顺着蔗头分给公公和三位嫂嫂,自己吃蔗尾),其次她的言行充分表现了勤劳、节俭的优良品性和恭顺、谦和的低姿态;当然还有她精于家务、善于合理利用家庭资源的实践能力上面。

通过上述简短的分析可以看出,"巧媳妇"故事中女性的"巧",主要体现出她在智力和能力方面的优势,但是她的"巧"首先是合于传统社会既定的对女性规范的前提下,才可以获得承认;并且,其"机巧"的发挥更多是在受动的情况下得到展现的。至少从这个故事中,我们可以得到两方面的印象,从表层看,女性通过模拟性的"实战"演练发挥才智,显示了机敏和才能;从深层看,这种"显示"却并不意味着她真正获得所谓的"当家"的权利,最多只是家翁意愿的执行者和辅助者。

刘登翰先生曾比较细致地分析过闽台地域环境的特殊性所催生的文化心理特征——"远儒"与"崇儒"的辩证。"地处边陲的福建和台湾,在地理上远离中原的同时,也远离儒家的政治中心和文化中心。其未经深度开发的'蛮荒'状态,赋予它文化上的'远儒性'特征。这种'远儒性'——远离儒家中心的边缘性,使闽台较少或较晚受到儒家正统文化的教化规范和制约,从而表现出更多的非正统、非规范的文化特征和叛逆性格,也更易接受外来文化影响。"①"有清一代,台湾虽无著名儒者出现,但儒家思想为社会所普遍尊崇,成为规约台湾社会的主导思想,则与大陆无异"②。另一方面,伴随着移民垦殖的进程,闽台逐渐成为以朱熹为代表的理学之乡,影响之巨,足以改写汉唐至明清期间中国南北文化版图的分量。故此,闽台两地又表现出尊儒重道的"崇儒"之风。如果以闽台在文化上"远儒"/"崇儒"的悖论性特征来阐释前面述及的巧媳妇故事,或许可以窥探出隐藏于故事中闽台社会的某种特殊文化心理。一方面,巧媳妇突破现实环境的制约自如地展示自我才能,在某种意义上它打破了既定的社会秩序,因此它表现的是"远儒"的"非正统性、非规范性"的一面。另一方面,巧媳妇"才能"的展示又显然是在合乎儒学规范的前提和语境中展开的,或者说,她作为合格当家人所具备的"德"的完善构成才能展现和获得认可的前提。因此,它表现出的是"崇儒"的正统性、规范性的一面。

长期以来,"南中国的沿海地区,长期处于中央王朝权力控制的边缘区,民间社会以海为田、经商异域的小传统,孕育了海洋经济和海洋社会的基因"③。诚然,闽台地区由于地处东海之滨,其经济形态的发展自然与内陆的农业文明有明显差异,天然地具有"海洋文明"的某些因子,这是一个不能回避的客观现实。但是,由于其地缘的边缘性及其与中国主导文化传统之间的异质性,导致闽台社会对自身存在的怀疑和焦虑,因而在文化认同上也就出现复杂的两极心理:一方面是作为边缘文化的"离心力"趋向,导致了对"中心"的反拨和偏离,故而表现出对中原文化的某种程度的疏远,就像巧媳妇以出色的才能打破既定的长幼秩序和性别规约。另一方面则是来自中心的强大"向心力"的吸附和趋近,表现出对中心文化秩序的遵守和强化。

总体上说,闽台两地由于受到特殊理环境的限定,其在开发过程中逐渐形成有别于中原农耕文明的经济形态和文化模式,与中国占主导地位的北方文化存在较大的差距。事实上,

---

①② 刘登翰:《论闽台文化的地域特征》,《东南学术》2002年第6期。

③ 杨国桢:《明清中国沿海社会与海外移民》,高等教育出版社1997年版,第1页。

这种差异性的存在根本上是闽台社会历史发展的必然结果，其合理性自不待言。然而，自秦汉以来形成的“大一统”的意识形态规范下，边缘性和异质性的存在却往往受到的有意无意的忽视乃至于强烈的压制，长此以往使得闽台社会形成显著的“边缘心态”：即长期处于权力中心的边缘并居于依附性的从属地位，造成闽台民众自我心理预期的自我轻视和价值感上的自我贬抑，“这种边缘心态形成了闽台长期以来对中原的一种仰望的姿势，一种既是先天而来，也是后天所成的自卑心理”①。再以台湾的情况论之，由于台湾开化较晚，早期移民所经历的艰险与福建相比更有过之而无不及。几个世纪以来，台湾历经异族统治，更有乙未割台和长达半个世纪的日据时期，边缘心态更被演变为被遗弃的“孤儿”“弃儿”之感。“对于台湾民众而言，这种无法主宰自己命运的边缘位置和被出卖的心灵伤害，在日本帝国主义的殖民统治下，形成“孤儿”兼“弃儿”的悲惨意识。”② 总之，作为闽台历史文化心理的重要特点，这种“边缘心态”“孤儿”/“弃儿”意识，自会以微妙的方式折射并遗留在闽台两地的民间故事中；同时，通过故事的方式，闽台民众也得以将长期积累的这种集体性的心理焦虑获得了某种程度的释放。对此，丁乃通先生以深切的“理解之同情”道出了民间故事之于中国底层民众的别一种意义：“当中国农民(尤其是中国农妇)在工余闲暇无事、编造故事或添油加酱讲述传统故事时，会不大想到礼教的压力，旧时中国正统派人物也许一笑置之，也许耸耸肩膀或眨眨眼佯作不知而已。”③如果从象征意义上来理解巧女故事，那么它也许隐喻了闽台社会对自身文化边缘性质的历史性的“焦虑”；当然，它同时也暗含了民众对这种焦虑和缺失的心理回应——即作为缓解焦虑和弥补缺失的一种补偿性诉求。“巧女”形象既有意地强化了对“中心”文化规范的认同、遵循，也以对规范的突破和疏离微妙地表达对自身价值的确认和拟构；并且，这种确认和拟构既表现在无意识的领域，也可能以“添油加醋”的方式直接予以流露。对闽台民众来说，通过一个贤良、能干而又机智灵敏的“巧媳妇”形象，在轻松自在的消遣式的情境中使得长期以来的心理压抑和自我价值感的匮乏获得带有“虚构”意义的“补偿”和释放。简言之，“巧媳妇”在文化心理意义上潜在地表征了闽台民众某种历史性的焦虑及其强烈心理诉求的补偿与释放。

三、弱女克强：闽台地区民间社会无力感的情感移置

与上述巧女故事相关的是，闽台民间故事中还大量存在的另外一种以弱势而最终自保乃至于战胜强势的女性。在这些以弱克强的故事中，这些弱女形象往往都具有包容性和被动性的特点：其一，她们的性格比较单纯，或者富于牺牲和忍让精神；其自救行为往往是在被迫的情况下发生的；她们一般不具有攻击性，更多体现为防守自卫性；自救的手段也都显得比较温和。其二，她们的柔顺、容忍的性格和行为方式上的温和，使这些女子相对于其对手或敌手来说，明显处于弱势一方。相形之下，她们的对手则非常强大(如凶残的老虎之于两个单纯的小女孩，善良而无心机的妹妹之于觊觎其幸福并设计杀害她的姐姐)：要么是有力

①② 刘登翰：《闽台社会心理的历史—文化分析》，《东南学术》2003 第 1 期。

③ [美]丁乃通著，白丁译：《中国民间故事类型索引导言》，中国民间文艺出版社 1986 年版，第 27～28，25 页。

量的悬殊对比，要么是在性格上存在狡诈、卑劣、不择手段与柔弱、善良、温顺、毫无心机的绝大反差，要么是行为方式上具有主动出击、凶残性与被迫防守、隐忍性的迥然相异。三、弱女们都面临对手将要或已经置其于死地的绝境，于是被迫自卫，最终通过各种努力和机智战胜对手(敌手)，维护自己的权益或保全性命。

无疑，以弱克强的女性形象在民间故事中广泛存在，有其现实生活的基础；另一方面，在社会政治、经济、文化建构的各个层面，民间社会始终处于主流意识形态中心的边缘，绝大多数民众，在社会关系结构中往往居于金字塔的底层，在物质上和精神上不得不承受来自各方面的限制和挤压，因而承受着诸多现实和心理的压力。作为民间社会的娱乐方式，弱女故事常常通过对以弱胜强、以小胜大的渲染，将民间社会切身感受到的孤弱感和无助感释放在这些女性形象中，象征性地满足民间社会对自身弱势特征的想象性的期待，某种程度上舒解了潜隐于民间社会民众的普遍压力。

在闽台地区，弱女故事除了上述文化心理意义之外，其特殊性还与特定历史文化环境密切相关。作为移民社会，闽台两地在各自的发展进程中都曾经历长期的历史动荡。明代中叶与清代初期，闽东南沿海一带先后经历倭寇之乱和迁界之变，对民众的生活秩序造成极大的破坏。

长达十年的倭寇之乱，一方面严重摧毁了社会经济的正常发展进程，另一方面带来的是生灵涂炭、家毁人亡和民不聊生、暗无天日的民生惨剧。根据朱维幹先生的深入研究，嘉靖三十四年至四十二年，福建沿海共有1座府城、11座县城、4座卫城、4座所城先后被围攻，其中更有不少城堡曾多次被围或沦陷。[①] 来自于福建的民间史料，对倭寇之患，特别是它带给民众生活的毁灭性灾难都有详切记载。如嘉靖四十二年(1563)，海澄县缙绅李英在《请设海澄县治疏》中，对嘉靖年间的倭寇之乱即有如下概述："张琏、洪迪珍拥众百万，直捣浙直，江南财赋之区骚动六年，国课为之亏折。近年，以二十四将之徒、二十八宿之党，蔓延接踵，充斥于民广之交，而福建罹毒最甚。十年之内，破卫者一，破所者二，破府者一，破县者六，破城堡者不下二十余处。屠城则百里无烟，焚舍而穷年烟火。人号鬼哭，星月无光，草野呻吟。[②] 倭寇所到之处，处处皆是人间地狱的惨怖景况。嘉靖三十一年，御史林润在《请恤三府疏》中对寇乱兼遭瘟疫之祸的惨状亦有详尽的描述："今遭寇乱之际，历八年于兹矣。死于锋镝者十之二三，被掳掠者十之四五，流离转徙他乡者又不计其数。近又各府疫疠大作，城中尤甚。一坊数十家而伤者五六，一家数十人而死者十七八，甚至有尽绝者。哭声连门，死尸塞野。孤城之外，千里为墟。田野长草莱，市镇生荆棘。昔之一里十图者，今存者一二图耳；昔之一图十甲者，今存者一二甲耳。"[③]战乱之外，兼之以瘟疫、天灾、人祸，百姓生民陷于倒悬之境。这种梦魇般的历史遭遇必然会深刻地渗透进闽台民众的历史记忆中，它所造成的文化心理创伤也会以各种形态遗留并沉淀于民众生活的各个角落。

随着明王朝的覆灭，清初统治者在闽东南沿海大规模的迁界同样带来持续性的社会动荡。为了对郑成功的抗清据点实施封锁，清王朝采取强制手段驱逐沿海居民迁往内地，其方

---

① 朱维幹先生在《福建史稿》(下册)第十九章中，详细记述了倭寇对福建各地的侵扰。福州：福建教育出版社，1986年，第153页～230页。

② 郑振满：《明清福建家庭组织与社会变迁》，湖南教育出版社1992版，166页。

③ 朱维幹：《福建史稿》(下册)，福建教育出版社1986年版，233页。

式极为残酷。据《榕城纪闻》记云:“令下即日,挈妻负子载道路,处其居室,放火焚烧,片石不留。民死过半,枕籍道涂……部院派往海边烧屋,计用长夫一千三百名。”[①]又据《莆变纪事》记云:“刻期十月内不迁,差兵荡剿……当播迁之后,大起民夫,以将官统之出界。毁屋撤墙,民有压死者。至是一望荒芜矣。”[②]

此次迁界主要出于稳定政权的紧迫性,所以清政府采用极端的高压政策。甚至于连因平台之功而显赫一时的施琅也未能使其族人幸免于难,最终落得“颠沛流离,虽至亲不能相保”[③]的结局,面对如此强势的政治举措,当地名门权贵施府尚且如此,底层民众处境之惨烈就不难想象了。对新取得政权的王朝来说,此次迁界是一次在所难免的政治部署;然而对普通的民众来说,意味着他们祖祖辈辈苦心建立的家园和基业化为齑粉,意味着亲族拆散、离乡背井和一无所有的未来。莆田县《锦南蔡氏世谱》记云:“丙戌清明鼎革,中间治乱频仍,越辛丑滨海迁移,故园禾黍。既迁而复,复而又迁,将二十余年。子姓流离,不可名状,遑计家乘乎?”[④]长达几十年的反反复复的迁界带给民众的是颠沛流离、居无定所的痛苦生活以及强烈的不稳定感和生死难料的宿命感,这必然会加剧他们内心的无助和孤独感。此外,清季以来频繁发生在闽台两地的乡族械斗,在地方宗族势力发展过程中某些豪宗望族以强凌弱,以势欺人的强权行为,都会带给底层的孤民弱族以无力对抗的无奈、无望乃至屈辱感。

如果对闽台两地自明清以来至近现代的历史稍作检点,就会发现,相比于中原内陆地区,闽台两地显然承受了更为动荡不宁的社会历史变迁。“研究文化变迁的人类学家已经指出,变迁可能导致原来的文化体系、社会结构和社会关系的破坏,并进一步引起社会中的个人采用幻想的形式对之作出反应”[⑤]。这种“幻想式”的“反应”常常表现在各种民俗、信仰、仪式和更具有流动性和本土性的民间故事、传说和歌谣中。如果我们把广泛流传于民间社会的民间故事理解为民众在漫长的社会历史变迁中特定的文化心理表征,那么闽台两地民间故事中的弱女形象,也就潜在地折射出闽台民众在几百年历史文化变迁中与此相应的文化心理属性。

下面仅以两地广泛流传的《蛇郎》和《虎姑婆》为例进行简略的分析。闽台两地流传的蛇郎君故事非常普遍,两地各处皆有各种版本流传。厦门蛇郎君的梗概如下:

> 一拾狗屎的老翁有三个女儿。某日老翁因替女儿摘花而得罪蛇郎君,蛇胁迫其许诺嫁女。老翁一一询问,只有三妹愿意嫁蛇救父。出嫁后却意想不到地过上好日子,招来姐姐妒忌。姐姐设计害死妹妹,假扮妹妹与蛇郎生活在一起并育有一子。死去的妹妹变鸟、变竹、变灶上的包子,不断烦扰其姊并提示蛇郎,终于使丈夫认出自己并获知真相,最终夫妻团圆。[⑥]

---

① 海外散人:《榕城纪闻》,中国社会科学院历史研究所清史研究室编:《清史资料》第一辑,中华书局1980年版,第22~23页。

② 余飏:《莆变纪事》。中国社会科学院历史研究所清史研究室编:《清史资料》第一辑,中华书局1980年版,第128页。

③④ 郑振满:《明清福建社会家庭组织与社会变迁》,湖南教育出版社1992年版,第179页。

⑤ 王铭铭:《村落视野中的文化与权力——闽台三村五论》,三联书店1997年版,第85页。

⑥ 林秋荣、林桂清整理:《厦门民间故事》,鹭江出版社1998年版,第47~49页。

如果从民间故事的文化心理意义上看，故事中的三妹更多作为闽台底层民众对自身现实存在的一种自我拟构：

首先，她的性格和言行风格非常符合底层民众在现实生存中的普遍特征——善良容忍，孝敬长辈，富于牺牲精神，重情感，具有听命于天的被动性和顺从性等特质。大略地说，三妹的这些特点，在某种意义上彰显了闽台社会底层民众对其社会历史进程和现实生活中自身形象的心理认同，从中亦可窥出底层民众对自身存在与其外部环境的关系之间的紧张、疑惧和强烈的危机感。

其次，故事中三妹的外在环境则充满不确定性：无论是其婚嫁选择还是命运遭际都来自于外在因素的推动，蛇郎为满足自己的意志而胁迫老翁，老翁则将获救的希望交付给三妹。三妹出嫁后的好运气更像是来自天意安排，然而这安排却很快带来厄运，三妹几乎是毫无防备地陷入了姐姐的圈套并丧命。至此为止，似乎三妹的命运发展过程中的各种要素全部带有不确定性、偶然性的特点：生死安危，旦夕祸福，完全在其可以预想并掌控的范围之外——这与闽台民众经历持续的社会变迁中的处境恰成同构的意味。

再次，故事体现出三妹是在承受了最极端的陷害之后才以隐忍而富于韧性的方式努力改变自己的悲惨境遇。三妹是在其姊与蛇郎共育一子之后才有幻形自救的行为，这意味着她的自卫还击是经历了艰难的容忍之后才付诸实施的，其实施的过程并非直接置其姊于死地，而是通过不断幻形的曲折方式警示其姊并提醒蛇郎。当三次幻形的反复依然没有改变其姊的秉性和邪恶行为之后，三妹终于现形，终于使丈夫识破真相，认出自己。这种被动承受的隐忍，亦与闽台民众在承受各种压力和灾难时的应对方式是一致的。

联系到前述关于闽台历史文化变迁的具体经历，民众在遭受诸如倭寇、迁界等来自外敌或上层意识形态的强势侵犯时，客观上没有对抗的能力，总体上只能被动承受。故事中三妹的外部环境始终对其构成强大的制约乃至于威胁，三妹基本上没有能力主动地做出回应，即使是在丧失性命之后的很长时间之内她也以含冤忍辱的方式继续容忍。其最终的自救过程亦显得相当曲折而艰难，其间遭受巨大的身心折磨。这些征象恰恰暗合底层民众在社会历史变迁中不断遭受的种种压制、奴役和拘囿的切身感受：灾难和危险随时可能袭来，自己却无丝毫还击之力，唯有顺天应命，或者束手待毙。三妹形象的被动性、隐忍性呈现闽台民间社会在承受各种外部压力时强烈的无力感。另一方面，作为承受持续性强势侵犯的自然反弹，民众在现实中强烈的无力感必然会激发他们通过“幻想”的方式进行回应，这种“回应”自然只能以内隐的方式被迫沉落到心理或意识的层面。民间故事的文化功能之一，正是底层民众对其在现实生活中遭受压制的心理排解。因此，在故事的后半部分，既是背负了巨大冤屈而终于反戈一击的三妹的自救过程，同时亦可以视作是备受磨难试图寻求心理抒解的闽台民众深层的心理诉求，“大团圆”的结局无疑代表了民众强烈的摆脱现实压力的强烈期待。或者说，作为终于战胜敌手而获得幸福的三妹，在深层的象征意义上表征了闽台民众对自身现状和理想欲求之间的巨大落差的心理和解，“大团圆”的结局事实上可以视作闽台社会底层民众将自己在心理上的无力感通过幻想的方式达成的主观情感的“移置”——客观地说，这种“大团圆”所具有的幻想性质，反而大大强化了闽台民众心理上的无力感。

同样，从两地广泛流传的《虎姑婆》的故事中，亦可得出大体相似的结论。故事大略梗概如下：母亲外出，留下两个女儿在家，虎姑婆得知后骗得姐妹信任进了家。晚上与两女同睡，虎姑婆先吃掉妹妹，被姐姐发现后谎称上厕所，虎姑婆拿绳子绑住她，姐姐上厕所时把绳子拴到门上，溜到外面并躲在树上。虎姑婆最后发现并打算吃她，姐姐设法使虎姑婆毙命并现原形。① 此故事中，姐妹的形象同样具有易于被侵犯而无还击之力的柔弱性质，故事中的妹妹直接葬身虎口，姐姐的幸运在于她在被“吃”之前侥幸逃脱。虎姑婆与姐妹之间在力量上的悬殊性质，作为一个隐喻，表征了闽台民间社会民众在承受外部强大压力时的极端无力感，而这种来自现实的压迫和危机感在故事中同样通过幻想的方式获得了释放。这个故事中凭借聪明和勇气幸运逃脱虎口并置其于死地的弱女形象，亦可看作闽台民众对其现实境遇的心理上的回应，通过弱女克强的故事将自身强烈的无力感以想象的方式做了某种类似于“臆想”式的情感移置，以此抒解外部环境对自身的强势挤压或巨大危机。

弱女克强的故事，很充分地体现了民间叙事现实性和超现实性的统一，表现了闽台社会在漫长历史进程中所经历的文化境遇的复杂性。它潜在地表达了底层民众在心理和意识层面的对自身存在现实的确认以及自我理想形象的想象性建构。弱女形象的现实性与超现实性恰好互为映射，意味深长的暗示出了闽台民间社会在应对来自外部的社会历史变迁之时难以避免的压抑感和无力感，也彰显出民间社会在遭遇层层重压之时仍能以其特有的方式进行某种程度的化解。

民间故事，是特定的文化形态中极具民族性、地域性和变异性的民间文艺样式。它由未经开蒙的乡野村人口头创作并代代相传，以其鲜活、质朴的生命气息承递着源远流长的民族文化魂脉。上文仅对闽台地区民间故事中三类具有典型意义的女性形象作了粗略的考察。可以发现，无论是女神崇拜，还是巧女和弱女的形象，首先为我们真切感受民间文化的本土性、丰富性提供了可感可触的文本形态，另一方面，民间故事作为民间文化的生动载体，总是联结着特定地域、特定社会形态的历史文化渊源，同时也产生出长期累积并潜隐于其中的深层文化心理积淀。因此，通过民间故事来透视、探察特定地域文化的心理属性，显然具有不容忽视的意义。

本文即主要着眼于闽台地域特定文化形态的特殊性，试图从闽台民间故事中的女性形象出发，探寻闽台民众在其地理条件和历史、文化的规定性中，特别是社会历史变迁的进程中所形成的特殊文化心理特征，希望对把握中国传统文化及其民族心理的复杂性能有所助益。由于能力和视野所限，上文仅仅对闽台民间故事中女性形象所蕴涵的丰富而微妙的历史文化心理进行较为粗浅的考察——但即使如此，大致也能窥出民间故事的微观形态与其承载的历史文化之间存在意味深长的互动与涵容。

① 杨照阳：《台中市民间文学采录集》，台中市文化局2000年版。夏敏：《闽台民间文学》，福建人民出版社2009年版，第55～56页。

闽台闽南语民间歌谣探析

洪映红
（集美大学文学院　福建　厦门　361021）

【摘　要】 闽南语民间歌谣中的《过番歌》和《讨海歌》，地域特点鲜明，内容比重较大，是对闽台地域文化的揭示和还原；闽南语民间歌谣的个案探析，阐释了闽台闽南语民间歌谣的“诙谐”性格，而主要源自闽南语民间歌谣的闽南语歌曲，是对闽台闽南语民间歌谣的地域性格再造；闽台闽南语民间歌谣的传承和变异关系，是闽台地域文学血脉交融的产物，而传承性变异将使得地域文学呈现出历史性、地方性和创造性的特色，充溢活态的、永久的生命活力。

【关键词】 闽南语民间歌谣；闽台；地域文化；地域性格；地域文学

一、对地域文化的揭示和还原

（一）《过番歌》——华侨华人的创业之歌

“过番”，闽南语“下南洋”的意思。闽南是中国的著名侨乡。唐代，泉州港（时称刺桐港）就已经是我国对外贸易的主要口岸。宋元时期，泉州港一跃而成为世界的最大贸易港。不少中国商人从这里出发前往海外各国，因商贸或其他关系定居国外而成为华侨。清代鸦片战争以后，国家衰弱，列强欺凌，兵祸匪患，民不聊生，西方殖民者不断到中国欺骗拐卖华工，出国华侨规模逐渐扩大，人数不断增多，华侨出国更是形成高潮。目前，厦、漳、泉人口超过1 500万，而海外华侨华人祖籍闽南的有2 000万，分布在120多个国家、地区，90%住居于东南亚。

《过番歌》是曾流行于闽台及潮汕地区的民谣，讲述过去这些地区的百姓迫于生计下南洋谋生和经商的艰苦经历，是一曲曲谱写华侨华人的创业之歌。闽南有许多民歌、童谣，其中有不少有关华侨、侨眷的内容，如反映华侨出国艰难和在外生活状况的《番客歌》《过番歌》《番平歌》《番邦水路真难走》《脊背当盐埕》《心头压石板》；反映被西方殖民者掠夺的《华工歌》《华工血泪歌》；反映华侨在外思念家乡和亲人的《大船行到七洲洋》《一身来到大海边》《娘子在家我出洋》；反映侨眷送丈夫出洋的《送别》《雨濛濛》《十指尖尖奉一杯》《欢喜船入港》；反映侨眷思念丈夫的《我君在外头》《夫妻何时得团圆》《肝肠寸断》《日夜来想君》；反映

洪映红，女，副教授，主要研究民俗学与民间文化学。

华侨回归故乡的《亲像月缺再团圆》《番客返来真风光》;反映华侨寄信回来的《报佳音》;反映收到侨汇的《到批银》;反映嫁给华侨,但丈夫迟迟不来举行婚礼的《父母主意嫁番客》;反映华侨回乡盖房子的《大楼托着天》;反映抗日战争时期侨汇中断、侨眷生活困难的《番客婶歌》等。有的一个歌名就有好几个不同的歌词和唱法,如《番客歌》《番客婶歌》,等等。由于这些歌谣绝大部分都编唱逼真、生动,符合华侨、侨眷的生活状况,唱起来很感人,深受侨乡人民的欢迎,甚至流传到海外。如《番客歌》的歌词唱道:

唱出番客有只歌,
番邦趁食无投活(华侨出国谋生无奈何);
为着生活才出外,
离父母,离某(妻)子。
三年五年返一摆(次),
做牛做马受拖磨;
想着某(妻)子一大拖,
勤俭用,不敢乱子花(不敢随便用)。

这首民歌,至今还在海内外广泛流传和演唱。

这些反映华侨、侨眷生活状况的民歌、童谣,一般都比较简短,但是也有很长的,如安溪县官桥镇善坛村新加坡归侨钟鑫,根据自己的亲身经历,于20世纪20年代编写的一首长达760多句的《过番歌》(又称《番平歌》)。歌词里有离父母、别妻子的悲呼,有翘首故园、梦萦家园的乡愁,一唱三叹,催人泪下,在闽南侨乡中广泛流传,甚至流传到海外,被新加坡博物馆所收存。厦门市图书馆收藏的《过番歌》没有封面封底,新装订的封面题名《新刻手抄过番歌》,每半页9行,7字一句,每行14字,共341句,保留了闽南语生动诙谐的特点,流传久远。刘登翰先生在《追索中国海外移民的民间记忆——关于"过番歌"的研究》一文中说,"通过对闽南方言说唱《过番歌》不同刊本的发现和比较,探讨《过番歌》产生和流传的历史环境,文本的社会价值和异本的出现,及其作者、辑录整理者、演唱者和发行者的种种情况,并由《过番歌》延及到民间大量存在的反映'过番'的歌谣、说唱,可以呈现出作为可与历史文献互证的中国海外移民的民间记忆,所提供的19世纪后半叶以来中国的世界性生存经验,对激发中国现代化的国家意识、民族意识、危机意识和自强意识所具有的社会价值和文化意义"①。从闽台闽南语民间歌谣的内容角度,归纳关注闽台《过番歌》,实际上是从民间记忆的侧面,研究闽台的海外移民史和侨乡社会史,对闽台地域文化的揭示、还原和研究,是很有意义的。

(二)"讨海歌"——滨海人家的渔捞生活歌

笔者细致阅览并量化统计由彭永叔、陈丽贞、林桂卿整理编撰的《厦门歌谣》,结合多个版本的来自台岛的台语老歌经典本(多出自民间歌谣),如林志建的《台湾老歌经典》《台语常点歌》,张永钟的《20年代台语老歌曲》,林金池《台语早期怀念老歌》《台语怀念老歌精选》

① 刘登翰:《追索中国海外移民的民间记忆——关于"过番歌"的研究》,《福州大学学报》(哲学社会科学版)2005年第4期。

等，认为闽台闽南语民间歌谣中的“讨海歌”，在内容涵量上及艺术高度有独到之处。闽南因其临海，所以在沿海地区从事的是“以海为田”的海洋经济活动，包括海洋捕捞、海洋养殖、海洋运输及海洋贸易等。反映在《厦门歌谣》中的“海作”歌有15首，如《补破网》《海水淹》《一只船仔头尖尖》《送出帆》《当今讨海人》《鲜蚵嫂》《卜食好鱼近海乾》《红虾红丢丢》《�对目睭》《卖蚝歌》等，远多于只有三首的“田作”歌，这是个值得注意的现象。从历史上看，闽台是中华民族争胜融合之前海洋部族活动的地方，闽台文化既是中华文化的一个部分，又包含了中华文化的大陆文化传统和海洋文化基因。闽台滨海，航海捕鱼的人们很多，他们为了生活成年与狂风激浪搏斗，以面海的自然优势甘冒风涛之险向海洋发展，尽管浪翻风吼，帆折船漏，随时有被吞没的危险，但他们在向海洋追求生存的过程中置生死于度外，有着比大海更浩大的讨海人的勇气。以下面两则歌谣为例：

当今讨海人(厦门)

早时讨海用竹筏，绞排十三枝；三个下力拼，划到大海边，
一下网子抛下去，大尾鲨鱼来食饵，鲨鱼一下滚，鱼网拼命收，
翻到排仔边，镖仔很快插落去。
钩来挂上排，北方一片乌云来，大风一起大海吼，天一变脸帆拔走，
海涌排边拼，摇排面向天，大海白波波，讨海像七桃。①

讨海人(台湾)

天未光，就起床，讨海的人来出门。出渔港，牵渔网，为着咱的全家人啊……紧来去
这阵是掠鱼的好时机，啊……拼落去，吒拼咱就会掠无鱼。风吒惊，雨吒惊
讨海人勇气最出名。海涌大，海风强，嘛无比阮的手骨勇②。

《当今讨海人》(厦门)结尾处“大海白波波，讨海像七桃”，殊死的搏斗在讨海人心眼中，却是同“七桃”(玩耍)一般，何等气魄！《讨海人》(台湾)是经过台湾岛知名歌谣词曲人简上仁教授谱曲的，不改歌谣本色，词律更见工整，收编于《台语早期怀念老歌》，得到较好保存和传唱。这类以渔捞生活为背景的闽台歌谣还有很多，皆为“我口唱我心”，“感于哀乐，缘事而发”的歌谣佳作，如《补破网》《海水淹》《红虾红丢丢》《卖蚝歌》《掠鲟对目睭》等等。只是它们存留在少数懂方言的老辈人日渐微茫的口中和脑中，失去传承的环境，随时都有弱化和消失的可能。在城市化进程日益加速的今天，以厦门为例，曾经渔业繁盛的厦港片区、筼筜片区、同安集美沿海村庄，已难觅昔日捕捞生活的遗存(厦港“疍民”习俗作为捕捞生活的遗存进入非物质文化遗产名录也是近几年来的事)。打造“国际化风景港口城市”的名片过程中，如果遗失了关于“渔捞生活”的这一片记忆，无疑是城市地域文化的遗漏与缺失。有学者认为，“闽台是‘海口型’文化”，“海洋文化是浸透在闽台民众日常的生活方式与生产方式之中的一种本土性的文化。大陆文化在进入闽台之后所出现的本土化改造，其十分重要的方面便是对于海洋文化的吸收，表现为大陆文化的一种特殊的‘海洋性格’”③。从“讨海歌”的角度，重现和还原渐行渐远的滨海人家的渔捞生活，有其学科价值和意义，是探讨地域文化性质的

① 彭永叔、陈丽贞、林桂卿：《厦门歌谣》，鹭江出版社1999年版，第65页。
② 林金池：《台语早期怀念老歌》，宗易出版社2002年再版，第91页。
③ 刘登翰：《论闽台文化的地域特征》，《东南学术》2002年第6期。

必要佐证。

闽台闽南语民间歌谣中反映故土风物、人情、婚嫁、节令的各类生活歌、仪式歌、情歌、儿歌等，内容丰富，情趣盎然，毋庸置疑是体现地域文化的必不可少的民俗之窗，每位身处这个地域文学场域的人都接触和享受过诸如《龙眼倌》《月娘歌》《火金姑》《呵咾新妇》《摇篮歌》《十螺歌》《初一早》《烧肉粽》等歌谣。因为这类资料的搜证、归类和探析相比之下最为完整、规范和多见，此处与笔者的行文角度不同，故不另列入归纳。

二、对地域性格的阐释和再造

(一)"诙谐"性格的阐释

蓝雪霏教授的《闽台闽南语民歌研究》一书在阐释台湾闽南语民歌时以为，台湾闽南语民歌的音乐性格具有双重性，其一是"诙谐性格"。她还从方言学、音韵学的角度考定闽南方言歌种之"相谑歌"。闽南方言之"谑"含有相嘲、嬉笑、捉弄、撩逗等意思，"闽南山地以歌唱作为表现形式的'相谑'与《诗经》国风部分'郑'之《溱洧》和李白《陌上桑》中的'相谑'在行为发生情景上是一致的，如人物(who)：异性男女；场合(where)：野外；内容(what)：调笑；目的(why)：炙热情感"，通过一系列论证推论其"演唱方式(歌词、曲调，即 How?)是否可以透过岁月的烟尘从中寻觅到《诗经》时代中原男女野外唱酬的遗音残迹"①，这样的推论是谨慎的，有依据的。事实上，中国各地的民间歌谣都不难找到这样的民歌"谐谑"指向，但表现情态各不相同。北方多直率火辣，江南多婉转缠绵，闽台在海边，多深沉苦涩，充满漫画式的诙谐、酸辛、情趣。我们可以看到，不管是家喻户晓的《天乌乌》中为"袂食咸淡"而"相啪弄破鼎"的老公婆，还是知名度并不高的《阿丑哥》中"乌甲粗"(黑又粗，喻貌丑)的阿丑哥和"花月貌"的"水阿娘"(漂亮新娘)，抑或《尪仔某》(夫和妻)中因为"菜脯无好食"(咸萝卜脯不好吃)而"尪某走相�"(夫妻嬉戏躲迷藏)，因为"菜脯真好哺"(咸萝卜脯好嚼)而"尪某相斟甲相抱"(夫妻相亲又相抱)的中年夫妻，无不画面诙谐谑趣，乡音乡韵浓郁。"掠""哺"这样的方言动词，极尽动作的逼真、动态、具象和谐趣，与歌中的"吃""抱"构成方言上的工整押韵。"菜脯"作为闽台民间贫寒岁月中最常见的副食(菜脯配地瓜糜是闽台百姓一日三餐的主食，现在谓之"清粥小菜"也)，极尽生活的清苦，活态人生的酸辛以"反讽的力量"勾勒无疑。我们同样可以看到，在一系列台湾闽南语民歌中，也具有相似的表现情态，"如《一只鸟子》《一只鸟子哮救救》《六月田水》《丢丢铜》《大只水牛细条索》《日头出起徙欹身》《十七八岁当烦恼》《草蜢弄鸡公》，均相当突出地表现了一种特殊的谐谑性，即滑稽逗笑之中，蕴含着双关寓意。这种双关寓意尤其与性有关"，其"诙谐性格就是闽南民歌性格在台湾的异化"②。

万建中先生认为"诙谐就是民间文化的基本特征之一，它存在于民间生活空间的各种灰色地带……诙谐是本能的宣泄，因而民间不存在升华或替换，民间就是民间，它不需要外在的拯救。诙谐是民间人生中重要的精神现象，绝不能将之当作休息时的消遣、无足轻重的游

---

①② 蓝雪霏：《闽台闽南语民歌研究》，福建人民出版社 2003 年版，第 198,329,243 页。

戏"[①]。巴赫金认为,诙谐"具有深刻的世界观意义……这是一种特殊的、包罗万象的看待世界的观点……世界的某些非常重要的方面只有诙谐才力所能及"。诙谐是广大民众喜闻乐见的形式,巴赫金还指出,"只有用非官方的诙谐的本能武装起来,才能够贴近对一切严肃性持怀疑态度并习惯于把坦率、自由的真理与诙谐联系在一起的人民大众"[②]。这样的论断再次强调"诙谐"作为民间文学的重要特性,在民间文化中的重要作用和使命。

(二)闽南语歌曲对闽台闽南语民间歌谣的再造

闽南语歌曲,别称"乡土歌曲"。这是由于早期闽南语方言歌曲更多是道地的民间歌谣或民歌曲调填词,它承传着闽台民间歌谣特有的乡情曲韵。这些民歌、小调在乡间、市镇传唱,即使是日据时期民歌被禁唱,但如"作曲家吕泉生1943年编曲的宜兰民谣《丢丢铜仔》与嘉义民谣《六月田水》仍然在民间传唱着,这可说是早期闽南语歌曲"[③]。闽南语歌曲正是秉承其民歌本身所具有的本质特征而发展成为闽台乡土之花的特殊歌种,倾诉闽台闽南语民间歌谣的音乐性格,蓝雪霏教授把它定义为"悲剧性格"。这种悲剧性格"在《思想起》《牛母伴》《牛尾摆》《四季春》《台东调》等等跌宕起伏、委婉哀愁的叙述中,在《宜兰哭》《蜢岬调》《台南哭》《哭丧调》等一系列大起大落、悲天恸地的哀号中表现无遗"[④]。

悲剧性格的构成因素是复杂的,对它进行探讨,不难发现早年台湾岛先民筚路蓝缕,冒海难之险,离妻别子,来台垦荒拓土,开山种林的艰辛历程,"人在大自然的孤立之中,虽奋力抗争,但处于极端悲惨的境地,不免不哭"[⑤]。再加屡遭外族侵占,"尤其沦为荷兰殖民地38年,沦为日本殖民地50年的罹祸之惨有关"[⑥],"民性极度压抑无以宣泄,便异化为与政治似乎无关的民俗娱乐中,借以协调精神上、心理上的极度不平衡"[⑦]。前文也述及,早前的闽南人因"过番"到东南沿海各国谋生,离乡背井寄人篱下讨生活的日子,倍尝生存的艰辛和苦痛。近似的人生背景遭遇和心理结构,使闽南语歌曲的乡音方言,成为闽台人民浓得化不开的家国之恨和故乡之思,成为他们抒不完、诉不尽的心曲。乐界学者这样诠释闽南语歌曲:"闽南语歌曲的演唱与流行歌曲、民歌等演唱的最大区别和特色在于唱腔上,大部分台湾闽南语歌曲演唱常用哭腔,这就要求演唱者演唱时要有一定的声乐技巧,运用充满韵味的哭腔来演唱。使整首歌曲的感情色彩越加浓厚,使歌曲更加富有感染力。"[⑧]20世纪90年代初,台湾知名歌手张清芳、江蕙、齐秦、罗大佑等都曾演绎过的闽南语歌曲《青蚵嫂》,用尾音的咬字以及演唱的颤音,带着内敛的哭腔,塑造了闽南海边女子在生活困境中怨嗟而无怨忧,艰难而却坚忍绵长的形象,令人留下难忘印象。闽南语歌曲用"咱厝的声音唱咱厝的歌",塑造了地域性格,也完成了对闽台闽南语民间歌谣的再造。

---

① 万建中:《民间文学引论》,北京大学出版社2006年版,第6页。

② [俄罗斯]巴赫金:《弗朗索瓦·拉伯雷的创作与中世纪和文艺复兴时期的民间文化》,河北教育出版社1998年版,第114页。

③ 李诠林:《台湾日据时期的民间方言歌谣》,《安徽理工大学学报》2009年第2期。

④⑤⑥⑦ 刘登翰:《论闽台文化的地域特征》,《东南学术》2002年第6期。

⑧ 万婉治:《台湾闽南语歌曲的独特唱腔与地域文化》,《泉州师范学院学报》2008年第3期。

三、与地域文学的传承和变异关系

(一)传　承

夏敏先生在《闽台民间文学》一书中认为“台湾闽南语民歌的来源有三个方面:一是早期闽南移民带到台湾传唱的;二是受到闽南民歌的影响,仿造闽南民歌而创作传唱的;三是当地民众自己创作的本土民歌”[①],因为台湾移民中占人口十分之七八来自福建漳州、泉州,台湾闽南语民歌多数承袭闽南漳州、泉州的民歌便为情理中事。不少在闽南普遍传唱的歌谣,如上文举证的《青蚵嫂》《思想起》《天乌乌》《一只鸟子》《丢丢铜》《十七八岁当烦恼》《草蜢弄鸡公》等等,在台湾家喻户晓。将它们从内容、形态、语言、节奏、韵律进行比对和分析,均有十分明显的同根同源关系,读来十分亲切动人,这是闽台闽南语民间歌谣血脉交融的产物,是闽台“五缘”关系的写证,也是闽台地域文学保持相对的稳定性并陈陈相因,延续承袭的结果。

(二)闽台闽南语民间歌谣的传承性变异关系

强调闽台闽南语民间歌谣的传承关系,并不能简单化抹杀它们之间的传承性变异。相反,民间文学的变异性特征是其最具有积极意义的重要特征,变异才有传承,它使得地域文学呈现出历史性、地方性和创造性的特色,充溢活态的、永久的生命活力。闽台两岸民间文学的共性是永恒的,但是,长期以来,由于台湾和闽南存在地域区域、开发时间、民族种姓、政治经济、历史文化、心理情绪等各种条件和因素的差异,民间文学作品在流播过程中出现各种“变体”或“异文”,甚至是“新变”,“清朝以前,前往台湾者大多未做长期留台计划,那个时候的歌谣多是大陆传播过去的《五更调》《十二月调》等的原版;而清朝统治台湾的210年间,早期的移民已经定居下来,台湾的闽南语歌谣出现了新变,先后产生不少充满当地生活色彩和特殊风格的民歌”[②]。蓝雪霏教授20世纪80年代初已在闽南漳浦县海边渔村采集到的闽南语民歌《留书调》,现遗留在台湾高雄的平埔族部落,是典型的原住民高山族民歌的闽南化,“其歌词完全是闽南方言,尤其后段的‘一顶雨伞圆令令’遍见于闽南;其音乐为当地原住民如阿美人、卑南人羽调式民歌的典型音调,而在泰雅人的歌里也可以找到相同的旋律音型”[③]。这样的田野调查个案比较典型地呈现闽台闽南语民间歌谣的传承性变异关系,也是闽台民间文学地域性和创造性的活态表现。

起源于福建的漳州、泉州、厦门地区,用闽南方言传唱,出自厦、漳、泉等地山歌小调、说唱曲艺的闽南语歌曲,在20世纪80年代至90年代,透过闽台同源文化往来,迅速传入大陆,“反哺”闽南,红极一时,《爱拼才会赢》《双人枕头》等就在那时兴起,成为流行的“新民歌”。当代的闽南语歌曲已从传统民歌的原生状态衍变发展成为以流行歌曲为载体、具有时代文化特征的“新民歌”形式,这是闽台闽南语歌曲在历史长河中历经流变、扬弃吐纳的发展

---

①② 夏敏:《闽台民间文学》,福建人民出版社2009年版,第22,63页。

③ 蓝雪霏:《闽台闽南语民歌研究》,福建人民出版社2003年版,第198,329,243页。

必然，也是传承性变异的必然结果。我们同时发现，曾经在闽南语歌曲创作上有过一段辉煌的闽南三地，近年来似乎没有产生能在海峡两岸流行的歌曲。近年来，在两岸十分流行的《车站》《家后》《烧肉粽》等经典歌曲，大都是由台湾人创作并从海峡对岸传唱过来的。此处，我们探寻两岸这种同源而有异的文化面貌及其现状，才能更好地尊重历史，照顾现实，不断增进海峡两岸的文化认同和文化交流，为两岸关系的良性互动积极创造条件。基于此，收笔之余，未尽的思索仍在眼前，比如，在中国，民歌兴盛地总在少数民族聚居区，如藏、蒙及云桂川黔边区，而台湾却是个例外？近半个世纪，华人地区的歌坛大半由台湾艺人撑起，人寡地仄的台湾岛何以有如此强劲的“歌唱力”？他们与闽台闽南语民间歌谣的流播状态及内在生命力存在怎样的深层关系？留待今后继续探问。

《闽都别记》中的海洋叙事及文化表征

邹剑萍
（集美大学文学院　福建　厦门　361021）

【摘　要】《闽都别记》是清代福建地区一部长篇白话小说。对这部小说中的海洋叙事加以梳理，从海洋观念的变化、海商形象的大量描绘、海洋文化下特殊风俗的体现、海洋叙事中猎奇性和纪实性并重的时代特色等四个方面，探讨《闽都别记》中所展现的多元化的海洋文化价值。

【关键词】 闽都别记；海洋文化；海洋观念；海商形象

清代福建地区的长篇白话小说《闽都别记》为"里人何求"所撰写，小说有400回，大约120万字，以闽都福州及附近区域为故事发生地，以这一地区从唐末五代至清初的历史为线索，讲述闽人闽事以及各种传说轶闻。藕根居士《跋》曰："其书合于正史及别史载记者各十之三，野说居其四焉。以福州方言叙闽中佚事，且多引俚谚俗腔，复详于名胜古迹，文词典故，多沿袭小说家言。虽属稗官，未始非吾闽文献之卮助，博奕犹贤，不可废也。"①因其独具特色的乡土文学风格和丰富多彩的民俗文化内涵，一直被视为研究福建地区文化的重要参考资料。福建地区有着独特的地理位置，古时就有"闽在海中"的传说，作为东南沿海地区的闽地，成长于其上的文化是吹着海洋气息而逐渐发展的。"人类往往于不同的自然环境产生不同的文化，又于不同的文化环境中产生不同的习惯行为和生活方式"②，描述闽地闽人闽事的小说《闽都别记》自然而然，所展现的人物故事文化现象，都与海洋文化有着千丝万缕的联系。本文试图从海洋观念的发展、海商形象的描绘、海洋风俗体现、海洋叙事的猎奇性和纪实性等四大方面对《闽都别记》中的海洋叙事加以梳理，以期从另一个角度来对小说的文化价值进行探讨。

一、《闽都别记》中体现的海洋观念的时代发展

何为海洋叙事，即"记叙有关海洋风光、物产及以海洋为背景发生的故事"③。中国古典文学中海洋叙事的历史悠久，《诗经·大雅·江汉》一开始就有关于海洋的描述："于疆于理，

邹剑萍，女，讲师，主要研究文艺学。

① 林枫、郭柏苍、郭白阳：《榕城考古略·竹间十日话·竹间续话》，海风出版社2001年版，第300页。

② 凌纯声、林耀华：《20世纪中国人类学民族学研究方法与方法论》，民族出版社2004年版，第34页。

③ 庄黄倩：《明清以前岭南小说的海洋叙事分析》，《名作欣赏》2014年第26期。

至于南海。"[①]《列子·汤问》说:"渤海之东不知几亿万里,有大壑焉,实惟无底之谷,其下无底,名曰归墟。八纮九野之水,天汉之流,莫不注之,而无增无减焉。"《庄子·秋水篇》则描述了河伯望洋向若而叹曰:"今我睹子之难穷也。"由于认识的历史性和阶段局限性,人们对海洋的观念主要停留在无法想象的广袤之上。也因此,从先秦时期开始,"普天之下,莫非王土"的帝王们就不能满足于内陆,而热衷于派遣使臣去往遥远辽阔难以穷尽的大海之上去求仙得道。《史记》里就记录了齐宣王、齐威王、燕昭王等人的派遣故事。从此以后,后代不管是帝王将相还是普通文人为求仙得道而出海的记载在史书和文学里就不绝于缕,"至此,仙山林立的大海早已不是普通意义上的大海,而是可以超越尘俗界限、通往仙境的必由之路"[②]。唐宋以降,随着对海洋了解的加深,先秦作品中云遮雾涌的海上仙山逐渐拉下神秘的面纱,以更为朴素的面目出现在涉海描写当中,比如晚明时期的《二拍》中多次提到"爪哇国"一词,如"丢在爪哇国里去了""竟不知撩在爪哇国那里去了",都作为很遥远的地方意思来解释,"显而易见,这一用法在当时已相当普遍,甚至具有某种约定俗成的意味"[③]。以海上仙山形式出现的海岛形象逐渐还原为遥远的土地的形象,也说明在漫长的文学史中,渗透在文学作品中的海洋观念正在一步步深入和逐渐形象明晰当中。

《闽都别记》中的海洋叙事就有着明显的时代和地域印记。福建文学的海洋性不同于内陆地区,它最早的源头应该是来自于闽地土著们位于海边险恶环境中不得不"习于水斗,便于用舟"的生活习性,之后,伴随着唐宋以降海外贸易浪潮的兴起,加上海上丝绸之路的拓展,对于海洋的了解也逐渐加深,过去人们在对海洋了解缺失的情况下,就加上各种各样稀奇古怪的联想,而现在,逐渐就被现实层面的理性认知所代替。《闽都别记》中"涉及闽人海外交往内容的章回就有四十多回处,约占全书篇幅的十分之一"[④]。小说中的海洋叙事不再像过去描述的那样是遥远的想象,只不过是另一种形式的土地。明代徐孚远说:"东南边海之地,以贩海为生,其来已久,而闽为甚。闽之福兴漳泉襟山带海,田不足耕,非市舶无以助衣食;其民恬波涛而轻生死,亦其习使然。"[⑤]《闽都别记》第一百六十七回中就记载福州临近的福清地区"该处无人读书,都是讨海种田"。闽人以海为田,使得《闽都别记》中的海洋叙事不仅仅将海洋作为想象性符号来表现和描述,使得这本小说中的海洋观念具有了现实主义层面的含义。

实际上,虽然闽人很早就开始与海打交道,但人们对海洋的控制仅限于近海航运、近海捕捞,伴随着海上丝绸之路的发展,福建地区的海上活动逐渐转换为海洋商贸型,与周边开展海上贸易活动。明清以来,福建地区与海外诸国的交流对闽人的观念产生重大的影响,人们对海外诸国的认识有了更深入的了解。在《闽都别记》中,海岛更呈现出真实的姿态,对当地的生活习俗、风土人情进行了细致真实的描写。第一百八十回描写南洋一岛:"有讨鱼者泛竹排,排边有四五人蹲在,以两手入海里捕鱼,其人身不满五尺,手长丈余,捕有鱼或捉入篓,或入口即食,手长似虾摄物入嘴一样。"第一百四十四回、一百四十五回、一百四十六回描写胆大的商人们漂泊大海之上,一一经过大人国、小人国、一目国、黑齿国、蓬莱国、穿身国、

① 杨伯峻:《列子集释》,中华书局出版社 2008 年版,第 121 页。

②③ 彭婷婷:《"二拍"中的海洋叙事及文学指向》,《厦门广播电视大学学报》2014 年第 1 期。

④ 林蔚文:《〈闽都别记〉与福建古代海外交往》,《海交史研究》1998 年第 2 期。

⑤ (明)陈子龙:《明经世文编·卷四百》,中华书局 1962 年版,第 4333 页。

烛阴国、轩辕国、交胫国等具有不同地域风情的海岛国家。这里面所描写的烛阴国常年黑夜，只有烛龙常出现在天空，极似出现北极光的北极气象，可能是北极小岛。第一百四十七回记载扶余国"该国离中华甚远，闻木船至便喜"。古代朝鲜半岛上的一个国家，因五代时北方辽国的阻断而通过海路和南中国进行贸易，《闽都别记》中第一百四十七回、一百四十八回、一百七十七回及一百八十八回等处多次谈到扶余国的情况，描述闽人在该国活动的情况。第二百六十一回记载有六人漂至麻喇国，该国国王"凸嘴仰鼻"，该国人皮肤漆黑，从人种特征看，多半为非洲国家。第一百七十七回描写渤泥国："此处风俗婚娶，不知什么拜堂合卺，惟双牵手，对抱腰，便成夫妻。"

《闽都别记》中的故事虽发生在不同历史阶段，但就成书时间而言，它所体现的海洋观念却是在清代历史条件下产生的。《闽都别记》继承了春秋以来的海洋叙事，并把它作为文化现象加以自觉追求，将它与时人的生活紧密联系起来，散发出越来越浓郁的现实主义气息。当小说家将海洋以现实主义的姿态纳入审美视野之后，也从一个侧面展现中国古典文学作品中海洋文学从虚幻到写实的走向。从此前海洋文学作品与《闽都别记》的对比中，可以明显看到从虚构性走向写实性的变化，这体现了清代海洋观念的深入与发展。

二、《闽都别记》中的海商形象

除以海为田的特殊地理位置以外，促使闽人扬帆入海的更是伴随着海贸的繁盛而带来的巨大的经济利益。从小说中记载来看，东汉时期，福州就与东南亚地区有贸易往来。古代的海外贸易利润极高，"其去也，以一倍而博百倍之息，其来也，又以一倍而博首倍之息"①。到了唐宋时期，诗人笔下的福州港口出现"百货随潮船入市，万家沽酒户垂帘"②繁华景象。《闽都别记》中第六十回就描述了五代时期福州台江商贾海船贸易的盛况，说"台江上下数千号商船"。元时马可波罗描写闽江码头："停泊着大批船只，满载着商品……许多商船从印度驶达这个港口。"明代中期在福州设立市舶司，清代又开禁设关，福州作为五口通商口岸之一，"使西南洋诸口咸来互市"，大量对外贸易通过闽江口，成为东南沿海的海外贸易重要口岸。

《闽都别记》中记载了大量福建商人依海而富的奋斗史，尤其是远洋航行的发家史。第十九回中记载福州南台大洋客吴光"有百万家财"。第二十九回描写连江商人刘海福年轻时在外国商船上做水手，顺带帮本地人带些货物，后来就自己运货到外国贸易，不到几年就赚了几十万家产，晚年"不复飘洋，将银尽置田产，皆本乡地场，周围一眼望之不尽，都是刘家田园"。第一百六十七回中描写主人公，"他是王姓，有百万家财，父兄皆在海中行钓船"。《闽都别记》中那些漂洋过海的商人们基本上都能发财，虽然旅途艰险，但所到之处都收获颇丰。第一百四十四回描写商人林仁翰离开倭国时盘点倭国国王所送的礼物"多是奇珍异宝，及笙管诸乐，悉金玉所造"。第一百四十五回在离开烛阴国的时候"国王早遣送奇珍异宝、粮食各

① （清）顾炎武：《天下郡国利病书·卷93·福建3·洋税》，厦门大学图书馆藏广雅书局光绪二十六年刻本，第43页。

② （清）历鹗：《宋诗纪事》，上海古籍出版社1983年版，第89页。

物在船”。第一百七十九回中商人离开扶余国时，也是“财宝粮食，装原船满载而至”。《闽都别记》中大量的海商故事都描述着大海带来的巨大财富，在这些描述中我们都能看到人们对资本的向往。

内陆文化以海岸为终点，海洋文化则以此为起点。对大多数中国人来说，土地才是唯一可以依赖的根本，海洋是陆地的结束，只要有一线生机就要在陆地上讨生活，这造就了内陆人民温和保守的性格。而对福建沿海居民而言，海洋却意味着新生，是除了陆地之外更为广阔的选择。相对于民风较为保守的北方和内地，而海而生的福建人更具有开放和开拓意识。

以海洋为中心的生活方式，赋予了闽人对未知疆域无所畏惧的精神。第一百八十三回描写福州长乐商人祝长安“有船行洋贸易”，到渤泥国经商，到港后却触礁破船，只得向当地国王借钱置买，赚了些钱，结果第二次又触礁破船，国王不肯借，只好把亲生儿子作为人质，借钱采买，最后终于“置货往返数回，得息数倍”，才赎回儿子。第二百六十一回描述了福建一艘海船失事的故事，“忽遇暴风突起，船被击碎，通船数十人皆溺于水，死活不知”，就剩五个人抱着木头漂流到海岸才侥幸得救。第一百八十回则描写海船险遭鲸鱼吞噬，“海水奔流入洞急如百箭，船舵下转，将流入”的惊险经历。这些描写，虽有作者为求奇而对危险做出的夸饰之笔，但更多的是对探海之人勇敢行为的浓墨重彩的渲染。第二百三十八回中贯穿《闽都别记》的灵魂人物铁麻姑曾表示：“万里不为远，三年不算迟，总在乾坤内，何须谈别离。”借她之口，作者对福建当地人民勇于探海的冒险精神、开阔的视野、豪迈的胸襟表达了由衷的赞叹之情。

在对未知疆域无所畏惧的精神引领下，闽商在茫茫大海的波涛之上远航，游离于政治和权威边缘之外。海岸线以外的庞大区域，传统的中央集权很难完全覆盖，只有在船只进港的时候才与政府发生较为密切的关系。因此，相对内陆文化而言，海洋文化中有逃避暴政的传统。“闽越族人的好斗精神，加之海洋文化所激发的进取精神，以及宋元时期惯于海上交通的阿拉伯穆斯林等文化因子的渗入”①，闽商养成敢于离经叛道、勇于铤而走险的独立自主精神。《闽都别记》中对海商逃避暴政的描写在第六十回和第一百二十五回中。第六十回记载五代时闽地国计使薛文杰找了个私通外国的借口将商人吴光的十条商船尽数抄封，当地商民早就对薛文杰的横征暴敛感到极度怨恨，听到这消息以后，人人都愤而不平，因此，“台江上下数千号商船来会齐，助吴光反出”，等到官兵奉诏来斩吴光之时，“而吴光之船已出扬子江大洋去矣”。第一百二十五回描写吴光在打死地霸李龙以后，就跟他的孩子们将十条大船都装满货物，然后“一同驶至日本倭国”，安排他的五个儿子们“共掌十只洋船在苏州，素往来倭国贸易”，并安排伙计林秀与小儿子在日本“坐庄接货”。海岸文化给闽商带来的拼搏探险精神，贯穿了整个贸易时代。“不仅仅在海洋，作为内陆与海洋的联结点，整个贸易网络遍布山区与江南”②。作为一个重要的贸易中介点，闽地海商不仅掌握了海外贸易的交易权，也掌握了大量内地和山区贸易的资源。《闽都别记》中大量描写的商人与山区贸易往来的故事也极大佐证了这一点。

《闽都别记》所体现的开放意识和勇于探索的冒险精神，这与当时的社会历史背景分不

① 北京联合大学北京学研究所：《北京学研究文集2008(上)》，北京联合大学北京学研究所2008年印行，第11页。

② 徐晓望：《从〈闽都别记〉看古代福州商人的活动》，《福建论坛》(文史哲)1989年第1期。

开。商人走海贩货的盛行在《闽都别记》中有着充分的描述，文人也毫不掩饰对财富的兴趣，这与当时整个社会资本主义萌芽发展的历史走向是相印证的。人们对金钱强烈的欲望有了更直接更赤裸的表达。从《闽都别记》中对这些海商形象的塑造上来看，作者对此较多正面积极的肯定。“重商与务实逐利精神是海洋文化的一个重要特征”[①]，在这样的海洋文化影响下，闽商身上那种逃避暴政、无所畏惧的自由精神和冒险气质得到了更突出的体现。商人形象的大量出现，对冒险逐利观念与行动的推崇，也正是清代资本主义经济发展的时代气息在作品中的表现。因此，《闽都别记》的海洋叙事中，对这些海商形象反抗暴政、无所畏惧的自由独立精神的大量描绘，不仅反映现实，也是随时代发展而来的超迈开放的海洋文化意识的展现。海洋叙事的这一新形象新发展，也正是海洋文化内涵深化的体现。

三、《闽都别记》中所体现的沿海民俗

《闽都别记》有不少有趣的民间传说和神话传说，这些传说从一个侧面反映了闽地作为沿海地区所具有的独特习俗。“一切文化现象都是历史发展的结果，任何一个民族的文化特性决定于各民族的社会环境和地理环境”[②]，地理环境往往决定一个地区生活的人们对于世界的认知。从地形地貌来看，福建地区有三个主要特征：“一、山地丘陵广布，二、海岸曲折、港湾优良、岛屿散布，三、江河众多、下游多有冲积平原。”[③]在适应这种海岸线地带独特生态环境的过程中，闽地人民随之衍生出一套相应的认知体系。“在东南漫长的海岸线地带，由于这样的地形地貌，人们以水生动物为象征的水神崇拜文化中，蛇占据主要地位”[④]。可以佐证的是，《说文解字》解释“闽”字云：“闽，东南越，蛇种也。”《闽都别记》在第三百五十三回中就讲述雌蛇化女择婿并生下一男婴的故事。故事中雌蛇修炼多年能幻化成人，知书达礼、劫富济贫，婚后虽现出原形试探丈夫心意，但丈夫并不嫌弃，从此夫妻和谐生活。第八十二回则描写临水夫人陈靖姑所怀的三月孕胎被蛇首盗食并在斗法中被蛇首在水底拖坠暗害而死。这些故事实际上从正反两面都反映了闽人蛇崇拜的心理，这种崇蛇风俗实际上带有海洋文化的气息。

此外，沿海一带男风之俗在《闽都别记》中也有展现。由于海上贸易频繁，古代福建的海商、水手、渔夫的数量庞大，加上闽地流行女性船忌，即禁止女性上船，因此，海船之上成为清一色的男性世界。第一百七十三回描述了一道船上禁忌：“不许携带家小，亦严禁劫掠妇女，如违令，即斩之。”有海盗抢了个妇女偷偷藏在船舱里面，过了没多久被发现，这名海盗就因为违背禁令而被斩首。清一色的男性生活，加上航海生活的漫长与枯燥，极容易发生同性恋现象。明代沈德符认为同性恋起源于海盗之中，“闻其事肇于海寇，云大海中禁妇人在师中，

---

① 北京联合大学北京学研究所：《北京学研究文集2008(上)》，北京联合大学北京学研究所2008年印行，第11页。

② [美]弗兰兹·博厄斯著，金辉译：《原始艺术》，上海文艺出版社1989年版，第10页。

③ 彭维斌：《中国东南民间信仰的土著性》，厦门大学博士论文2009年，第8页。

④ 彭维斌：《中国东南民间信仰的土著性》，厦门大学博士论文2009年，第12页。

有之辄遭覆溺，故以男宠代之"①。《闽都别记》中有相应的作证，小说中就写了三个海盗同性恋的故事。第一百六十七回中海盗铁英横行海内，却钟情台江都指挥使之子攀桂，后为救攀桂杀入敌群，两人战死一处，死时紧紧拥抱，四五人掰不能开。第一百七十五回中海盗林来财为报复江涛"海兔之嘲"，将江涛劫至海船带入舱内奸淫。第二百二十九回一群临时起意的海盗将船客都郎"剥得赤条条，欲与轮头轮奸之"，幸亏都郎忽得神助才免遭难。

因为远洋贸易的危险性，富裕人家多收养契儿这一习俗也是福建同性恋盛行的原因之一，"闽人酷重男色，无论贵贱妍媸，各以其类相结。长者为契兄，少者为契弟"。福建的史籍则记载："殷富之家，大都以贩洋为业，而又不肯以亲生之子令彼涉险。因择契弟之才能者螟蛉为子，给以厚资，令其贩洋贸易，获有厚利，则与己子均分。"②《闽都别记》对此也有记载，第三十七回中黄甫行船时从水中搭救一个十八岁的少男，收纳在船，"寝食不离，宛如夫妇"。第五十二回，田杲和归玉年过而立尚寝处如伉俪。第五十六回，艾生引诱冷光要结成断袖之好，"生生世世为弟兄"。第一百六十四回、一百六十五回写新月与申樾结交为契兄弟，两人动情交往，后来发现申樾是女扮男装后得意外之喜。第一百八十三回中，祝长安以儿子晓烟为人质向渤泥国借本，"谁知晓烟甚美，番王恋之不舍，以为买断无赎"。除此之外，"曲蹄"这一特殊的靠海靠江而停的船舱中男妓角色，在《闽都别记》中也有原型，比如第一百零九到第一百一十一回中林庆云的故事。

古代福建同性恋泛滥成灾，仅《闽都别记》中就记载了十几对同性恋，涉及同性恋的章回多达七十多回。当然同性恋现象并非只因远洋航行而产生与存在，几乎每个阶层和身份都有。从《闽都别记》的主调上来看，忠贞不渝的同性恋感情，是被当作典范来歌颂的，比如铁连环和攀桂为国家战死沙场后受到祭拜等。古代福建同性恋者生活在比较宽松的社会环境之中，这与东南沿海依托海洋文化而产生的生活氛围不无关系。首先，海洋经济带来的资本发展，使得传统礼教对人的束缚逐渐松脱，民间的氛围相对自由开放。其次，海洋文化用于开拓创新的人文性格也反映在对封建主流文化的叛逆之上。最后，远洋航行所到之处颇广，海船能将人带到各个地方，所以海洋也教人学会多元化的视角，文化沙文主义心态没有内陆严重，使得闽人能够以开放包容的心态看待一些不寻常事。清代以来，在经济和思想的双重影响下，东南沿海人民对欲望的追求以及对自由的表达相较内陆人士而言更为直接。从这几点上来说，男风之俗与海洋文化也不无关系，因为生活于此处的人们的情感结构、感受生活和观照世界的方式，与海洋生活是分不开的。

四、海洋叙事的猎奇性与写实性

一方面，《闽都别记》中的海洋叙事呈现内在的写实性倾向。小说在反映市民生活，再现人们生活场景方面，与整个闽地的历史背景息息相关。小说描述了许多重大历史事件，包括黄巢入闽、五代兴亡、宋开泉州城降元、宋元对台湾的开发、明永乐间郑和下西洋驻扎长乐、唐王在闽称帝、郑成功抗荷及降清等，具有讲史性质。第三百一十六回、三百四十三回叙述

① [明]沈德符:《万历野获编》，中华书局 1959 年版，第 903 页。

② 徐晓望:《从〈闽都别记〉看中国古代东南区域的同性恋现象》，《寻根》1999 年第 1 期。

郑成功下海发家受招为官以及抗击荷兰侵略者控制制海权的经历，虽有想象元素，但基本与历史文献记载相吻合。郑和下西洋的出发地为福建的长乐，同时涉及福州、泉州等地，《闽都别记》中涉及郑和下西洋的章节有二百一十九、二百七十二至二百七十五回等处。小说中的写实因素是大量存在的，印证了中国海洋文学从虚幻到写实的发展趋势。

另一方面，《闽都别记》中的海洋叙事呈现鲜明的平民化姿态，这与当时的社会审美一致。福建沿海地区经济和海外贸易的发展，市民阶层蓬勃发展，展现商业城市里普通人生活境遇的作品就随之大量产生，适应市民阶层审美情趣的拟话本小说的盛行也决定了《闽都别记》的娱乐性。《闽都别记》中有很多关于出海探险的神秘离奇的故事，比如第一百四十一到一百四十六回描写海船历经大人国、小人国等近十个奇异风情的岛国历险故事；第一百八十回描写海船差点被鲸鱼吞没的故事；第二百四十一回描述将日渐消瘦的人肚子中的消麦虫引出，带到海边用油锅煮，就会有海中夜叉来献珠宝。小说中描写闽商海外经商和冒险的故事，还有大量关于遥远的海岛世界奇异的风土人情的描绘，这无疑吻合了不断兴起的市民阶层的娱乐需求。福建沿海地区自古存在的海洋文化自然而然将人们的文学描写对象放在海洋之上，与海外不断的扩大交流加深了人们对海洋世界的了解，对海洋文化的这种自信心表现在文学当中，人们大胆书写海洋，想象海洋，在了解认识的基础上再进行大胆的描绘和想象，这些都符合沿海地区已经发展起来的市民的趣味，受到广泛喜爱。《闽都别记》中海洋叙事展现出的猎奇性是与清代福建沿海经济发展密不可分的，从一个侧面也反映了当时的时代特色。

《闽都别记》中多元化的海洋叙事和以多种形式呈现出来的海洋文化表征，展示了丰富的时代特色和文化内涵。在福建人民与海的漫长关系史中，《闽都别记》中表现出来的海洋价值取向，表现了清朝时期海洋文学独特的文化特点，意蕴深刻丰富。小说中的海洋叙事，在反映文学审美取向的同时，也从一个侧面反映了经济的发展以及随之改变的社会文化的变迁。无论是对海洋观念从想象性元素到写实性元素的深化，还是对海商形象反抗暴政、无所畏惧的自由独立精神的大量描绘，无论是开放超迈的海洋文化所影响的特殊风俗体现，还是海洋叙事猎奇性和纪实性并重的时代特色，《闽都别记》都体现了闽人在经历了海洋交流后实现的多元化的海洋文化价值。这些梳理不仅对探讨福建海洋文学的发展脉络和特征有所补益，也对研究福建海洋社会意识形态有所帮助。

福建霞浦海洋滩涂摄影的繁盛与发展策略

田彩仙

（集美大学文学院　福建　厦门　361021）

【摘　要】 福建霞浦海洋滩涂摄影近年来取得令人瞩目的成绩，从2007年开始，霞浦举办了多次国际摄影大赛，霞浦县委县政府以滩涂摄影的推广宣传带动海洋创意产业旅游文化的发展，带动就业与相关产业的发展。福建海洋摄影应该大力推广“霞浦模式”，开发与海洋相关的其他艺术产业。

【关键词】 霞浦；滩涂；摄影；发展策略

福建文化拥有十分鲜明的海洋特征，作为海洋大省，福建拥有13.6平方公里的海域、3 700多公里的海岸线，蕴藏着丰富的海洋文化资源。福建农林大学王人尚认为，海洋文化“具有开放性、兼容性、冒险性、崇商性、地域性、民族性等特征，由于它的海洋性，所以也叫‘蓝色文化’”[①]。福建海洋文化涵盖福建的海洋民俗、海洋人文景观、海洋信仰、海上考古等，这些都可以艺术家关注的对象。其中海洋人文景观包括海湾、滩涂、渔业、红树林、湿地等，都成为摄影艺术家捕捉的焦点。近十年来，以海洋为主题的摄影文化在福建蓬勃发展，顺应海洋摄影文化的发展，福建省摄影家协会海洋分会于2013年12月9日正式成立，首批会员158名。近年来，福建各地举办了诸多海洋主题摄影活动。每年的6月8日是世界海洋日，作为2014年“6·8”世界海洋日暨全国海洋宣传日的主要活动之一，2014年6月7日，由国家海洋局、福建省人民政府共同举办的“海上丝路——过去与现在”摄影大赛在福州启动，这次活动的主题为“历史轨迹与缤纷海丝”，顺应国家“共建丝绸之路经济带”和“21世纪海上丝绸之路”的号召，回顾福建海洋文化历史，展现当代海上丝绸之路的风采。6月8日，中国国际海洋摄影协会福建分会成立暨“嵛山岛海洋摄影基地”挂牌仪式在福建省福鼎市嵛山岛隆重举行，来自全国各地海洋摄影家和摄影爱好者、新闻媒体记者等百余人参加了这一活动，并举办嵛山岛海洋摄影创作活动，拍摄了很多海岛摄影佳作。嵛山岛风景十分迷人，有欲断欲连、参差错落、嶙峋峻峭的礁石岛链景观，有金猴观日、千叶岩、海龟礁、石叠礁等众多奇形怪状的岩石景点，还有一片黄色的万亩草场披挂整面的山坡，大嵛山与小嵛山中间的山谷里有清澈的小天湖。众多摄影家对于如此美的景观十分兴奋，拍摄了大量角度各异的摄影作品。之后的7月27日，中国国际海洋摄影协会“福建嵛山岛海洋摄影采风分享会”在北京举办，参加嵛山岛拍摄的很多摄影家与摄影爱好者以及相关领导、专家出席了这次活动，各自拿出摄影作品与大家共赏。

田彩仙，女，教授，主要研究中国古代文学与艺术，福建古代戏曲。

① 王人尚：《福建海洋文化资源开发研究》，福建农林大学硕士论文2013年，第12页。

这次活动的举办固然很值得关注，但比起相对滞后的福建其他地方的海洋摄影活动，福建宁德市霞浦县的海洋滩涂摄影则更值得关注，霞浦以海洋主题为中心的摄影文化活动一直走在福建同类活动的前列，近年来取得令人瞩目的成绩。

一、霞浦滩涂摄影的发展与繁盛

福建省宁德市霞浦县位于福建省东北部，台湾海峡西北岸，中国南北海岸线的中点，霞浦海港是与台湾北部交通枢纽直线距离最短的港口，也是连接江西、安徽等内陆地区的重要出海口。优越的地理区位条件为霞浦发展海洋文化提供有利的条件与机遇。霞浦县海域面积广大辽阔，海洋特色物产丰富，大小岛屿500多个。浅海、滩涂分别占全省的30.17%和23.76%，捕捞、养殖、航运等海洋经济发达。丰富的副热带海洋物种，为霞浦县发展海洋渔业提供了得天独厚的优势条件。海洋渔业的发展也因此形成迷人的海洋滩涂景观，这成为霞浦县发展海上休闲与旅游的重要资源。

霞浦一中老师林承强诗云："碧海金沙鱼戏水，蓝天绿野燕游春。横舟唱晚滩涂秀，两菜飘香日月新。"歌咏出碧海蓝天美丽滩涂的霞浦美景。以"渔"和"海"为基调，以发展霞浦自然文化旅游为出发点，以科学科普、文化寻踪、宗教访胜、海洋摄影、海上垂钓、海鲜美食为主的海峡休闲渔业文化旅游，塑造"梦幻海岸，休闲天堂"的霞浦旅游形象。建设连接长三角和珠三角滨海旅游走廊的休闲度假胜地，是霞浦海洋旅游文化建设的重心，其中尤为突出的是海洋滩涂摄影。霞浦是全国滩涂面积最大的县，沿海滩涂面积达696平方公里，历经漫长岁月的冲洗，潮起潮落时，形成独具地域特色的海滨滩涂风景。同时，近海养殖业的发展给霞浦的滩涂带来浓郁的人文景观，捞鱼苗，收海带，种紫菜，渔民劳作加上海上渔村，成就了不同季节的优美风景。有着"中国最美滩涂"的美誉，一年四季，霞浦滩涂呈现出不同的风韵和景致，也成为摄影家与摄影爱好者竞相捕拍之地。

霞浦的滩涂摄影，起步于2003年左右，在这之前，滩涂摄影在霞浦还是一片空白，当地人对渔业养殖、滩涂环境司空见惯，很少有人将其与摄影文化联系起来。霞浦本地的摄影爱好者开始初步的拍摄实践，在他们的倡导与实践下，滩涂摄影逐渐为全国的摄影爱好者所知。到2007年时，霞浦县政府与《中国摄影》《大众摄影》杂志社联合举办了"霞浦：我心中的那片海"摄影艺术大赛。这场以霞浦海上风光为题材的全国性摄影艺术大赛，在当时引起全国摄影界较为广泛的关注。此次大赛征稿历时七个多月，共收到大陆与港、澳、台以及新加坡等地的摄影作品近万幅。这些作品展现了霞浦海岸风光与风土人情，福建作者陈永强的作品《滩涂动脉》获得最高奖。虽然此次摄影大赛参赛者大多为福建本地摄影爱好者，但随后的一些作品在全国性与国际性的大赛中屡屡得奖，如，2008年1月，郑德雄的《心中那片海》在台湾获得第七届郎静山纪念摄影奖最高奖，何兴水的《海上渔村》获得2006年香港国际摄影展金奖和2007年中国摄影展优秀奖，夏东海的《故乡的海》2008年获首届当代国际摄影双年展学院奖。这些得奖作品在《中国摄影》《大众摄影》等国内知名刊物上的刊登，又加之以网络的宣传，霞浦作为"中国最美丽滩涂"的形象从此树立。现在的霞浦已经被多家媒体评为"中国最美的十大风光摄影圣地"之首。鉴于霞浦滩涂摄影的巨大影响力，2010年9月，福建省摄影家协会在霞浦设立创作基地，美国摄影学会也于2010年10月在霞浦设立创作基地，这是该学会在中国落地的第一个创作基地。

近十年来，霞浦县以及宁德市相关部门对推广霞浦海洋主题摄影提供了很多便利的条件，也作了很多切实可行的工作。

首先，以“山海联动”模式推动海洋创意旅游文化产业的发展，“重点规划和整合建设东冲半岛知名海滩景点的滨海黄金旅游带，三沙至海岛沿途知名岛屿的海岛海峡旅游带，宁德（霞浦）国际滩涂摄影基地和北歧、小皓、东壁等摄影点的滩涂摄影旅游带”[①]。第一届“霞浦·我心中的那片海”全国摄影大赛成功举办以来，霞浦风光摄影作品登上神舟九号飞船。至今为止，成功举办两届霞浦国际摄影节。2012 年 12 月，还举办了第四届海峡霞浦摄影节。这次摄影节包括第 23 届福建省摄影展、第二届“霞浦·我心中的那片海”摄影展、“故乡的海”霞浦摄影家艺术作品展、“激情海西摄影展”、第四届海峡两岸摄影论坛等活动。第三届“海洋杯”霞浦国际摄影大赛已于 2014 年 7 月启动。2013 年，霞浦滩涂景观与湖南张家界天子山、甘肃张掖丹霞地貌、海南三沙七连屿、辽宁盘锦红海滩、广西龙胜梯田、江苏兴化垛田等特色风光一同入选国家邮政局发行的《美丽中国》一套六枚普通邮票，央视《朝闻天下》栏目在霞浦县三沙花竹摄影点现场直播日出全过程，央视“远方的家”沿海行也重点介绍过霞浦滩涂摄影，霞浦滩涂风光还入选腾讯 QQ 登录窗“画卷·中国”，这些宣传对打造“霞浦滩涂风光摄影圣地”品牌，增强霞浦滩涂摄影旅游的影响力和吸引力有着重要的意义。

霞浦县委县政府高度重视滩涂摄影的品牌效应和带动能力，正按照“建设国际摄影创作基地，打造国际摄影家终极地”的要求，加紧推动霞浦国际滩涂摄影基地建设，全力推进宁德（霞浦）国际滩涂摄影基地项目和海峡（霞浦）摄影文化培训交流中心项目。目前，宁德（霞浦）国际滨海影视文化创意产业园已动工并完成部分设施建设。“园区拟建设两个基地：基地一为宁德（霞浦）国际滩涂摄影基地。预计总投资 12 亿元，分三期实施，项目规划用地 3 500 亩。主要建设内容为滩涂摄影文化艺术景观走廊、摄影文化研讨中心、精品摄影酒店、名人名家摄影艺术创作室、摄影作品展示馆、万星电影文化广场、渔耕文化艺术街、婚庆摄影产业街、汽车集结营以及牛头岛环岛栈道、摄影平台、观光平台等文化配套服务设施。基地二为以东冲半岛区域为轴心的海峡影视动漫基地。项目规划用地 2 000 多亩，主要内容为建设海上影视基地、仿古购物街、海滨山地体育文化公园、文艺人员接待中心、影视动漫创作室、笔架山观景台等。”[②]2014 年以来，霞浦县政府还投入 600 多万元对 10 几个摄影点进行装修建设，为摄影者提供更安全完善的基础设施。

其次，以海洋创意文化带动就业与相关产业发展，进一步推动经济发展。产业的发展最终还是以地理和人文共同孕育出来的文化在起推动作用。霞浦滩涂摄影的文化现象，已成为一道亮丽名片，位居“中国最美的十大风光摄影圣地”之首。“据统计，从 2010 年开始，前来霞浦滩涂采风、创作的摄影家和摄影爱好者，年均约达 20 万人次，2013 年跃升至 30 万人次。”[③]近年来，随着海内外摄影爱好者的蜂拥而至，霞浦滩涂摄影成为霞浦海洋旅游的龙头产业，人称“滩涂摄影游”。“滩涂摄影游”的兴起，不仅带热了霞浦住宿、餐饮和客运业的发展，还为霞浦特色旅游发展奠定了产业基础。据统计，“近三年前来霞浦滩涂采风、创作的摄

---

① 曾俊仁、黄光亮：《霞浦全力推进旅游产业发展》，《闽东日报》2013 年 5 月 16 日。

② 黄琼芬、蒋婷婷：《霞浦打造滨海影视文化创意产业园》，《闽东日报》2013 年 11 月 12 日。

③ 黄光亮、茹捷、郑成辉：《霞浦——美丽崛起》，《闽东日报》2014 年 7 月 3 日。

影家和摄影爱好者,年均约达 20 万人次,年为霞浦县创造 2 亿多元产值和 2 000 多个就业岗位”。如今在霞浦,福宁大道、东吾路、长溪路等城区新路段,酒店一家挨一家,最密地段几十米距离内,就有十来家酒店在营业。“税务报表显示,2006 年,霞浦县住宿和餐饮业两项相加的总户数是 162 户,税收 470 余万元。到 2011 年,住宿和餐饮业的总户数增到 399 户,实现税收 1 100 余万元,分别是 2006 年的约 2.5 倍、2.3 倍。截至 2012 年 4 月,住宿业、餐饮业总户数又增至 424 户,而且继续呈增长的趋势。”①

“滩涂摄影游”中的“导摄”是新兴起的行业群体。“导摄”顾名思义就是摄影导游,他们的职能主要是将摄影发烧友组成团,安排他们的食宿、摄影路线,指导他们在最好的时间点到最好的取景地进行拍摄。由于霞浦拍摄景点分散,外来拍摄者不熟悉路线,又加上海景拍摄还要注意潮汐的变化,所以需要“导摄”引导。在“导摄”队伍中,最受欢迎的是那些精通摄影的本地摄影师们,他们不仅仅介绍摄影地点,而且懂得摄影角度与技巧,所以很有市场。随着来霞浦摄影者队伍的越来越壮大,“导摄”群体的需求量也一直在增长。此外还有一批渔民“模特”,这些渔民的任务主要就是摆拍撒网、捕鱼等渔业劳动动作。很多渔民“模特”表示,这种工作,比起他们通常的出海打渔,收入高出许多。“滩涂摄影游”不仅增加了许多就业机会,而且避免了与相邻地区陷入旅游品牌相近、亮点缺乏、重复建设的纠缠。许多域外客商正是相中这个产业广阔的前景,都有前来霞浦投资兴业的热情,“温州客商在霞浦建成的第一家酒店,就挂上摄影创作基地的牌子,专门吸引摄影爱好者。也正是这一点,增强了霞浦打造全国知名滨海休闲旅游胜地的信心。今年以来,县里抓住中央、省、市支持文化大发展大繁荣的契机,乘势而上,站在高处,科学合理调整、制定东冲半岛省级风景名胜区的规划,推进滨海旅游与摄影文化的融合”②。滩涂风光摄影的成名,提高了霞浦在海内外的知名度,助推了霞浦招商引资空间的拓展,增强了霞浦打造全国知名滨海休闲旅游胜地的信心。

二、霞浦海洋摄影的发展策略

霞浦在摄影方面做“海”的文章,确实进行了不少成功的探索,为福建海洋摄影文化提供了很好的借鉴,但还有可提高的空间,进一步发展海洋摄影产业,利用这一产业带动其他相关文化产业的发展,形成全方位的海洋创意文化愿景,是霞浦乃至福建全省文化艺术工作者要思考的问题,本文试图从以下几方面探讨霞浦海洋摄影文化的发展策略。

首先要进一步加大宣传力度,整合各方资源,将“霞浦模式”向全省推广。福建有很多美丽的海景,比如厦门海岸、平潭海岛、莆田湄洲岛、漳州东山岛,这些海岛充满明丽风光,有着明媚的阳光、开阔的沙滩、奔涌的海浪、清澈的蓝天,四季宜居,风景宜人,是天然的摄影胜地。多年来,虽然也有很多摄影艺术家与摄影爱好者拍摄过很多海岛主题作品,这些作品也参加全国影展,但却不像霞浦那样定期举行全国乃至国际摄影大赛。这与相关组织机构的不作为有一定关系,也与地方政府的扶持不够也有关系。一个地方要发展一个产业、打造一张名片,既要有民间力量的推动,也要有政府的支持,这样才能形成合力,只有各方共同的努

①② 欧招生:《霞浦:特色旅游走向“蓝海”》,《闽东日报》2012 年 9 月 16 日。

力，才可能促进艺术产业的发展。摄影展和摄影大赛活动不能仅是普通的摄影比赛，而应该成为切磋摄影技艺、广交朋友、展示地方特色的重要平台。当然，我们可喜地看到各地方已经开始了相关的活动。2014 年 8 月 28 日，作为第四届台海新闻摄影大赛的重要配套活动，两岸摄影师“拍摄福建十大美丽海岛”开拍仪式在厦门举行，40 余名来自两岸的知名摄影师来福建省十大美丽海岛拍摄。我们相信，只要有政府的扶持，有相关组织的积极倡导，福建海洋主题摄影文化会有更高层次、高水平的发展的。

整合各方资源，还体现在整合海洋文化资源的优势，融合与海洋文化资源开发相关的各领域、各行业的整体力量，并注重海洋资源的保护等方面。霞浦滩涂摄影所拍摄对象现在基本上形成固定的“摄点”，如北歧村的“虎皮沙滩”与紫菜晒排；东壁村的日落、礁石海滩、海边渔村；花竹村的日出、怪石、福瑶列岛；沙江镇竹江岛的江湾鱼排、沙江挂蛎、原生态渔民劳作、妈祖庙会；小皓村的日落、沙滩养殖景观等。虽然在不同的季节，霞浦海滩呈现出不同的景观，拍摄者毕竟会有似曾相识的感觉。近年来，随着摄影家拍摄的次数的增加，霞浦滩涂一些自然景观遭到不同程度的破坏。所以，开发新的“摄点”，保护原有的滩涂，保护海洋生态资源的可再生能力，让摄影家在拍摄的同时不影响渔民正常的劳作，这成为霞浦海洋摄影产业开发的重要议题，也是摄影者要密切关注之点。

其次，要拓展海洋摄影的思想性与艺术深度。海洋摄影作品基本上以现时性的自然景观为主，统观近年来的福建海洋摄影作品，画面之美是其主要的方面，摄影作品充分拍摄出海洋的开阔感、层次感，体现出摄影艺术的形式美、光影美、色彩美，在摄影技术方面很多作品都达到较高的水平，但也有一些作品在注重画面美的同时缺乏思想性和艺术深度，缺乏较高层次的美学追求。艺术性与思想性是摄影作品的双翼，艺术性是摄影作品的形式，思想性是摄影作品的灵魂，二者缺一不可，但技术不等于艺术，摄影技术的构图、用光等固然重要，但追求作品的艺术深度也必不可少，很多摄影作品对所摄对象认识浅薄，所以作品只有构图方面的华丽，而无思想性的表达，更谈不上视觉的冲击力。

海洋摄影并不仅仅是海洋景观的摄取，还应该是与海洋相关的“人物”摄影。近年来，福建海洋摄影作品中时常出现渔民捕捞、晒鱼、织网等相关活动，但为摆拍。所谓摆拍，就是摄影师根据自己的设想，创设一定的环境，设计一定的情节，让被拍摄者表演，最后由摄影师拍摄完成的过程。抓拍和摆拍都是摄影创作的重要手段，并不是说，摆拍的作品都是艺术性不高的，有些摆拍作品具有很好的用光、构图，但很多的摆拍作品却很难做到，为摆拍而摆拍，陷入简单化的思维中，有些摆拍作品并不能充分真实地反映渔民的生活。《东南快报》2013 年 8 月 18 日记载了这么一段海洋摄影的摆拍过程：

> 福州南江滨泛船浦教堂附近，一群摄影发烧友聚集在闽江岸边，请江面上一老汉表演撒网捕鱼。在接下来的一个小时内，老汉抛网收网数十次，老汉站在船头大口喘气，表情看似十分疲惫。“师傅，再来一次，你要对着天空抛……能不能把网再抛高一点，这样画面效果才好看。”现场部分摄友这样喊道。据围观的村民黄先生介绍，每逢夏季的台风一过，这里就会吸引许多摄影爱好者前来，拍摄渔民捕鱼的画面。这对于当地的渔民们来说，也算是一年难得一次的“淘金期”，因此产生了摄影爱好者雇用渔民当模特，拍摄撒网捕鱼这档“生意”。“一个小时 300 块钱。这钱也不好赚，每次下来，重复抛网捕鱼的动作要多达数十次。”据现场表演撒网捕鱼的渔民唐师傅透露，“他们只是把我们当模特而已，并非真正地想拍摄我们渔民的生活。”

对于摄影作品来说，摆拍是允许的，但不能真实地反映渔民生活的作品，再怎么唯美也感觉缺乏艺术的深度与思想性。真正要表现渔民的真实生活，跟踪拍摄不失为一种很好的手法。很多渔民一生均生活在海上，他们日常捕捞的一举一动都是很好的摄影素材，试想想，如果我们能够拍摄出像罗中立油画《父亲》那样的渔民形象，那思想与艺术的深度便是自然而生的。

再次要开发滩涂摄影相关艺术产业。我们欣喜地看到，在打造摄影基地的同时，霞浦县开始建造影视文化创意产业园区，将动漫影视产业纳入摄影文化的相关产业，尽管只是初步设想，但毕竟是很好的开端。福建丰富的海洋文化资源，十分有利于开发与摄影艺术相关的文化产业，如海洋动漫影视、海洋主题雕塑、海洋滩涂写生绘画、海洋民俗文化项目、海洋图书等。福建海洋文化艺术项目的开发，要抓住全球产业转移的契机，以开放的姿态融入全中国乃至全世界，学习发达地区的先进经验，打造具有福建本土特色的海洋文化产业。近年来，福建在这些方面做出一些成绩。如 2003 年 11 月 25 日，以“大海・音乐”为主题的厦门雕塑展在厦门海湾公园开展。同年的 11 月 25 日至 12 月 20 日，来自世界 11 个国家和地区的 31 位雕塑艺术家在厦门海湾公园展现其雕塑艺术才华。2007 年厦门国际海洋周海洋文化活动之一“我心中的大海”少儿绘画比赛在厦门五缘湾举行，这次大赛以大海为主题，启发儿童关注海洋、珍爱海洋。2010 年 9 月 26 日，“大海・音乐”城市雕塑展在观音山海滨旅游休闲区开展，此次展出 15 件雕塑作品，展期一个月。雕塑展结束后，这些作品落户在厦门的大街小巷及新开发片区。2013 年 4 月 18 日，由中国著名海洋画家李海涛主笔、两岸 14 位海洋画家共同创作的大型画作《两岸渔歌钓鱼岛》在京收笔，并于 21 日亮相首都博物馆。这幅绘画作品以世代中国人在钓鱼岛海域捕鱼为题材，气势恢弘。其他如海洋图书、海洋音乐作品在福建也有不错的作品问世及演出。但对于一个海洋大省来说，这些成绩还远远不够。在海洋艺术产业开发方面，其他省份的经验值得借鉴，比如青岛海产博物馆长年致力于海洋生物科普宣传，出版了不少科普作品，也获过不少奖项，有些少儿科普书本身就是很好的卡通脚本。由中国科普作家协会会员丁剑玲撰写的电影、电视、卡通脚本《海底探险》荣获中央电视台举办的 2005 年首届“动画盛事”动画题材创意大赛优秀创意奖。又比如，江苏大丰建海洋动漫主题公园等，山东威海市的《邓世昌》雕塑，浙江舟山市的《三总兵》雕塑，都是大型海洋主题雕塑作品。当然，福建也不乏像湄洲岛的妈祖雕塑与厦门的郑成功雕塑等艺术作品，但整体上福建海洋雕塑作品以小型为主，海洋绘画与动漫的发展也相对滞后。所以，学习霞浦海洋滩涂摄影成功的经验，全方位开发与壮大福建海洋艺术，出高水平、高质量的艺术作品，与福建海洋摄影形成合力，打造海洋大省的文化品牌，是摆在福建艺术家面前的重要课题。

台湾传统建筑与闽南建筑及嘉庚建筑关系之研究

黄海宏

（集美大学基建处 福建 厦门 361021）

【摘 要】 本文分析嘉庚建筑、台湾建筑以及闽南建筑的风格和特点。从历史发展角度来看，台湾建筑的风格来源于闽南建筑，是闽南建筑的重要组成部分；通过嘉庚楼群建筑形成和特点分析，可以看出嘉庚楼群是闽南建筑的升华。综上所述，台湾传统建筑和嘉庚建筑均来源于闽南建筑。随着时代的发展，这些建筑均在闽南建筑的基础上均有各自的细节发展变化，呈现出你中有我，我中有你的建筑风格。

【关键词】 台湾传统建筑；闽南建筑；嘉庚建筑；关系

一、闽南建筑的特点

闽南建筑从建筑形式的角度来说，并没有一种极张扬的、类型化的形式，但它在砖石墙的装饰及美化上却有较为特殊的表现。我们在认定建筑的要素时，主要是从四个方面来谈，即空间性、实用性、物质性和审美性。从审美的角度看，闽南的红砖墙反映着其地域的风格特性，形成闽南风格。我们从整个中国建筑史了解所知，闽南建筑的砖石混砌和墙面的装饰及色彩纹样在中国建筑史上有其独特之处，因而有学者认为这个区域的建筑属于"红砖文化区"。

二、台湾传统建筑风格来源于闽南建筑

（一）从历史发展角度看

1. 明郑时期

台湾的主流建筑是闽南建筑的重要组成部分。自明郑时期，即郑成功征战台湾后，由于大批闽南将士以及为求生路渡海的闽南农民的到来，加速了台湾经济的发展，也带来闽南建筑样式的普及，因而奠定了以闽南建筑为主流的台湾建筑。当时建筑以瓦房与草顶房的数

黄海宏，男，副研究员，主要研究嘉庚建筑和闽南建筑。

量为多，一般民宅仍以竹木构造为多，墙体以糖水加糯米汁再捣混石灰作成三合土，采用烧砖技术等均体现闽南建筑的特点。目前在澎湖白沙瓦硐尚存一部分，如郑氏陆军宣毅左镇黄安府邸等，一些重要建筑，如孔庙、宁靖王府、郑经北园别馆、梦蝶园、弥陀寺、真武庙、关帝庙等，现仍存在，清代以后屡经重修，部分改变当年的格局①。

2. 清治时期

台湾清治时期的建筑随着汉族垦拓的日益扩大，不仅兴建的寺庙和深宅大院完全模仿祖籍地，而且建筑材料（木材、石材、砖瓦等）大多从闽南运来，闽南、粤东式建筑逐渐分布于台湾各地。建筑流派主要分为闽南派（泉州派、漳州派）和客家派，建筑的结构和风格主要体现闽南和客家建筑特色。比如大天后宫（图 1），位于台南市中区，俗称台南妈祖庙，建于清康熙二十三年(1684)。从图 1 可以看出，红瓦屋檐、六曲燕尾脊是闽南建筑风格，同类的还有台北孔子庙（图 2），位于台湾台北市大龙街，1925 年重建，1939 年完工。

图 1　大天后宫

图 2　台北孔子庙

日本占领时期的建筑，公共建筑受日本建筑和西方建筑的影响，大多仿西方建筑，民居也受日本及西方的影响，出现了日本木造住宅和一些西洋式风格的住宅，但传统的中国式住宅仍是主流。其平面仍接近三合院或四合院的布局，但材料多舍红砖而运用洗石子或假石，窗格子也简化。清光绪之后至 21 世纪初，仍有不少漳泉名匠师应聘抵台，亲自施工或授徒。如来自惠安溪底村的泉州派大木匠师王益顺，1919 年率侄儿及溪底匠师十多人前往台北建造艋舺龙山寺，此后在台停留十二年，鹿港龙山寺、天后宫，台北的孔庙、龙山寺及新竹城隍庙、南鲲鯓代天府等都出自这支叫作“溪底师傅”的木匠帮之手。在清末及日占初年，台湾本地有一个匠派崛起，那就是原籍漳州南靖、出身台湾本土的漳州派大木匠师陈应彬，北港朝天宫、木栅指南宫、台北保安宫、桃园景福宫等都是其杰作。

3. 改革开放以来

1945 年以后，随着各省新移民的进入。台湾一些文化建筑和纪念性建筑以北方宫殿建筑形式为主。但就居住建筑而言，除沿用日本人留下来的住宅外，民间仍然延续中式传统住宅，如农村建造三合院，城市使用街屋形式。20 世纪 60 年代之后，农村人口大量地拥向都市，集合住宅及公寓应运而生。70 年代，现代化高层次建筑相继出现。对传统建筑的重视

---

① 吴光庭：《台湾建筑的发展与变迁》，《世界建筑》1998 年第 6 期。

开始升温，乡土建筑开始风行，重视传统建筑的修复工作。90 年代之后，社会更加多元，建筑也进入多元时代。

(二)从金门建筑细部看台湾传统建筑

台湾金门的建筑体系是闽南传统建筑里的一支，金门一般传统民居主要承袭闽泉漳一带的闽南建筑样式，都是较小规模的传统聚落民居。不论是砖面材料的运用、建筑装饰的表现，还是平面的布局，皆变化多端，艺术表现力亦充沛丰富。在外观上，只要人们视线可见之处，即成为装饰焦点。古民居中，木雕、彩绘、石刻、透雕、泥塑、剪贴等民间手工艺精品随处可见。且具有因地制宜的巧思和美感，初看是一堵雕刻着山水花鸟图案的木窗棂，认真一看其中却隐藏着一副精美对联，充分展现出匠师们的高妙技艺，深具独特的地方风格与丰沛的艺术生命力。

台湾至今仍保存着佛堂寺庙、天后宫、赤崁楼、延平郡王祠等古建筑，这些来源不同、形式各异的建筑，与隔海相望的闽南建筑都携带着特定的、相似的文化能量，成为两岸建筑交流的重要纽带[①]。

三、嘉庚建筑是闽南建筑的升华

(一)嘉庚建筑的特点

嘉庚风格建筑即是指 20 世纪 20、50 及 60 年代期间，由陈嘉庚先生亲自筹划、兴建的独具特色的中西合璧式建筑。其独特的历史沿革也为嘉庚风格建筑增添了特殊的历史意义和建筑文化。1913—1960 年，嘉庚先生亲自筹划、兴建了近百幢教育建筑，集美学村和厦门大学早期建筑即为嘉庚先生所建，这些建筑从最早摹仿西式建筑到最后形成自己独特的中西合璧式建筑，具有鲜明的个性与风格，是中国近现代校园建筑的典范。

嘉庚建筑在继承闽南红砖民居建筑优长的基础上，改良仰合平板瓦为“嘉庚瓦”，革新双曲燕尾脊为三曲、六曲燕尾脊，总结优化传统的彩色出砖入石建筑技艺，以及尝试西洋式、南洋式、中国式、闽南式多元建筑风格的互相融合，体现了陈嘉庚先生善于博采众长、敢于突破传统、勇于创新求变的可贵精神。

(二)从集美学村和厦门大学来看嘉庚建筑

1. 集美学村和厦门大学早期建筑的形成

从 1913 年秋集美学校的第一栋建筑物——集美小学木质校舍落成，到 1962 年秋“归来堂”竣工，50 年中陈嘉庚捐资或募资兴建、或主持规划、参与设计和监督施工的，为故乡厦门留下的建筑物达到 100 处以上。

集美学村早期建筑共有 39 栋，总建筑面积为 92 231 m^2，分为“一带、八组、多点”，“一带”即沿龙舟池一带的滨海风貌建筑群，它们丰富多变的天际线构成集美学村的标志性景

---

① 刘亦兴：《台湾建筑特点浅析》，《建筑学报》1983 年第 3 期。

观，分布着较多的特殊及重点保护建筑；“八组”，即学村内成片的校园风貌建筑群，分布着许多重点和一般保护建筑；“多点”，即散落于学村周边的有特色的民居建筑（图3与图4）。厦门大学嘉庚风格建筑群位于厦门岛南端，北倚五老峰，南面隔海与南太武山相望，东面与全国重点文物保护单位胡里山炮台为伴，西北与千年古刹南普陀寺相邻，这里倚山面海，环境优美，是莘莘学子读书学习的绝佳之处。厦门大学嘉庚风格建筑群由群贤、芙蓉、建南三个楼群共15座建筑组成，总面积52 909 m^2。其中群贤楼群（图5）5幢，面积7 909 m^2，建于20世纪20年代；芙蓉楼群5幢，面积21 732 m^2，建南楼群（图6）5幢，面积24 268 m^2，均建于20世纪50年代。皆为砖木石结构。陈嘉庚先生倾其所有，兴建集美学村和厦门大学，不仅亲自实地勘察、选定场址，还亲自参与建筑设计、亲临现场督导，亲自确定建筑材料和细部装饰，倾注了嘉庚先生毕生的心血和精力，因而创造出独具特色的嘉庚风格建筑。楼群总体布局采用主体突出、对称布局的形式，各组群有单独轴线，结合地形成群分散布局。楼群平面布局或为简洁“一”字式，或呈半月形合围排列。屋身多为拱券外廊的西式建筑形式，屋顶为闽南传统的歇山顶和硬山顶；或以中式大屋顶为中心建筑，西式屋顶为辅助建筑。在建筑装饰上，山墙及屋檐下多采用闽南传统的灰塑山花及木雕垂花装饰，在柱头及门楣、窗楣上则多采用西式线脚和雕花装饰，整个建筑群庄重雄伟、气势宏大。集美学村和厦门大学的嘉庚风格建筑群迄今为止使用近90年，历经沧桑，并于2006年获批为国家级文物建筑保护单位①。

图3　集美大学允恭楼群

2. 集美学村和厦门大学早期建筑体现嘉庚建筑是闽南建筑的升华

在建筑组群布局上，中心建筑必为中式建筑样式，建筑体量上也显得高大、宏伟；在单体建筑上也喜用西式屋身、中式屋顶，以斜屋面、绿瓦、拱门、圆柱、连廊为基本特征，形成土洋结合、中西合璧的独特新奇的建筑形态，蕴涵着朴素的中国传统风水观念，体现着因地制宜的建筑构思和多元融合的创新精神。细部刻画时，则掺杂有闽南工匠自由发挥的成分，飞檐起翘的流动曲线与艳丽色彩，整幢建筑处处体现闽南建筑的痕迹及其升华。在集美学村的嘉庚风格建筑是陈嘉庚先生倾注心血最多的杰作。该建筑群系嘉庚风格建筑中中西结合的精品，是嘉庚风格建筑的起点，也是闽南建筑的升华。

---

① 朱晨光：《陈嘉庚建筑图谱》，天马出版有限公司2004年版，第2～10页。

图 4　集美大学尚忠楼群

图 5　厦门大学群贤楼群

图 6　厦门大学建南楼群

三、结　语

作为国家级文物保护单位，嘉庚建筑不仅记录下嘉庚先生创办集美学校和厦门大学的艰辛历程，形成闽南建筑文化中独特的嘉庚建筑风格，而且承载着陈嘉庚先生无私奉献的爱国精神。目前文物保护单位正进行厦门大学和集美学村早期建筑的维修加固，不仅是为了更好地维护和保存嘉庚建筑为数不多的历史建筑古迹，更是为了让后人能够更好地研究和传承嘉庚文化与精神。

台湾与大陆有着深厚的历史渊源和共同的文化根脉，因此遍布台湾的新旧交错的建筑，都蕴含着丰富的人文史迹。尽管台湾建筑和闽南建筑在总体上呈现出文化的一脉相承的关系，但是不得不说明的是，台湾建筑虽然有闽南建筑的特点，但是也有其他风格建筑的特点，比如日本占领时期出现的日本木造住宅建筑。集美学村早期建筑作为闽南传统建筑的升华，也是闽台风格建筑的缩影，对台湾和金门的传统建筑有着很鲜明的对比和对照。两者相互吸收、相互辉映，构成一道亮丽的风景线。

综上所述，台湾传统建筑和嘉庚建筑均来源于闽南建筑，一脉相承。随着时代的发展，这些建筑均在闽南建筑的基础上均有着各自的细节发展变化，呈现出你中我，我中有你的建筑风格。

（本文发表于《福建建筑》2013年第4期）

航海心理教育与海洋文学的精神关联

周　鸣
（集美大学心理咨询中心　福建　厦门　361021）

【摘　要】 与普通心理教育相比，航海心理教育具有其独特性。优秀的海洋文学所蕴含的主体精神可以作为航海心理教育的特殊资源来建构和完善航海人的人格品质，因为，航海心理教育与海洋文学具有精神对应性、主体关联性以及情感交互性。

【关键词】 航海；心理教育；海洋文学；精神关联

在航海类院校对学生进行航海心理教育，不仅要有科学的心理教育内容与心理教育手段，还必须有深厚博大的精神资源。从广义的角度来说，人类一切优秀的精神成果，都可以作为其精神资源得到合情合理的利用；但从学生的培养目标与未来的职业方向看，寻求更为契合的人文内容作为精神资源，更值得我们重视和研究。从这个角度来看，优秀的海洋文学蕴含的精神资源，与航海心理教育有更密切的精神关联。

一、航海心理教育与优秀海洋文学的精神对应性

事实上，包括航海技术教育在内的航海类专业的所有教育内容，都具有航海心理教育的精神元素，都可以成为构建未来航海人优秀人格精神的精神资源。进而言之，人类一切优秀的精神成果都可以作为航海心理教育的精神资源。但是，航海是一个特殊专业，它的职业疆域在海洋，这比一般人生活和工作的陆地复杂得多，也特殊得多。因为，海洋的动荡与变化莫测，在充满巨大诱惑的同时，也潜伏着随时可能爆发的种种危机。正因为如此，针对未来航海人的心理教育，应遵从一般心理教育的普遍性的同时，讲究特殊性，应该选择最具有对应性的精神资源，优秀的海洋文学正蕴含这种精神资源的特殊性与对应性。

虽然，以海洋或以人的航海活动为题材的文学作品古已有之，但是，正如人类大规模的航海活动是发生在十七八世纪以后一样，大量优秀的海洋文学作品也诞生在这些离我们并不很遥远的世纪，并呈现出以下几方面的主要内容：

（一）以海洋和航海为媒介，表达人生的种种感悟和情感

在许多时候，海洋和航海是一种诗意的感发物，人们是以诗人的眼光来看待它，描写它，借以表达对人生的理解、感想，表达自己的情感或胸怀。像曹操的《观沧海》，歌咏了曹操包

周鸣，女，副教授，主要研究心理教育。

容日月，涵纳星汉的胸怀；普希金的《致大海》则是借把大海当作“自由奔腾的天骄”，表达“谁也无法把你制服的”“追求自由的”澎湃奔涌的诗情[①]；而在匈牙利诗人裴多菲诗中，沸腾的大海是“人民的海”[②]；在美国现代诗人弗罗斯特心中，大海则有着无与伦比的“忠诚”：“哪儿有这样一种忠诚/能超过岸对海的痴情——/以同一的姿势抱着海湾/默数那无穷重复的涛声”[③]；拜伦的《赞大海》，将人世间的沧桑巨变与大海的“容颜不改”“永远不变”的“庄严”相对比，表达自己对海洋的崇敬之情[④]；德国诗人海涅则有以大海为题材的长篇组诗《北海集》[⑤]，俄国诗人茹科夫斯基的《大海》[⑥]，俄国作家莱蒙托夫的《帆》[⑦]，我国当代诗人舒婷的《致大海》《海滨晨曲》《船》[⑧]，任洪渊的《船》[⑨]，冰心的散文《往事》[⑩]等等，都以诗化的思维表达他们面对海洋时产生的人生思考与丰富感情。在这些海洋文学作品中，大海的广阔、深沉、奔腾不息等都与人类自身的高尚精神境界自然地交融在一起，它可以为我们理解航海，面对未来的航海职业，提供广阔而深厚的精神支持。

（二）记叙航海经历，展示与陆上世界迥异的海洋世界

不论是人类早期的近海航行与作业，还是后来渐渐发达的远洋航行，当有人以文学的形式把这些记叙下来的时候，都给长期生活于陆地上的人们展示了很难亲身体验的迥异的海洋世界，以奇特的审美体验带给人们新鲜的心灵向往与精神享受。

19世纪俄国著名作家冈察洛夫的游记《巴拉达号三桅战舰》，即是他随巴拉达号战舰环球远航时写下的游记。他在未进行这次航行之前，对海洋的认识是：

> 那魔境般的远方，是那样神秘莫测，却又无限地美丽动人。一些幸运儿去了，带回来的只是撩人心弦的模模糊糊的故事和对那奇幻世界幼稚的理解[⑪]。

正因为如此，他才要步那些“环球航行的英雄”的后尘，因此感到“我快活得战栗起来”“我的生命将不再是令人生厌的蝇营狗苟、芸芸众生的写照”。于是，他用生动的笔记叙了海上落霞、海上明月等等奇景，并且说：

> 看着这些奇迹、美景、夜光，你会对它们的绚烂瑰丽感到迷惘，头脑充满新的梦想。您会屏声息气地站在那里，悄然自语：是的，这是地图上无法注明的……[⑫]

再像英国小说家笛福的小说《鲁滨孙漂流记》，法国小说家凡尔纳的科幻小说《海底两万

---

① [俄]普希金著，田国彬译：《致大海》，《普希金诗选》，燕山出版社2008年版，第94页。

② [匈牙利]裴多菲著，兴万生译：《大海沸腾了》，《裴多菲诗选》，上海译文出版社1990年版，306页。

③ [美]弗罗斯特：《忠诚》，吴主助编：《海洋文学名作选读》，人民交通出版社1992年版，第114页。

④ [英]拜伦：《赞大海》，吴主助编：《海洋文学名作选读》，人民交通出版社1992年版，第91页。

⑤ [德]海涅著，张玉书编选：《海涅诗选·诗歌卷》，人民文学出版社1985年版，第225页。

⑥ [俄]茹科夫斯基：《大海》，吴主助编：《海洋文学名作选读》，人民交通出版社1992年版，第98页。

⑦ [俄]莱蒙托夫：《帆》，翟松年等译《当代英雄——莱蒙托夫诗选》，人民文学出版社1997年版，第218页。

⑧ 舒婷：《致橡树》，江苏文艺出版社2003年版，第3，6，11页。

⑨ 任洪渊：《船》，吴主助编《海洋文学名作选读》，人民交通出版社1992年版，第85页。

⑩ 冰心：《冰心全集》，海峡文艺出版社1994年版，第454页。

⑪⑫ [俄]冈察洛夫：《巴拉达号三桅战舰》，黑龙江人民出版社1982年版，第73页。

里》等等，或如实描写，或据理想象，所展现的海洋世界，所描写的航行经历，不仅仅给人们带来了别样世界的景象，而且蕴含着非常丰富的优秀的精神营养。这些对于我们认识海洋，认识航海中可能出现的种种情形，提高对航海事业的心理准备，都是可以密切联系的。

(三)记述海洋灾难，展现人的顽强搏斗精神

毫无疑问，人类对于海洋世界的向往，又是与对海洋世界随时可能出现的灾难的恐惧联系在一起的。狂风暴雨，惊涛骇浪，触礁翻船，海盗打劫等等，是与人类的航海活动密切相关的经常出现的事件。好望角、白令海峡、比斯开湾、百慕大三角海区等充满恐怖的海域，也无数次颠覆了人们的航海梦想。但是，这些又都不能阻止人类跨越海洋的持续激情与无尽愿望，人们不断地与那些不期而遇的灾难进行顽强的搏斗。

于是，海洋文学中不仅出现大量的海洋灾难的记述，而且特别突出地表现人在与海洋灾难的殊死搏斗中体现出的高尚精神。法国作家雨果的《海上劳工》，描写海员吉利亚特一个人在船被两座礁石卡住时所经历的风暴与狂涛的毁灭性的打击，但是这样的惊涛骇浪最终都没打垮吉利亚特。英国小说家斯蒂文森的作品《宝岛》，描写航海者与大海的风浪，与海盗的抗争；英国作家康纳德的《青春》描写航海中人与接踵而至的一系列灾难的搏击；日本作家小林多喜二的《蟹工船》，则展现"博光号"上船工们痛苦的生活。但同样的，在这些小说中，人为的灾难与自然的灾难迫害着、摧残着人们，却不能泯灭他们抗争的心灵。

除了以上三个主要方面，当然还可以列举出其他方面的内容。对于所有读者来说，这些内容可能开启别样的阅读视野，提供不同的审美欣赏与精神体验，但对于选择海洋，选择航海的人来说，除了这些，则更具有一种职业性质的对应性，具有从精神高度认识航海的对应性。

这涉及心理教育与思想教育、人文精神教育的关系问题。笔者以为，良好的心理教育必须以良好的思想教育、人文精神教育为前提。也就是说，如果我们在教育中运用诸如海洋文学中的相关内容，帮助学生建立对航海职业的特别认识，对航海冒险的坦然态度，以及在将人生道路的选择与海洋联系起来的时候，由内心所产生的主动性、渴望感等等，就会在一定程度上减少或避免当航海成为自己的职业时可能产生的心理问题。当然，也同样需要在航海心理教育中，进一步进行普通心理学和专门心理学方面的知识与方法教育。

同时，我们还应该认识到，航海文学创作本身不是从心理学的角度进行的；它虽然以航海为题材，却具有阅读与欣赏的普适性，具有描写人，揭示人的精神世界，展现人的心理世界的复杂性的特点，通过这些内容，可以帮助我们在更高的精神层面上建立关于人和人生的认识，建立人的精神追求的崇高意识，去抵御未来人生的风雨困难，去渡过航海人生的坎坷艰险。而我们之所以特别提出航海文学与航海心理教育的精神关联，显然又是由于它的内容与海洋、与航海人之间的密切关联，使我们在心理教育时运用得更为自然，使学生在接受时也更容易形成较高的认同感。

那么，我们将航海文学的相关内容融入航海心理教育之中，作为重要的精神资源，其意义也就不言而喻。

二、航海心理教育的主体精神与海洋文学的主体精神

航海心理教育既有一般心理教育的共同性，也有着自身的特殊性。因为，航海的职业疆场是海洋，航海作业的主要工具是船舶，完成工作任务的最大障碍，则是海上航行所遇到的独特困难与可能的灾难。所以，航海心理教育不仅涉及方方面面的航海问题可能引起的心理困惑、心理疾病，更重要的是，要贯穿一种主体精神，使其成为心理教育坚强的精神后盾。这种主体精神当然可以在一切优秀的精神文明成果中找到，可以将一切优秀的精神文明成果都作为其教育的精神资源，但最直接和最有力量的还是海洋文学。

因为，我们在许多优秀的海洋文学作品中，都感受到作者张扬的主体精神，即追求独特的人生体验，在与灾难的顽强拼搏中成就崇高的精神境界。对这一主体精神的表现，许多作品又有不同角度的审美化阐释。

俄国作家冈察洛夫的《巴拉达号三桅战舰》中有"20年后"一节，回忆当年的环球航行时，对自己的经历有一些富含哲理的解释。他首先认为，人生应该追求特别的生活经历和情感经历，航海是最合适的一种，"远航可以使您的记忆和想象注满美丽的风景、迷人的故事，丰富您的智慧，验证您道听途说的一切；此外还可以使您这个航海者与那些卓越的个性突出的伙伴相处得亲密无间，情同手足"①。他说："当读者遇到机会乘船周游列国时，我劝您绝不要失去良机，不要为恐惧和犹豫所惑。"② 针对人们对海上危险的恐惧，他如下表述：

> 我们在驶离朴次茅斯之前，一位驻伦敦的俄国神甫做完弥撒后，一席话扫清了我的一切恐惧。他先历数我们在海上可能遇到的危险，一阵恫吓之后，结尾却说："岸上的生活同样充满恐怖、危险、忧伤和灾难，换言说，我们不过是用这一种灾难和恐怖，去换了另一种而已。"③

他这样理解，所以说，"人性中有勇气二字，应该唤醒它，求助于它，战胜心灵的软弱，锤炼衰弱的神经。最懦弱的性格也会变得对一切满不在乎。"④ 这突出人的勇气、精神对于航海的特别意义。这里，他事实上触及的是人生的精神追求的重大意义，而在他的心中，航海便具有这种特别的意义。

美国作家麦尔维尔的著名作品《白鲸》，"不仅翔实地描写了19世纪初中叶的捕鲸者那种紧张疲累而感人的生活，还旁征博引，汪洋恣肆，鉴古论今，为航海、捕鲸以至大鲸本身的科学提供了大量的材料，它是一部捕鲸业史，也是一部百科全书式的作品，但是，最主要的它是一部绚丽多彩、蔚为奇观、充满艰险而又英勇壮烈的小说"⑤。小说的主要人物亚哈，在被凶猛而狡诈的白鲸——莫比·迪克刈掉了一条腿之后，"怀着狂热的复仇心，要追捕这条白鲸，他把白鲸看成不但是他的肉体的大敌，也是他理智上、精神上的宿敌，是种种属于心怀悬念的神力的化身，他不惜以遍体鳞伤之躯去跟这条恶行化身的白鲸敌对到底"⑥。虽然，《白

---

①②③④⑤ [俄]冈察洛夫：《巴拉达号三桅战舰》，黑龙江人民出版社1982年版，第73～76页。

⑥ [美]赫尔曼·麦尔维尔著，曹庸译：《白鲸》，长江文艺出版社2006年版，第13,6,5页。

鲸》的内涵是复杂的，亚哈的形象内涵也是复杂的，但他的“无所顾忌、意志坚强、骁勇善战”无不说明“他是个伟大的、不敬神却像神仙似的人物”。①

笛福的小说《鲁滨孙漂流记》中的鲁滨孙，在海难中被抛至荒岛，但他以常人难以想象的坚忍毅力，战胜风暴、地震、饥饿、疾病、劫掠、孤独等等灾难，顽强地生活了28年，最终又回到祖国。他的行为出发点是“我一心一意要到海外去见识见识，除此之外，我无论什么事都无心去做”②，他说：“我本来大有希望靠我的新种植园发家致富，可我偏要把这种幸福的远景丢在脑后，去追求一种鲁莽而过分的、不近情理的冒进的妄想，因而再一次把自己投入了人世间不幸的深渊。”③不仅如此，“笛福小说中的主人公的内心似乎都有一种力量，使他不能安静下来，使他们不满足，不停地行动、追求。杰克上校、辛格顿船长，甚至摩尔·弗兰德斯、罗克查娜都是这样。这种特征在鲁滨孙身上更为明显。”④凡尔纳的小说《格兰特船长的女儿》，叙述爱德华·格里那凡爵士毅然与家人一起寻救失踪的格兰特船长的经历，作品表现的同样是顽强不屈的人格精神。

这些故事与人物身上所体现的精神，在美国著名作家海明威的《老人与海》中得到更突出、更明确的表现，即为人们所称道的“硬汉精神”。这一精神的具体表达，即是“一个人可以被毁灭，但不可以给打败”⑤。这可以视为优秀航海文学中主体人格精神的典型表现，也应该是我们进行航海心理教育时据以为主体的精神。

这涉及到，在航海心理教育中，必须首先建立对航海职业的基本认识和基本态度。

海洋可以成为旅行者观赏的对象，可以成为诗人抒情的对象，也可以成为小说家叙事的对象，但在航海人的眼里，这几方面可能都是，也可能都不是，最主要的则是，他们职业的疆场、人生的疆场，充满诗意与危机，浪漫与恐怖，丰富与单调等等相对立、相矛盾的因素。所以，对于航海人来说，又是极具挑战性的职业。人在选择了航海之后，如果要成为胜利者，要征服海洋，首先就要树立坚强的精神。所以，海洋文学中体现的“一个人可以被毁灭，但不能被打败”精神便应该成为航海人的主体精神，作品成为我们进行航海心理教育时突出的主体精神。

三、航海心理教育与海洋文学中的情感交互作用

航海同其他人类活动方式一样，不仅需要强大的主体精神的支持，也需要丰富多样的精神品尝与情感体味，才能构成完善而健康的人格状态。海洋文学不仅有充沛的主体精神的表达，还包含丰富多样的情感体验与精神表现，进行航海心理教育时，运用这些内容，就可能具有更强的对应性与有效性。

由于其精神与情感内涵的丰富多样性，还不能简单地将其内容分解为若干层面或若干方向，但至少可以明晰地感受到以下特别值得我们关注的相关内容。

---

①② ［美］赫尔曼·麦尔维尔著，曹庸译：《白鲸》，长江文艺出版社2006年版，第13，6，5页。

③④⑤ ［英］笛福著，徐霞村译：《鲁宾孙漂流记》，人民文学出版社1959年版，第3，28页。

(一)孤独体验与思念情感的表达

航海者遇到优美风景的时候,是愉悦的审美体验;在遇到危机状态时,是经奇历险、惊心动魄的情感体验;然而更多的时候,则是在平静之中度过,在那种单调重复的过程中,必然会饱尝孤独体验。大多数叙事性的海洋文学作品中,都含有这种体验的描写,利用这些内容,对于我们认识航海,提高学生的心理准备力是极有裨益的。

在航海的孤独之中,人还会形成对于亲人,对于陆地生活,对于异性的思念之情,海洋文学对这些情感的表达,也可以成为我们有效引用的良好材料。

我国现代诗人刘延陵在20世纪20年代曾发表过诗歌《水手》:

> 月在天上,/船在海上,/他两只手捧住面孔,/躲在摆舵的黑暗的地方。
>
> 他怕见月儿眨眼,/海儿掀浪,/引他看水天接近的故乡。/但他却想到了,/石榴花开得鲜明的井旁,/那人儿正架竹子,/晒她的青布衣裳。①

这里所表达的孤独中的思念,忧伤而美丽,不仅具有同样情境中的心灵认同作用,也是审美化的情感宣泄。

(二)冒险过程的心理展示

航海无疑充满冒险意味,认识这样的冒险并求得平安度过冒险历程,是进行航海心理教育时必须面对的问题。从心理的角度说,要由此进行航海安全心理教育;但从另一种角度看,则可以通过海洋文学中冒险经历的描写,帮助学生对未来可能的风险,形成更为充分的心理准备,尤其是帮助他们培养面对冒险的坚定信念。

波兰诗人密茨凯维奇的诗《航海者》中就写道:

> 假如末日终究要来到,/在哭泣中有什么可以寻求?/不,我愿同风暴比一比力量,/把最后的瞬息交给战斗,/我不愿挣扎着踏上沉寂的海岸,/悲哀地计算着身上的伤口。②

这本来是以"航海者"作为寓言,形象表达人生意志的,但是,对于航海人的心理培养无疑也是非常切合的。

(三)航海环境中特殊人际关系的描写

现代航海心理学著作都讲到航海条件下人际关系的特殊构成与特定形态,核心的意思是希望航海人正确处理其间的人际冲突,在精诚团结中度过航海中可能遇到的困难与危机。这些,我们也可以在海洋文学作品中得到生动而深刻的认识。

比如,史蒂文生的小说《宝岛》,凡尔纳的小说《格兰特船长的女儿》,康纳德的小说《青春》等作品中都有生动的相关描写。吴主助主编的《海洋文学名作选读》,在分析《青春》时说:

---

① [美]海明威著,吴劳译:《老人与海》,上海译文出版社2006年版,第79页。

② 刘延陵著,葛乃福编:《刘延陵诗文集》,复旦大学出版社2002年版,第41页。

> 一群平凡的年轻的水手，一艘运煤的破旧的海船，偏偏接二连三地遇到无法预料的灾难，暴风雨、撞船、漏水、因煤自燃引起的爆炸、沉船和海上漂流……这帮利物浦的硬汉，在极端危险艰难的处境里，没有惊慌失措，没有怨天尤人，面对暴君般的大自然的威力，表现得那样沉着、镇定。在与灾难的生死搏斗中，显示出无以伦比的勇气和责任感。尽管全体船员一个个被弄得焦头烂额，疲惫不堪，但他们团结一心，互相救助，宁可牺牲自己，也不拖累别人……[①]

通过阅读类似的作品，我们不仅可以进行航海人的主体精神的教育，还可以进行航海中人际关系问题的心理教育。

(四)航海生存智慧的叙述

虽然航海需要"硬汉精神"，但并不意味着人可以用莽撞去征服海洋。事实上，人类在航海业的发展中，已经积累了非常的航海智慧，尤其是在危难情况下的生存智慧。这样的生存智慧在海洋文学中也有生动的体现，自然也可以为我们所用。

凡尔纳的《海底两万里》，不仅"表现出超前的想象力和启发性，给予读者巨大的精神力量，并具有超越时代的道德价值"[②]，而其中对潜艇的想象，对海中航行的种种情形的描写，都给后人提供丰富的可资借鉴的航海智慧。

至于《鲁滨孙飘流记》中，海上荒岛的生存经验，《白鲸》《金银岛》《青春》《蟹工船》等作品中大量的航海行为的细致描写，航海人面对种种境况时的行为叙述，无疑都具有航海生活的借鉴意义，都可以成为航海心理教育的生动读本。

在海明威的《老人与海》中，老人圣地亚哥，不仅有着绝不被大鱼打败的硬汉精神，有着丰富的海洋生活智慧，他还不断地关注着棒球大赛的消息，回想着酒馆里掰手腕的情形，念叨着《圣经》中的语句等等，所以他并不是一个简单干瘪得像石头一样的"硬汉"，而是一个既有坚韧不拔的主体精神，又有着丰富多样的心理世界与情感体验的活生生的人物，这种自然交融的情形，对于我们认识航海，培养航海人具有强大生命力的精神都是有益的。

航海心理教育，不仅要有普通心理教育的知识与能力作为前提，还应该有很好的人文精神修养作牵导，当然也应该有直接与间接的航海生活体验，借鉴海洋文学的优秀精神，熟悉其主要作品，掌握其相关文学鉴赏方法，透彻地了解其与航海心理教育的对应性与有机关联性，自然地用之于航海心理教育中，不仅可以提高航海心理教育的精神境界，也可以提高航海心理教育实际效应。

---

① [波兰]密茨凯维奇著：《航海者》，吴主助编：《海洋文学名作选读》，人民交通出版社1992年版，第104页。

② [法]凡尔纳著，沈国华等译：《海底两万里》，译林出版社2008年版，第3页。

福建发展海洋文化创意产业的认识误区与理性思考

苏　涵

（集美大学海洋文化与创意产业研究所　文学院　福建　厦门　361021）

【摘　要】创意性的海洋文化旅游业是福建海洋文化创意产业发展的着力点。在这样的发展中，既要保护原有的海洋文化遗存，又要关注现代海洋产业带来的新的海洋文化元素，两相结合，形成海洋文化创意产业的内容资源。然而，围绕海洋历史文化遗迹打造大规模的旅游园区，不仅会打造出大量无价值的伪劣产品，还可能淹没本来的海洋文化内核。文化景观不能堆积，无端的堆积不能造福于后代，却会损害当代。福建沿海许多文化景点被商业气息强势覆盖，也必然导致核心文化内容魅力的大幅衰减。

【关键词】海洋文化；创意产业；认识误区；理性思考

社会管理者为了实现社会与经济的发展，提出一些发展的宏大目标和具体的实现路径，都是非常必要的。但是，提出的目标是否实际而有益，设想的路径是否科学而理性，则都必须就不同立场与不同见解进行充分的讨论。反观福建省近年提出的建设海洋经济大省的宏伟目标以及这些目标下发展海洋文化创意产业的思路，实地考察具有发展海洋文化创意产业基础的一些地方的做法，还存在着许多认识的误区，在许多地方都缺乏理性的选择。

一、宏大的目标构想与模糊的产业主体

福建省于2012年4月出台的《关于加快海洋经济发展的若干意见》明确提出如下的发展目标：

到2015年，全省海洋生产总值达到7 300亿元，占全省地区生产总值28%以上。

到2020年，全面建成海洋经济强省。

海洋旅游业方面，以建设国际知名海洋旅游目的地为目标，办好海峡旅游博览会、厦门国际海洋周等活动，大力推介主题鲜明的海洋旅游线路，积极打造厦门鼓浪屿、平潭岛、湄州岛、惠安崇武、东山岛、漳州滨海火山、宁德嵛山岛、厦门英雄三岛、宁德三都澳海上渔城、福州环马祖澳等十大海洋旅游精品，提升福州温泉古都、厦门温馨都市、泉州海丝文化、漳州滨海火山、莆田妈祖朝觐、宁德世界地质公园等旅游品牌影响力，开发

苏涵，男，教授，主要研究古代戏曲、古代文学、港市文化。

高端旅游产业，建设一批国际性的旅游度假胜地，全面提高"海峡旅游"品牌。

海洋文化创意产业方面，加快闽南文化、妈祖文化生态保护实验区建设，充分发掘妈祖文化、船政文化、海丝文化等特色海洋文化内涵，推进海洋文化与信息技术的结合，建设一批海洋文化创意产业示范园区和项目，打造福建海洋文化品牌。

这样的宏观目标与具体设想都是颇具远见的。但是，我以为，在各地的具体实施中，则有许多模糊之处，甚至还未清楚地认识到海洋文化创意产业的产业主体是什么，所以，有必要厘清以下信息：

其一，所谓海洋文化创意产业，应该有明确的产业主体和产品方向——以海洋或与海洋相关的人类活动为内容的，具有创意性质的文化产业。如海洋文化旅游产品、海洋文化工艺产品、海洋文化出版物、海洋文化艺术作品等等，而非一般的文化创意产业。我们现在倡导的绝大多数文化创意产业与海洋文化无关。

其二，福建的海洋文化创意产业的主体是海洋文化旅游业，或者说是以海洋文化为特色的旅游业，这是福建的强势。

其三，即使将海洋文化旅游业视为福建海洋文化创意产业的主体，其中的文化创意也不可能成为独立的产品，只能依附于独特的海洋自然景观资源，合情合理地开发相关的海洋文化内容，以增加海洋旅游的吸引力，却很难单独分离出比较强势的海洋文化创意产业及其相关产品。

基于这样一些认识，我想，还应该进一步提出如下的一些发展我省海洋文化创意产业的具体理念与实施路径：

其一，以创意性的海洋文化旅游业作为我省海洋文化创意产业发展的着力点，将特色性的海洋自然景观与特色性的海洋文化资源紧密地融合在一起，合情合理地加大开发力度。

比如说，闽南文化、妈祖文化、船政文化、海丝文化这些已有恰当概括的文化内容，都很难在单独的开发中发挥出我们期望的经济效应，同海洋旅游结合在一起，才可能相得益彰，实现更大的社会效益与经济效益。

再比如，福建海洋文化中，还有一项我国沿海其他省域所没有的内容，那就是从明清一直到当代以来，围绕着台湾问题，以台湾海峡为特殊载体的历史文化与政治文化。明清时代的海禁与开禁，郑成功的收复台湾，1949 年左右的国民党退守台湾，及其之后长达近 40 年的两岸壁垒阻隔，在今天，都已经成为有形无形的特殊文化内容，形成特殊的海洋文化招引力，如果我们在这方面合情合理地进行创意开发，自然会加大我省海洋旅游的吸引力。

其二，依托我省的海洋旅游业，适当开发与海洋相关的文化创意产品，一方面借以张大对我省海洋经济、海洋文化的宣传，另一方面适量增加文化创意产业的收入。

一般意义上的文化创意产业，涉及广播影视、出版展览、音像动漫、表演艺术、音乐美术、广告装潢、游戏软件等方面，强调的是将文化主体或文化因素通过技术与创意的结合，进行文化产业的开发，其多数都与海洋无关。但是，我们完全可以自觉地在这些方面的开发中，瞄准海洋文化方面的内容，或者移植入海洋文化方面的内容。比如，开发以妈祖为题材的戏曲、电影作品，以两岸分隔及关系发展为内容的文学艺术作品，开发以福建海洋史中富于意义的题材的动漫作品、音乐美术作品等等，这些对于宣传福建的海洋文化，增加文化创意产业的收入都是非常有益的。

其三，在现代海洋产业不断发展壮大的过程中，一方面保护原有的海洋文化历史遗存，一方面关注现代海洋产业发展带来的新的海洋文化元素，两相结合，形成海洋文化创意产业的新的内容资源。

实现海洋经济发展的宏大目标，必须依靠现代海洋产业的发展，包括现代航运业、现代海洋贸易业、现代海洋养殖捕捞业、现代海洋设备制造业、现代海洋旅游业等在内的现代海洋产业，又在酝酿和滋长着新的海洋文化元素，这些新的海洋文化元素又可以成为海洋文化创意产业新的题材内容，新的表达支撑。如果将这些与原有的海洋文化历史遗存的保护、开发结合起来，完全可以形成海洋文化创意产业的新的内容资源。

总而言之，发展我省的海洋文化创意产业，不仅应该有着对产业主体的明晰认识，而且应该建立科学而清楚的发展思路，只有这样，作为我省海洋经济发展中的一支力量，才有可能占有应有的份额，发挥应有的作用。

二、做大做强观念与以做大致做强的认识偏误

做大做强几乎是我们这个时代各行各业、各地政府谋求发展的共同观念。在这种观念的驱使下，许多的社会活动、经济活动都在实践着以做大致做强的基本做法。但是，在事实上，做大与做强并非互为因果的逻辑关系，因为做大了并不一定就能做强，许多本来不该做大的地方，我们一味地追求向大处发展，不仅无法形成发展的强势，而且会因为铺排浪费，留下难以平复的创伤。我以为，发展我省的海洋文化创意产业也是如此。

在调查中，我们明显地看到，许多地方都在以海洋文化旅游业的发展带动当地经济整体的发展，都制订了宏大的发展规划，以政府的力量实施这样的计划。如东山县、湄州岛、马尾等地均有此等现象，非常值得我们深入研究和清醒反思。

像湄州岛，其最大的旅游文化诱引力无非在于两点：一是以妈祖祖庙为标志的妈祖文化；二是因为独居海上而形成的海岛风光与海岛风情。抓住这两点，把旅游文化做精、做细，有可能成为魅力持久的旅游文化胜地。但是，我们不无遗憾地看到，在以做大为做强的观念驱使下，湄州岛的旅游发展出现了以下景象：

其一，始建于宋代的妈祖祖庙，虽然规模不是很大，但建造精致，文化蕴涵丰富，是湄州岛最核心的历史文化元素。扩建以后的妈祖文化园，不仅大而无当，粗制滥造的痕迹比比皆是。尤其是山后的妈祖故事雕塑园，虽满山布设所谓的妈祖故事群雕，但多数缺乏实质性内涵和艺术价值，并未起到拓展妈祖文化内涵的作用。

其二，在湄州岛的整体范围内，近年增建鹅尾神石园、天妃公园、湄州岛人口文化公园、天妃故里遗址公园等，拼凑的痕迹甚为明显，也无法形成新的旅游吸引力。

其三，整个湄洲岛上的渔村都在为旅游做开发，建道路，建住房，修海岸，造旅馆，湄洲岛原有的岛上小镇的边界似乎一下子扩展到全岛，但是，规划毫无章法，到处杂乱无序，完全失去海岛本应有的渔村风情与渔业风情，失去所有动人的魅力。

这就说明，做大并不一定能够做强，在旅游文化建设上一味地追求规模之大、地域之广，只可能变为粗制滥造的赝品。

再如东山县。东山县制定的《十二五旅游发展规划》中有这样一些核心内容：

整合做大。整合全岛，两岸互动，建成国际旅游海岛。

一廊、两轴、两带、七组团。

交通上：两环五射线

一核三带的旅游产业格局：

海滨旅游经济发展核心区

旅游综合服务区

嫁接式旅游发展协调区

海岛生态景观引导区

全岛构建四种生活方式：

慢生活、低碳生活、诗意生活、健康生活

近期工作目标：

1个5A级风景区、1个历史文化观光区、1个海上森林创意度假区、1个国家级旅游海湾

中远期工作目标：

1个国家级滨海示范度假区、1个国际标准旅游海湾、4个海岛旅游小镇、2个产业示范基地

旅游产业收入指标：

2015年：10亿　2020年：36亿　2030年100亿

这实在是一个令人神往而又惊心动魄的规划。我还观赏过关于这个规划的3D片、沙盘，也现场参观了正在建设的各种功能区以及海洋文化创意产业园。但是，却不能不发出如下的疑问：

其一，一个仅有20万人口的小县，一年仅旅游收入就要达到100亿，人均50 000元，这有可能吗？如果加上农业、工业收入，那么这个县将是一个怎样的富裕社会？

其二，要实现这个经济指标，需前期投资三个100亿，那这支出与收入又如何计算，真正的经济效益在哪里？

其三，如此大规模地将一个岛地进行彻底改造，建设那么多的功能园区，那么多的现代化道路、高档次酒店等等设施，你东山岛还是东山岛吗？还具有原本的海岛吸引力吗？

我的疑问其实是一个非常明确的判断：如此做大绝不等于能够做强。

因为，我认为，东山岛最具有魅力的旅游文化资源无非只有三点：一是临海风光，二是关帝庙，三是寡妇村。但具体分析起来，临海风光虽有，却难免偏居一隅的缺陷，对省外游客都很难产生吸引力，更不要说国际游客；一座关帝庙，虽被誉为“台湾关帝信仰正源”，但规模很小，内涵简单，也无法打造成所谓的“海峡关帝文化旅游第一县”。

事实上，要真正地发展以海洋文化为特色的旅游业，不论是湄洲岛，还是东山岛、平潭岛、三都澳、泉州湾、厦门湾，一味地扩大规模，是绝对不可取的。许多地方想围绕着海洋历史文化遗迹核心点打造大规模的旅游园区，不仅会在急功近利、盲目发展的热情驱使下“打造”出大量无价值的伪劣产品，还有可能淹没本来的海洋文化内核。

保护海岛原本的自然生态，保护海岛原本的历史文化面貌，适当做些修整，使那些地方既呈现出浓郁的海岛自然风情，又不抹杀保存了若干代的历史文化印记，这才是正确的选择。

三、海洋文化开发与堆积文化造成的魅力衰减

海洋文化旅游的发展,有两个最基本的前提:一是海洋自然景观资源;二是与海洋景观相连的历史文化遗迹。对于福建来说,海洋自然景观资源比较丰富,而与之相连的历史文化也比较独特,像马尾的船政文化遗迹、湄州岛的妈祖祖庙、厦门鼓浪屿的历史风貌建筑、东山岛的关帝庙等等即是。但是,这些具有内核作用的历史文化遗迹有些又显得比较窄小,不足以成为宏大的观光对象,于是,当前的海洋文化旅游发展中,流行着必须质疑的现象——堆积文化。

所谓堆积文化,即是指很多地方在发展海洋文化旅游业时,依托比较窄小的历史文化遗迹,大张旗鼓地新建许多文化设施、文化景观,最终却往往成为并无价值的堆积。这也是我们必须反思和正视的现象。

见之于规化之中的典型例证,仍然是东山县《十二五旅游发展规划》。这个《规划》认为:"关帝庙,规模体量较小,与巨大的文化影响力不相称,需扩建关帝庙,修建关帝文化广场,树立关公圣像,强化关帝文化项目载体,做大做强关帝文化。"进而提出了一系列扩建规划,如:

> 扩建庙社,将原来的一进式扩建为三进式建筑群落,占地10亩;
>
> 建设关帝文化广场,设关圣帝君雕像、祭坛、祭祀广场、主席台、关帝出巡群雕、开漳王关帝崇拜缘起群雕,占地50亩。
>
> 同时,还要在铜陵古镇建设关帝文化街,闽南文化街、海峡文化街。其关帝文化街包括:关帝工艺品街区、关公书画苑街区、关公酒家、武圣大戏院、关公客栈、关公影院。建筑风格为明清时代闽南建筑风格。

在过往的历史中,一些著名的文化遗迹,也都曾经历过重建、扩建等改变过程,那么,东山县以古代的关帝庙为中心,进行扩建,也是可以的。但是作为历史文化遗迹,在历史过程中,都自然地融进所属时代的文化意义,都有着在历史过程中形成的人为性与自然性。更重要的是,几乎所有有价值的历史文化遗迹,都不是为了给人看,为了赚取旅游钱财而建设的。或出于功用的需要,或出于精神的需要,人们进行了既符合文化传统,又具有审美创意的种种建设,因此,它们才能成为文化遗迹保留至今,强烈地吸引着后代的人们。

可是,我们出于扩大遗迹的设想,出于害怕旅客嫌小的心理,出于快速地赢取经济效益的目的,如此大规模地扩建,如此堆积出一个又一个所谓的文化园区,其结果很有可能将粗制滥造的建筑物堆积在地面上,却不可能赢得观众的青睐。

见之于已经建成的文化园区的典型例证,是湄州岛所扩建的妈祖文化园,马尾所扩建的船政文化园中的一些建筑同样有这样的问题。

当然,我这样讲,并不是一味地反对我们进行新的文化景观创造。如果我们能够平心静气地根据历史文化传统,根据现代文化演变,认真地进行一些富于创意的建设,同样可以赢得后人的欣赏,为后代留下精神的财富。

圆明园被八国联军毁了,那断垣残壁的遗址便是最有价值的文化遗迹;

澳门的圣保罗教堂被火灾毁了，那仅仅遗留的大三巴牌坊便是有价值的文化遗迹；相反地，如果我们按照明清风格重建那么一大批建筑，绝不可能成为有价值的文化遗迹。

文化遗迹是历史的累积，是寄托着精神信仰与审美理想的人类内心世界的物化；文化遗迹是堆积不起来的，无端的堆积不能造福于后世，却会损害当代。堆积起来的所谓"文化"，还极可能使原有的文化遗迹的魅力急速蜕化。

四、商业气息的强势覆盖与文化魅力的弱化

在我省沿海的几个著名旅游景点，拥有船政文化、妈祖文化、宗教文化、建筑与音乐文化、关公文化、闽南风情文化等多方面特色鲜明的文化内涵，必须着意保护与开发。但是，由于地方政府短浅的经济指标观念，由于相关从业者和原住地居民借机牟利的心理驱使，再加上管理不善等多方面原因，许多沿海文化景点都被商业气息强势覆盖。在强势的商业气息覆盖之下，旅游者慕名而来、以求一见的核心的文化内容的魅力却大幅弱化了。

东山岛、湄洲岛、马尾都有类似现象，最严重的莫过于厦门鼓浪屿。鼓浪屿是著名的旅游景点，极具海洋文化特色，厦门市政府也在着意进行开发。但是，现今的鼓浪屿上布满商业网点，店铺林立，摩肩接踵，纷乱不堪。大街小巷，到处都在临街设摊，或破墙开店，更不要说游商走贩，触目皆是，鼓浪屿整个成为喧嚣尘上的大卖场。

在这样一种喧哗的商业竞争中，游人不仅很难感受到传说中到处回荡着琴声的音乐之岛的魅力，很难感受到古旧建筑所发散出来的宁静而神秘的文化信息，很难感受到从鼓浪屿遥望台湾海峡所引发的历史思绪与现实情感，反而容易产生"原来如此"的感慨。

所以，我在进行《福建省发展海洋文化创意产业的现实基础、主要任务与政策措施建议》的项目报告中，就特别提到这一非常严峻的现实问题，提出"剥离沉重的商业覆盖，彰显独特的海洋文化"的基本思路，还提出以下具体建议：

其一，鼓浪屿上只规划极少数地方、站点提供给商业使用，以满足游客购买和饮食之需，其他地方一律禁止任何商业行为，特别是要关闭那些破墙开店、借门开店、占街开店的店铺。

其二，在净化和静化后的鼓浪屿突显两大文化特色，即音乐文化特色和建筑文化特色，让外来游客踏入鼓浪屿之后，都会井然有序地散入大街小巷之间，去悄然地领略其间的音乐文化与建筑文化，使他们产生感动之心和敬仰之意。

其三，在净化和静化后的商业街区或适宜的地方，设立闽南传统手工艺作坊，闽南艺术展示坊，现做现卖，现场展演，使其成为闽南文化的活态展示。

我还认为，鼓浪屿的建筑文化与音乐文化都富于海洋文化特色。从建筑文化来说，那些形成于19世纪末至20世纪上半叶的1 000余座各式建筑，绝大多数都与海外侨民、海外交流等有着密切的关系，不仅具有特殊的建筑文化特色，而且蕴涵着数不清的人间故事。然而，这一切尚未发掘。从音乐文化来说，鼓浪屿不仅出现过不少的音乐家，而且，著名的钢琴博物馆和风琴博物馆中的展品，都来自于海外，有着丰富的海外文化蕴涵，因而，在外界人们的印象中，它应该是个满岛琴声的地方。可是，当它被商业气息强势覆盖之后，游客听不到琴声，只能听到吆喝声、嘈杂声；看不到那些别墅里的内容，只能看到那些别墅门前纷乱不堪

的摊点。政府如果能够痛下决心，强制剥离鼓浪屿上商业气息的覆盖，还鼓浪屿一个宁静而干净的环境，那才能赢得更多的旅客，这即是鼓浪屿开发海洋文化创意产业最应该着力的地方。

优美而特殊的海洋自然风光令人留恋，深厚而丰富的海洋文化令人感动。如果我们踏上鼓浪屿之后不能被感动，不能留恋不舍，那就说明我们的开发不成功。如果我们能够剥离沉重的商业覆盖，让鼓浪屿整个变成由建筑文化和音乐文化气息所笼罩的"大博物馆"，一处处建筑，一个个小博物馆，若干处海滨风景都成为它的一个部分，一个展室，让所有来访者一下船就如同进入这个大博物馆的大门，噤声轻步，屏息观赏，直到最后上船离开，还频频回望，那才说明对它的保护与开发终于成功。

当然，不仅仅是鼓浪屿。要发展福建的海洋文化创意产业，不能不考虑经济指标的实现，但是，只有真正保护和建设了有价值的文化，经济指标才能够实现。不仅如此，我们也才能造福一方，并沾溉于后人。

福建海洋文化及其产业发展研究

陈延童
（集美大学水产学院 福建 厦门 361021）

【摘 要】 本文探析福建海洋文化的形成，研究福建海洋文化及其产业的分布，在分析福建海洋文化及其产业发展现况和存在问题的基础上提出大力发展福建海洋文化及其产业的建议。

【关键词】 福建；海洋文化；海洋文化产业

福建拥有丰富的文化资源，其中底蕴深厚的八闽文化为福建文化产业的发展奠定了扎实的文化基础。福建地处太平洋东岸，长达 3 752 公里的大陆海岸线和长达 807 公里的海岛海岸线，拥有大于 500 平方米的岛屿多达 1 546 个，有悠久的通商历史，是海上丝绸之路的起点口岸，众多与海洋相关的地理和人文的因素决定了福建文化具有明显的海洋特性。

一、福建海洋文化的形成

海洋文化的本质就是人类与海洋的互动关系及其产物，海洋民俗、海洋考古、海洋信仰以及与海洋有关的人文景观等都属于海洋文化的范畴①。福建海岸线长，海岛多，海岸弯曲度优良，拥有许多天然良港以及面对台湾宝岛形成特有海上交通要道的台湾海峡。福建人过泊台湾，开发宝岛，“过唐山”南下东南亚，福建港口优势带来的通商贸易和对外交流往来，形成特有的海上丝绸之路……这些自然的海洋地理条件，加上福建人有史以来对海洋的特殊情感，长期从事与海洋相关的活动，形成特定的福建特色并具海洋特征的福建海洋文化。福建海洋文化涵盖福建的海洋民俗、海洋有关的人文景观、海洋信仰、海上英雄人物信仰、海洋考古等。其中英雄人物中有航海家郑和下西洋时，郑和船队在福建留下遗迹；民族英雄郑成功收复台湾，为闽台留下历史佳话；华侨领袖陈嘉庚远渡南洋，发家后为家乡教育事业做出重大贡献，留下宝贵的精神财富。福建人和海洋互动关系及其产物构成富有特色的福建海洋文化。福建海洋文化有显著的开放性和包容性特征，这一特征的福建海洋文化给这块有福之地注入源源不断的发展动力。

陈延童：男，副研究员，主要研究教育管理、区域经济。

① 曲金良：《海洋文化概论》，青岛海洋大学出版社 2011 年版，第 5 页。

二、福建海洋文化及其产业分布

福建文化中有明显的海洋特征,也有明显的山区文化特征,分布在地处海峡西岸的特殊地理位置,本研究用"文化带"和"文化圈"这些概念对福建海洋文化及其产业分布进行粗略的划分——海峡海洋文化带、福建山海文化交叉带、福州船政文化圈及其产业、马祖文化圈及其产业,闽南文化圈及其产业,这些文化带和文化圈让我们更加清晰看到福建海洋文化及其产业的分布。

海峡海洋文化带指海峡两岸因为闽台之间地缘相近、血缘相亲、文缘相承、商缘相连、法缘相循[①],因而海峡两岸的海洋文化从内涵、形式、作用等方面都有其共性,所以形成有共同特点的海峡海洋文化带。

福州船政文化圈及其产业是在现存的历史文化遗址,比如马江海战遗址、昙石山文化遗址、郑和下西洋文化遗址、陈靖姑文化遗址[②]。这一些历史遗址形成有特色的福州船政文化圈,这一特色文化形成旅游、旅游产品、创意等相关的文化产业。

妈祖文化圈及其产业分布是在围绕湄洲岛上妈祖遗址及其风景区而形成的文化圈和相关产业。福建有不少关于妈祖的传说,在莆田妈祖信仰流传已久,在台湾有上千间的妈祖庙。据说妈祖的海神能保佑船员的安全,所以在台湾岛有不少人信仰妈祖,台湾人相信妈祖祖地就在湄洲岛,经常组织到妈祖圣地祭拜,这种两岸的共有的妈祖文化信仰,形成独特的妈祖文化圈及其产业分布,主要有旅游业、木雕艺术、戏曲等文化产业。

闽南文化圈是在厦、漳、泉金三角地区,有共同的闽南语系、闽南戏曲、高甲戏、木偶戏、闽南习俗、闽南建筑等。在这一文化圈中存有郑成功文化、日光岩、湖里山炮台、鼓浪屿文化遗址和景区、开漳开台文化遗址、诏安海上丝绸文化遗址、漳州滨海火山地质公园、漳州"半湖礁1号"沉船,还有以泉州港为起点的海上丝绸之路文化,有市舶司遗址、古航标万寿塔和六胜塔、石湖码头等。这些共同的文化元素形成闽南特色的文化圈,这个文化圈广义地说还应包含台湾在内的闽南文化。闽南文化圈带来相应的文化产业分布,有旅游、创意、影视、戏曲、艺术品等相关文化产业。

另外,福建山区也有深厚的文化底蕴,其中以武夷山的自然与文化所形成的世界双遗产[③],龙岩红土地及其文化形成的独特的山区文化,这部分文化与海洋文化融合在一起形成福建山海文化交叉带,所以说发展福建文化及其产业必需念好"山海经"。

三、福建海洋文化产业发展现状

1. 福建文化产业发展的总体概况

新兴的文化产业发展成为福建省新兴经济增长点,文化产业发展态势好,保持稳定的增

---

① 方传安:《海峡西岸文化产业发展问题研究——以泉州市为例》,《企业经济》2012年第10期。

② 孔苏颜:《福建海洋文化产业发展的SWOT分析及对策》,《厦门特区党校学报》2012年第2期。

③ 张华荣:《探求福建文化产业发展新思路》,《开放潮》2006年第1期。

长。2010年福建文化产业增加值达600亿元以上,同比增长3%;2011年福建文化产业实现增加值802.32亿元,同比增长33.3%;2012年福建文化产业实现增加值1 000亿元,同比增长24%;2013上半年福建省文化产业实现增加484.13亿元,同比增长20.4%。文化产业增加值实现持续增长,这样的增长速度和福建海洋文化深厚是紧密相关的。

2. 福建海洋文化产业涉及的领域

资源类海洋文化产业有海洋历史文化展示及其产业、海洋民间文化产业、海洋景观文化产业、海洋文化发展及海洋经济发展相关政策等。创意类海洋文化产业,是有海洋特色的创意艺术表现形式及其产业。涉及以下领域:文化创意、影视制作、出版发行、广告、演艺娱乐、文化会展、数字动漫等[①],只要和海洋文化相关均可称为海洋文化产业。福建创意类海洋文化产业这几年蓬勃发展。比如以闽南建筑文化衍生出石雕业,由原来的实用型石雕发展到现在的艺术型石雕,附加值及产值大大提高。福建海洋文化产业领域正由传统资源型向文化创意型发展。

3. 福建海洋文化产业有着巨大的发展潜力

福建文化产业增长已连续三年保持在两位数的高速增长,福建海洋文化产业以其海洋资源的丰富性、人文资源的深厚性、海洋蓝色国土的广阔性、海洋文化的开放性等特点,将迎来更加广阔的发展机会,蕴藏巨大的发展潜力。福建海洋文化加上创意、创新的力量,福建海洋文化产业发展将保持巨大的发展潜力。

四、福建海洋文化及其产业发展的建议

1. 利用高校优势,构建海洋文化学科群,助推海洋文化产业发展

福建高校正面临新一轮的改革与发展时期,要更好地发挥高校为地方经济发展服务的功能,高校正面临新一轮学科调整,可以通过政策的引导与支持在高校学科调整过程中引导高校构建与海洋文化产业相关的学科群,让其在海洋文化产业的创新创意开发,人才培养等方面发挥好作用。

2. 打破城市行政界限,构建闽南文化圈,推动两岸关系发展

闽南文化在福建海洋文化中有特殊性,要站在历史高度来看待闽南文化的特殊历史地位,应该打破厦门、漳州、泉州的地方行政格局,构建闽南文化圈,站在两岸关系发展的角度,挖掘其文化共性并加以保护、利用和传承。这样做能加快闽南文化及其产业大发展,也能促进两岸关系的进一步融合。

3. 加速海洋文化产业人才培养,为文化产业发展提供强大的人力支撑

目前福建海洋文化产业发展迅速,与人才培养不匹配,出现人才培养明显落后、专业结构矛盾突出、人才培养质量亟待提高的问题。福建海洋文化产业发展已经不是原来传统的资源性的文化产业了,而是加入更强大的创新创意的力量,所以对人才需求的标准就更高了,可以借助两岸的力量来共同推动海洋文化产业人才培养,为福建海洋文化产业发展提供连续不断的人才供给。

---

① 章文秀:《福建文化产业驶入快车道》,《人民日报海外版》2010年11月19日。

4. 加强保护和合理利用相结合，为文化产业发展提供可持续的动力

以闽南文化圈为例，首先，要开展闽南语保护工作让更多的人会用闽南语。现阶段闽南语在农村使用得多而在城市使用得较少，讲闽南语的闽南人超过 6 000 万人，主要分部在福建闽南、台湾以及东南亚的新加坡、马来西亚、菲律宾等地，在福建省闽南语也面临保护问题。其次，要开展闽南建筑的保护工作。闽南建筑文化以集美嘉庚建筑尤为突出，闽南建筑记载着历史，也将传承着历史，要加以保护和利用。在城市化的进程中这个问题尤为突出，应出台相应的措施和办法加以保护。

5. 山海结合，延伸海洋文化价值

从福建文化及其产业分布图中，可知福建文化的山海特点是突出的，有海洋文化也有山区文化，山区文化包括龙岩的红土地文化、武夷山的自然与人文等，山海之间也有明显的山海文化交叉带，通过引导推进山海文化两者结合相互促进，可以提升各自的文化内涵与价值。

6. 依托蓝色国土，大力发展海洋文化产业

福建的海洋面积达13.6平方公里，比福建的土地面积 12.14 万平方公里还多出 0.56 万平方公里，海洋文化产业的发展，必须用到福建的蓝色国土。蓝色的国土是立体型的，可以扩展的空间很大，大力发展其相关产业，如，游轮业、游艇业、海岛旅游及其相关产业。也要发挥海洋文化开放性和包容性特征，加强对外交流，吸收外来文化的有利因子，加大创新力度，更好更快地发展福建海洋文化产业。

（本文发表于《湖北科技学院学报》2014 年第 6 期）

海洋文化与海洋文化产业研究述评与思考
——以一种关联性的视角

王惠蓉

（集美大学海洋文化与创意产业研究所 文学院 福建 厦门 361021）

【摘 要】 以一种关联性视角，对海洋文化理论以及海洋文化产业相关研究成果进行文献述评，进而从现代性特征出发，提出未来研究的思考：海洋文化产业研究应聚焦新型的“创意经济”；要填补海洋制度文化与海洋文化产业之间互动关系研究的空白；现代海洋文化产业的发展将进一步丰富和拓新海洋文化的内涵，海洋文化理论将面临更加多元的文化功能的交叉影响，如海洋文化产业的传播学研究及“文化空间意义生产”视野下的海洋文化区域的重新划分等。以上方面内在勾连的关联性将深刻影响海洋文化形成的各种向度和内容的变化，又可能重构海洋文化研究的理论框架和研究范式。

【关键词】 海洋文化产业；研究述评；现代性；关联性

当前以及今后很长一段时期，我国进入大力推进海洋经济战略的重要时期。“中国正在进行一场新的文化意识与经济发展形式的革命——就是随着国家经济对海洋的倚重、中华文明必将恢复其海陆兼备的形态”①。2010 年党的十七届五中全会明确提出把推进海洋经济发展作为“十二五”规划的重要发展战略。2012 年，中共十八大报告提出：“提高海洋资源开发能力，发展海洋经济，保护海洋生态环境，坚决维护国家海洋权益，建设海洋强国。”这是我国首次把建设海洋强国写进政府报告，更是对海洋重要性的高度肯定。2013 年，“一带一路”大战略及建设“21 世纪海上丝绸之路”大构想的提出，在世界范围内引起反响和回应，也是我国发扬“古海上丝绸之路”精神，树立作为新兴大国走开放、发展、合作与共赢的新和平崛起道路的形象，这种“新型的海洋合作关系”是 21 世纪我国新海洋文化的表征。

同时期，文化创意产业成为全球经济增长的一股新兴力量。文化经济的发展是国际间软实力竞争的重要领域，也是国内各省份转变经济结构，提高经济发展效益和展开软实力竞争的重要抓手。在这个大背景下，沿海各省份的海洋经济和海洋文化产业蓬勃发展。可以说，中国正在进入“蓝色文化经济”时代，无论是在具体的产业形态上，还是在文化精神层面，“大海意象”成为中国经济发展由面向国际，再大步开拓进取，最终能够包容天下，和谐共荣

王惠蓉，女，副教授，主要研究广告学、传播学、文化创意产业。本文系福建省社科规划项目（编号 2014B131）、集美大学学科建设基金项目《福建“海上丝绸之路”文化传播与价值实现研究》、福建省中国特色社会主义理论体系研究中心 2015 年年度项目（编号 FJ2015B044）阶段性成果。

① 苏文菁、薛历美：《福建省海洋经济发展若干现状与若干模式研究》，《福建广播电视大学学报》2013 年第 2 期。

的显性话语，正如学者李思屈所言，对“海洋文化精神”的倚重，使得“大海意象正在融入区域经济发展的文化建设中”，产业经济对“海洋文化”的汲取与释放是新经济时代的显著特色，因为与海洋有关，可能就代表地区经济的活跃性、产业形态的开阔性、具备外向型经济特征以及地区经济有持续性发展的巨大可能性等等。无论如何，海洋文化产业在今天已然不是海洋文化＋产业的偏正结构话语，而是代表了一个以“海洋资源”＋代表“开拓、进取、包容”等“海洋意象”的文化本源＋经济实体三者融合为竞争力的新的经济文化时代。这也正是本文梳理海洋文化及海洋文化产业文献研究成果及发展脉络的立意，以此试图从既有的研究脉络中，看到当今如何以“文化创意”的视角，重新理解海洋文化产业的相关问题，因为在未来，创意经济是海洋文化和海洋经济提升的必然途径，也是中国“海洋大国、海洋强国”发展战略从经济实体的基础层面直升到与国家形象和文化软实力获得一致性匹配的新的经济形态。

一、海洋文化理论研究述评

从现代性特征看，海洋文化理论的基本内涵，深受产业形态变迁或转型的影响，特别是在当今的创意经济时代，经济形态必将转变或改写现代人的日常生活，经“日常生活”沉淀而出的文化形式或内容使得现代海洋文化的重要内容得以重新涵化与稳固。透过海洋文化概念、基本内涵等理论研究的述评，能较为清晰地找到海洋文化产业影响海洋文化内涵的主要面向。因此，本文关于海洋文化文献研究的重点在于理论研究成果，而非具体的诸如宗教、文物、地理考据、人物、建筑、民俗活动等各方面研究。从海洋文化概念、内涵及重要地位的相关研究成果来看，主要集中在以下两个方面。

（一）“海洋文化”概念与内涵研究

海洋文化，就是有关海洋的文化，“就是人类缘于海洋而生成的精神的、行为的、社会的和物质的文明化生活内涵。海洋文化的本质，就是人类与海洋的互动关系及其产物”。[①] 近几年来的研究对“海洋文化”概念的取用基本上都采纳这一定义。

吴继陆认为：海洋文化包括海洋物质文化、海洋制度文化和海洋观念文化三个相对独立而又联系紧密的三个层面[②]。海洋物质文化（器物）文化主要是人们认识、开发、保护海洋能力和活动的物质体现。海洋观念（精神）文化，主要指认识和开发海洋活动中形成的海神信仰和海洋观念等，反映的是对海洋的心理感知和价值认识。海洋制度文化指开发和保护海洋的历史过程中形成的协调人与海洋、人与人之间关系的各种制度。它包括与海洋活动相关的禁忌、仪式、风俗、管理、习惯法以及各种明文的典范规则。海洋制度文化的不同是中西海洋文化的主要差异之一。

笔者根据吴继陆对海洋文化的层面分类进行再索引研究，发现，“海洋制度文化”研究目前是一个隐蔽的视角，现有的研究成果比较稀少。以“文化”角度切入有关海洋制度研究的

① 曲金良：《海洋文化概念》，青岛海洋大学出版社1999年版，第5页。

② 吴继陆：《论海洋文化研究的内容、定位及视角》，《宁夏社会科学》2008年第4期。

选题只有三篇，其中司徒尚纪的《从海洋文化制度看历代中国政府对南海领土主权的管理》①上下两篇特稿，篇幅巨大，悉数梳理了秦汉南海建置伊始、隋唐南海临海地区建置，南汉国对南海地区特殊行政建置、宋元对南海主权管理的扩大和深入、明代对南海管理的全面加强、清代南海传统疆域的确定与中国政府的制度化主权管辖以及鸦片战争后中国政府和人民维护南海领土主权的斗争等全景式的中国在南海领土主权管理方面的文化制度变迁。《郑和下西洋视域的海洋文化创新》②一文以郑和下西洋的视角，探索了海洋制度文化对中国海洋文化的发展与对外交流的影响。作者认为，海洋制度文化影响着整个国家海洋文化的兴衰，郑和下西洋时代经历了对海洋制度的认识与形成的不同阶段，使得我国海洋文化逐步从开放走向内敛，由发达步入落后，这都与制度文化紧密相关。作者在海洋制度文化方面提出观点：我国海洋制度文化发展相当滞后，仍拘泥于海洋贸易和海防方面的传统研究，应及时深入研究海洋战略、调整海洋政策、创新海洋制度。

从当前发展形势看，目前关于海洋制度文化的研究在数量上和理论深度上都远远不能适应国家"21 世纪海上丝绸之路"发展大战略的需求。文化的生成是特定制度下的产物，制度文化规制并引领着文化的具体内涵、表现形式以及发展方向。中国当前提出的"21 世纪海上丝绸之路"重要发展战略，是新经济时代下海洋制度文化的创新，从制度文化层面对这一战略思想进行解读与理论上的建构，将深刻影响中国海洋经济发展导向、海洋文化传播效果以至对中国文化的认同和国家形象建构等相关问题。因此，海洋制度文化的研究应从历史层面到现代层面进行再深入的和系统性的研究。

王建友、侯晚梅③的观点与此相应，他们认为海洋文化与海洋经济互动关系是对国家"巧实力"的支持。"巧实力"是硬实力和软实力的巧妙综合，它不强调任何一个方面，而要根据具体实际巧妙把两种力量有机结合，从而形成具有整体实力的更强实力。文中把海洋文化的创新与转化提到更高的理论意义："海洋经济保有文化软实力，海洋文化变为经济硬实力。"他们在路径建议中明确提出：着力海洋文化内涵，建构中国特色的海洋开发软实力，顺势而为，推进海洋文化产业化，海洋经济文化化。这种观点回应了当前创意经济时代文化功能的价值实现问题。

(二)海洋文化区域划分研究

刘丽、袁书棋④将中国的海洋文化分为三大区域：第一个大区域是泛珠三角海洋文化特征，包含福建、广东、广西、海南，还有中国香港，中国澳门和中国台湾等地的沿海区域。这个划分标准是按照我国传统海洋文化的发展情况而定的。闽南海洋文化、潮汕海洋文化、闽粤海洋文化等被认为是泛珠江三角洲海洋文化的代表。第二个区域是长江三角海洋文化区域，包括上海、江苏、浙江的沿海地区，它们是中西文化的交流与碰撞形成独特的海派文化特

---

① 司徒尚纪：《从海洋制度文化看历代中国政府对南海领土主权的管理》(上，下)，《岭南文史》2012 年第 3,4 期。

② 马志荣：《郑和下西洋视域的海洋文化创新》，《科技管理创新》2014 年第 10 期。

③ 王建友：《"巧实力"视角下海洋经济与海洋文化关系再审视》，《浙江海洋学院学报》(人文科学版) 2013 年第 2 期。

④ 刘丽、袁书棋：《中国海洋文化的区域特征与区域开发》，《海洋开发与管理》2008 年第 3 期。

征。第三个区域是环渤海湾海洋文化特征,包括辽宁、天津、河北和山东,它们受中原文化的影响较为深入,带有较为官方的文化特色。

二、海洋文化产业研究述评

(一)海洋文化产业概念与范畴研究

关于海洋文化产业的研究文献从2011年开始大量出现,绝大部分文献都是对特定区域海洋文化资源的产业化现状进行研究,专门探讨海洋文化产业概念的文献很少,基本上是借用文化产业概念定性海洋文化产业。

张开城对海洋文化产业的界定是:"指从事涉海文化产品生产和提供涉海文化服务的行业。"①在其2010年发表的《海洋文化和海洋文化产业研究综述》②一文中界定海洋文化产业的产业范围和行业分类:滨海旅游业、涉海休闲渔业、涉海休闲体育业、涉海庆典会展业、涉海历史文化和民俗文化业、涉海工艺品业、涉海对策研究与新闻业、涉海艺术业。其中涉海对策研究与新闻业是首次提出的类别。

王颖认为,从事海洋文化产品生产和提供服务的经营性行业,其本质就在于海洋文化产业化③。这个概念具有以下几层含义:

从性质上说,海洋文化产业是生产和提供海洋文化产品、服务的经营性行业,以取得经济效益为目的。

从产业过程来说,海洋文化产业是按照产业化的方式和手段经营文化,将海洋文化产品的生产和分配纳入产业运行的轨道中。

就其产业功能而言,海洋文化以满足消费者及市场的精神需求为主要功能。

(二)对海洋文化资源的价值评估。

吴建华、肖璇④试图厘清海洋文化资源系统与海洋文化系统的差别。海洋文化资源系统是人类参与海洋生产和生活过程中一切海洋文化系统要素的总和。海洋文化资源系统是海洋文化系统的重要组成部分,是那些已经或正在被人类认识、正在或即将参与国民经济运行和人类精神生活的海洋物质要素和海洋环境要素的总和。尚未被认识和利用的海洋文化系统,则以潜在的文化资源形式存在。该文提出海洋文化资源价值可以用市场价值法、替代性市场法、虚拟市场法等方法来评价。

(三)关于行业类别和区域性的海洋文化产业的研究占了绝大数量。

第一类研究:海洋旅游文化产业研究,这类研究数量居首。主要集中在区域性海洋旅游

---

① 张开城:《文化产业和海洋文化产业》,《科学新闻》2005年第24期。

② 张开城:《海洋文化和海洋文化产业研究述论》,《区域经济与产业经济》2010年第3期。

③ 王颖:《山东海洋文化产业研究》,山东大学博士论文2010年,第4页。

④ 吴建华、肖璇:《海洋文化资源价值探析》,《浙江海洋学院学报》(人文社科版)2007年第3期。

文化资源的利用与开发问题的研究。

佟玉权[①]进行了海洋旅游资源分类体系研究，将海洋旅游资源分为海洋自然旅游资源（含海岸带旅游资源系统、远洋及深海旅游资源系统）和海洋文化旅游资源（含海洋历史文化旅游资源系统、海洋现代文化旅游资源系统、海洋文化主题旅游资源系统）两大体系。

高怡、袁书棋[②]界定了海洋文化旅游资源特征、涵义及分类体系。重新调整了海洋文化旅游的类别，主要创新观点为：非物质海洋文化旅游资源比国家标准多了六个，扩充海洋设施旅游资源的亚类和基本类型；增设聚落类，将极易吸引旅游者研究的潜在海洋文化旅游目的地，如渔村、滨海城市等列入此类；增设海洋产业技能主类，指的是人类在开发、利用海洋的历史进程中创造出的海洋产业内部或代代相传、或与时俱进、推陈出新的产业技能；海上、海底等非常规住宿设施；以文化整体性目的地形式出现的滨海、海岛城市、乡村聚落。该文还首次将海洋民俗旅游资源按照经济、社会、信仰的不同关联度划分为海洋经济民俗、海洋社会民俗、海洋信仰民俗。高怡等提出的新型海洋文化旅游资源分类法为界定海洋文化创意产业的类别提供了很好的方向标。

第二类研究：关于海洋民俗产业的研究。海洋民俗主要是对沿海渔民出海祭祀、渔船、渔具等方面的研究。目前关于海洋民俗文化的产业化研究十分少。

第三类研究：关于地区性海洋文化产业资源的研究。主要集中在舟山群岛、山东青岛、海南、福建区域研究，有部分台湾地区的海洋艺术文化研究。此类研究成果都是针对特定类别的海洋文化资源在文化产业的表现或问题的研究。

三、媒体导向中的海洋文化产业

海洋文化产业的特色既依托于各地区与之相连的海洋自然景观和人文景观，也衬托着这些景观的文化创意价值，由此海洋文化产业的研究必然带有区域性、个案属性、自然资源效应等特征。因此海洋文化产业的发展与国家政策导向及地区经济结构导向联系紧密。媒体报道是反映政策导向及地区经济导向最为快速和明确的线索，为了全景式地比较和研究我国各沿海地区或城市对海洋文化产业的认识及政策导向，本文同时从“媒体导向”维度对我国海洋文化产业的资源类别和问题对策进行比较研究。本文从知网重要报刊数据库中，在全文范围内以“海洋文化产业”为主题词，采集近五年来（2009—2014 年）与“海洋文化产业”相关的新闻作品进行全样本分析。共收集到 31 篇新闻作品，剔除无实质性相关内容，剩余 13 篇新闻作品。本文的内容分析采用三个项度：地区（城市）、海洋文化资源、海洋文化产业问题分析或对策。以此比较各地区对海洋文化产业对优势资源的整合与利用策略及发展导向（表 1）。

① 佟玉权：《海洋旅游资源分类体系研究》，《大连海事大学学报》（社会科学版）2007 年第 2 期。

② 高怡、袁书琪：《海洋文化旅游资源特征、含义及分类体系》，《海洋开发与管理》2008 年第 4 期。

表1 媒体关于我国各沿海地区(城市)海洋文化产业导向的呈现

地区(城市)	海洋文化资源	问题/机会与策略
舟山①:打造特色海洋文化品牌(2006年)	海坛、海洋渔业博物馆、灯塔博物馆、书雕城;渔歌、渔民画等。	
天津市②:定位为:"开放型海洋文化产业带"(2009年)	天津碱厂;大沽船坞;渔业	策略:挖掘本地素材和资源,高度开放和因地制宜
青岛③(2010年)	独特的自然气候和地理位置优势;基础设施完善;大量的海洋文化产业硬件设施;国内海洋节庆活动最多、特色最鲜明的城市。	问题:海洋文化产业还没有引起政府的高度重视;因不是省会城市,在文化建设和文化氛围上欠缺很多东西;产业意识不够,文化产业属于较低发展层次的问题。
广西④(2010年)	海上丝绸之路发源地;贝丘遗址、南珠文化、水上木偶戏、京族哈节文化、蛋家文化、"三娘湾"神话等历史资源、少数民族文化资源。金滩、银滩、红树林自然保护区等自然景观。 海洋文化产品:《八桂大歌》舞台艺术精品;《印象刘三姐》文创品牌;"漓江画派"美术品牌;"南宁国际民歌艺术节"节庆文化品牌等。	问题:缺乏龙头企业;资本要素在文化市场发展不够。 对策:将文化资源转化为文化产业资源:(1)利用南宁国际民歌艺术节等打造文化精品。(2)构建以海洋文化旅游项目为主体的海洋文化产业链。(3)建设一套成熟推广机制,打造新的强制品牌。(4)在融资方面有更多的渠道进入。
天津市⑤(2011年)	湿地文化、海洋工业文化(海洋工业文明发展史)、近现代爱国主义文化、文化交流与贸易等	突出规模化、品牌化、特色化;以海洋文化产业为基础,建设北方创意产业领航区,打造10个以上国内外有影响力的名牌文化。
长三角地区海洋文化产业⑥(2011年)	海洋民俗文化、海洋宗教信仰文化、海洋景观文化、海洋盐业文化、海洋商贸文化、渔业文化、港口文化、科教文化、体育文化、文物古迹、名人文化、文学艺术等。	

① 《打造特色海洋文化品牌 大力发展海洋文化产业》,《浙江日报》2006年9月25日。

② 杨晓帆:《滨海要闻》,《北方经济报》2009年12月23日。

③ 路敦海:《资源优势得天独厚 诸多瓶颈亟待打破 青岛海洋文化产业大有可为》,《中华工商时报》2010年12月16日。

④ 黄和芳:《立足本土资源打造北部湾海洋文化产业》,《广西政协报》2010年6月5日。

⑤ 李棽:《建设北方创意产业领航区》,《滨海时报》2011年11月14日。

⑥ 苏勇军:《海洋文化产业:长三角区域经济新增长点》,《浙江日报》2011年2月28日。

续表

地区(城市)	海洋文化资源	问题/机会与策略
福建[①](2011年)	福州:昙石山文化、船政文化; 莆田:妈祖文化 泉州、漳州:海丝文化; 厦门:鼓浪屿音乐文化	问题:产业意识欠缺、市场份额不大,产业不清,缺乏叫得响的品牌。 机会:2011年3月被列入全国海洋经济发展试点省市。
宁波[②](2011年)	"海上丝绸之路"文化;海洋民俗、宗教信仰、盐业、商贸、渔业、港口、科教文化、体育文化、名人文化、文学艺术等。	指导策略:发展滨海传统文化产业。
大连[③](2012年)	对策: 建立海洋文化产业专项政策体系,构建海洋文化产业体系; 从战略高度培育和树立全体市民的海洋文化意识,利用各类媒体弘扬海洋文化; 在科技、文化艺术、研究、教育培训、文化经营管理等领域构建海洋文化产业人才队伍; 培育海洋文化消费市场,优化升级:海洋文化旅游、海洋休闲娱乐业、海洋节庆会展业、海洋休闲体育业、海洋饮食业等。 着力打造海洋文化产业园区,打造完整的海洋文化产业链。	
广西[④]:我国首个进行海洋文化产业策划的省区(2013年)	打造南珠产业链;浪漫涠洲岛;京族风情岛;海洋历史文化遗址公园、无居民海岛文化活动。	"海上丝绸之路"的文化资源;民族风情歌舞和影视展演;海洋生态
福建2013年两会报道	有关发展海洋文化产业提案中提到的特色资源:海洋旅游文化、海洋民俗文化、海洋渔业文化、海洋军事文化等。	发展对策建议:鼓励技术创新,打造龙头企业,知名品牌;构建闽台海洋文化产业集群;加快海洋文化主题公园、海洋文化综合体等产业项目,促进规模效应。

① 吴洪:《海洋文化产业蓄势突破》,《福建日报》2011年11月10日。

② 苏勇军:《积极发展宁波海洋文化产业》,《宁波日报》2011年4月5日。

③ 《加快发展大连海洋文化产业》,《大连日报》2012年10月31日。

④ 邝展婷:《推出产业策划　打造特色品牌　广西将着力发展海洋文化产业》,《中国船舶报》2013年1月9日。

续表

地区(城市)	海洋文化资源	问题/机会与策略
上海[①](2014年)	游艇旅游、邮轮旅游、海洋休闲度假村、海洋水族馆等现代海洋文化产业是主导产业及盈利点,但海塘、制盐文化和民俗等传统海洋文化并未引起重视。建议,"挖掘传统、结合现代、打造景观";"创新模式、布局产业、提升价值"打造海洋文化主题公园,提升产业价值。	
粤桂琼地区[②](2014年)	未来几年将呈现滨海旅游业、新闻出版业、广电影视业、体育与休闲文化产业、庆典会展业共同竞进的局面。同时21世纪海上丝绸之路的建设也为三省海洋文化产业发展提供良好契机。	

近五年媒体关于海洋文化产业的报道集中体现了沿海省份及地区倚重海洋经济的共同需求,在思路上也基本趋向一致:挖掘因海洋而生的独特的自然资源和民俗文化资源,发展现代海洋文化产业。但媒体对海洋文化产业的导向显示的突出问题是"导而无向":重概念,轻理念;有区位,无定位。各地区提出的海洋文化产业问题具有高度的相似性:产业化程度不高,缺乏完善的产业链,文化产品层次低,市场化程度不高,产业价值低。因此,"做大做强"成为潜在的概念性话语,但各区域的策略导向都几乎雷同,差异化策略及文化价值理念缺乏着眼点,目标导向缺乏。其次,海洋文化资源的区域特征是其固有的"文化资本",海洋文化产业本质上是海洋文化空间的生产,文化产业中的"文化生产"固然要重视市场因素,但它的集约性问题是要创造什么样的文化。因此,"做大做强"概念中的"大"的内涵是什么?"强"的精神是什么?这绝不能仅仅理解为经济效益,"做大做强"应该包括产业中的文化价值导向、价值实现方式、资源保护等理念。因此,有区位特色,并不意味着能够"做大做强",能产生更好的影响力,这一更深层次的思考应该体现在"定位"上。站在社会发展"瞭望台"上的媒体报道当然不能规制文化产业,但应当担负起对产业进行文化引导的社会责任。显然,从现有的报道看,媒体报道对海洋文化产业并未完成在这一导向上应该完成的任务。

---

① 马赛:《海洋文化有独特意义,上海已形成诸多现代海洋文化产业》,《联合时报》2014年1月28日。

② 汪涛、孙安然:《我国首次发布海洋文化产业蓝皮书　粤桂琼海洋文化产业强势增长,并将迎来新的发展良机》,《中国海洋报》2014年5月16日。

四、对未来研究的思考

国家“十二五”规划及地方政策导向上皆把海洋文化产业归属为文化创意产业，这标志着海洋文化产业进入新一轮致力于寻找新的经济增长方式的发展周期，这种新经济增长方式即与当前的创意经济产生紧密联结。后期关于海洋文化产业的研究，也陆续提出要发展现代性海洋文化产业，使创意产业和创意经济直接相关。因此，海洋文化产业的研究应聚焦新型的“创意经济”。但是无论是媒体报道中应体现政策与文化导向的明晰性，还是研究论文在具体问题上的指向性，都不能给出明确和具体的答案。这种以“创意”为核心价值的新的海洋文化产业形态和价值创造范式仍然留有大片空白。创意经济理论相较于传统文化产业的理论研究，在内涵外延、价值增长的含义和意义等方面都实现阶段性的转变和提高。创意产业更关乎于“人”的主体性的产业活动，其中的“人”既包含创意文化的实际推动者、创作者或塑造者，也包括享受和共创文化的“阅读者”或“意义生产者”，而非只是消费文化的“买票人”或“持币者”。这是现代性的“创意经济”与传统“文化产业”的根本性区别。

目前我们的海洋文化产业常被诟病为“低层次文创”，即仅仅停留在扩大景区、文物模型生产、售卖随处可遇的地摊性纪念品，简单的故事挖掘和各种文本创作。但“高层次文创”的究竟是什么？无论是理论本体的研究，还是产业价值链条的形成研究等方面都还十分匮乏，即便是数量较为庞大的个案研究也无法带来具有普遍意义的借鉴作用。由是，这种“评价”又何尝不是对“海洋文化产业研究”本身的评价！

本文认为，海洋文化产业研究必须扩大宏观视野，加深研究的景深，从创意经济的本质出发，建构海洋文化产业的自有理论框架和研究范式，特别要填补 21 世纪新“海上丝绸之路”建构下所形成的海洋制度文化与海洋文化产业之间互动关系研究的空白。海洋制度文化是国家意志与软实力的体现，它牵涉的层面很多，但最终仍归结为一虚一实两个方面：一实是对海洋文化产业中有形与无形资源在配置上的引流作用，以及由此又形成的对海洋文化产业布局的影响；另一方面是受这些资源配置规制的产业硬实体，以不同的面向传播形态丰富的经济文化，向国内外社会引导“一带一路”发展大战略的文化意义和价值认同，建构着国家软实力的面貌，引导着国家形象认同。在这个视角下，海洋文化产业研究必须进一步拓展海洋文化产业传播学的研究视阈。文化产业传播学研究有两个学科领域可以融合，一个是文化产业的营销传播学，一个是产业形态的文化传播学，后者不仅是信息传播的流通，更是现代海洋文化内涵的主要生产机制，该领域的研究会因着媒介化社会的形成自生于创意经济时代。

创意经济所引领的现代海洋文化产业的发展，随之一定会扭转海洋文化理论研究的视角，进一步丰富和拓新海洋文化的内涵，这种内在勾连的关联性将深刻影响海洋文化形成的各种向度和内容的变化，又可能重构海洋文化研究的理论框架和研究范式。例如，“海洋文化区域”的划分应当有新的解读。“文化区域”不仅包含地貌气候等自然因素，还有“空间文化生产”的重大意义。西美尔早在 1903 年发表的《空间社会学》中提出：“空间”是社会互动的形式，人民心灵之间的互动充满了空间，从而把空间变得有生机和意义[1]。空间文化和空间意义的生成皆是社会各种资源交互配置的结果。因此，空间文化也是流动和演变的，诸如国家政治权力的转移、经济结构的转变以及当今发达的“媒介化社会”带来的传媒文化的塑造和海外融合等各类资源成为形成新海洋文化区域的重要影响因素，同时，21 世纪“一带一路”国家大战略下的制度文化也必将深刻影响着这些资源要素在“空间文化生产”中的流动作用。

由此重新观照海洋文化区域的形成，可能会有新的景象，如闽台地区的海洋文化形态和内涵就可能发生意义转移，形成特殊的“海洋文化空间”。福建、广东、广西、海南、中国香港、中国澳门和中国台湾等地的沿海区域曾被统合为泛珠江海洋文化区域。但由于闽台两岸关系的动态演变，闽台区域作为一个独特的意义空间已经不容置疑，两岸“五缘”相通，这种“先赋性文化”带来了两岸人民自主选择的文化认同[2]，但长达半个多世纪历史变迁赋予了这一区域独特的文化符号和景象，及至后来又不断开启两岸经贸文化交流和各种合作模式，又使得闽台文化区域足以成为一个独立话语空间。

2007 年开始，涉闽的海洋文化研究开始凸显，随后逐年增加，2011—2012 年达到顶峰时期。在这些文献中，涉闽题材的研究几乎谈及涉台关系。学者苏文菁[3]认为：海洋性不仅使闽文化在中华文化中极具区域特色，而且是千百年来福建人漂洋过海、从事商业活动的文化支持。我国东南沿海的闽方言区，在海洋经济上都有出色的表现，这些地区的文化个性就是海洋文化。苏文菁还提出要从一个文化持有者的姿态解读中国海洋文明。学者吴志[4]运用了大量史实例证从闽台行政关系发展演变过程、闽人迁移入台过程、闽台社会文化融合三个方面分析闽台区域文化形成过程，以此为基础从海船文化、海神文化和海商文化等海洋文化特质解读闽台海洋文化区的形成与发展。这些研究成为闽台海洋文化区域作为独立文化区域定位的重要依据。

与此相类，上海、江苏、浙江的沿海地区曾被定位为长江三角海洋文化区域，把它们归属于由中西文化交流与碰撞形成的海派文化区。仅从语义上理解，“海派文化”的概念更具备文化意象的特征，更接近是人文生活形态的界定。“海派文化区”的意义生成、文化表征、文化交互的形式和内容由其特定的历史渊源、政治地位、及人们对城市的“感知”和“想象”共同构成。这样的概念属性在今天一定离不开媒介化社会的影响，这个定位在新媒体时代也值得进一步研究。从媒介建构空间的角度来看，媒介对于城市空间的“建构”进入一个新的时期，这也是媒介技术和社会各种要素相互作用，重塑人类“生活场景”的新时期。[5]“海派文化”是人们对这种“生活场景”的日常“感知”与“想象”，那么，上海“海派文化”意象与浙江“海洋文化”意象在日常生活中恐怕还具有不同的“空间表征”，恰如浙江传媒建构的浙江“蓝色文化”与上海传媒建构的“海派文化”的传播符号系统在受众的“感知”和“想象”中是具有明

---

① 罗新星：《第三空间的文化意义生产研究》，岳麓书社出版 2013 年版，第 2～10 页。

② 王惠蓉：《从公益广告看海西文化圈的共通意义空间》，《集美大学学报》(哲学社会科学版)2010 年第 4 期。

③ 苏文菁：《论福建海洋文化的独特性》，《东南学术》2008 年第 3 期。

④ 吴志：《闽台区域文化形成的海洋文化学分析》，《云南地理环境研究》2012 年第 6 期。

⑤ 殷晓蓉：《媒介建构“城市空间”的传播学探讨》，《杭州师范大学学报》2014 第 2 期。

显差异的，它们创造了不同的“理想投影”[1]。这种差异是否具有重新划分海洋文化区域的能力还不能妄下定论，但现代媒体文化功能的多元交叉如何影响海洋文化区域的形成，进一步拓展海洋文化内涵和创新海洋文化空间的意义生产等重要问题理应再次进入研究者的视野。

总而言之，现代创意经济语境下，海洋文化产业新的发展形态和模式、国家海洋强国战略下形成的海洋制度文化、媒介化社会中海洋文化产业的传播生态等三大结构性影响因素将赋予海洋文化更丰富的内涵。本文谨以粗浅思考抛砖引玉，期望获得学界更深入的批评与探索。

① 殷晓蓉：《媒介建构“城市空间”的传播学探讨》，《杭州师范大学学报》2014 第 2 期。

海西文化产业原真性保持与价值传导

董　巍
（集美大学工程技术学院　福建　厦门　361021）

【摘　要】 文化产业是经济高度发展的产物，与一般经济产业不同，文化产业的产品因承载文化内核而具有社会价值的传导作用。海西文化产业因其独特的地域性、历史渊源而被赋予特殊的“对外传播中国文化精髓，促进祖国和谐统一”的使命。在发展海西文化产业时，更强调经济价值与社会价值的均衡，既要保持海西文化的“原真性”，也要对外来文化进行去粗取精的兼容并蓄，以此增强海西文化产业持续的社会价值传导能力。

【关键词】 海峡西岸经济区；文化产业；原真性；价值传导

波特认为：“经济发展的最后阶段实际上成了一种文化阶段——它关注人们个性的发展，因此指向文化。”[①]文化产业是国际社会公认的21世纪知识经济的核心产业、“无烟环保产业”[②]，各国纷纷将文化产业作为重点产业发展。但是，众所周知，文化普遍具有意识形态的性质，因此，发展文化产业既要考虑到其商业经济性，更要充分谨慎其意识的价值传导性。

根据国家公布的数据，我国文化产业增加值从1990年到20世纪末增加了6倍。21世纪后发展速度更快，2006年、2008年和2009年我国文化产业的增加值、较上年的环比增长率及占当年GDP的比重等关键数值（表1）。未来中国文化产业将进入高速发展期，到“十二五”末，中国文化产业年增加值在GDP的比重将超过5%；将有大约10个省市的文化产业年增加值在GDP的比重超过10%，约有100个城市的文化产业年增加值在GDP的比重超过15%。与其他行业相比较，我国文化产业高于同期GDP的增长速度，特别是北京、上海、广东、云南等地区，文化产业已经成为国民经济的重要产业。

表1　2006、2008、2009年我国文化产业相关数据[③]

时间	文化产业增加值（亿元）	环比增长%	占当年GDP比重%
2006年	5 123	17.1	2.45
2008年	7 630	11.8	2.43
2009年	8 400	10	2.5

董巍，女，副教授，主要研究家族企业文化及传承、工程合同。

① 罗俊华：《发展我国文化产业的SWOT分析》，《特区经济》2005年第6期。

② 王春艳、韦晓宏：《关于提升我国文化产业竞争力的思考》，《商业时代》2011年第1期。

③ 张胜冰、刘婧：《中国文化产业内涵式发展不足成因探析》，《福建论坛》（人文社会科学版）2011年第2期。

一、海西文化的特殊性与原真性

(一)海西经济区的地域特性

海西文化产业是"海西经济区"的组成内容。所谓"海西",在《海峡西岸经济区建设纲要(试行)》中指台湾海峡西岸,以福建为主体,涵盖浙江、广东、江西三省部分地区,南北与珠三角、长三角两个经济区衔接,东与台湾岛、西与江西的广大内陆腹地贯通的区域。

海西概念的提出与海峡两岸实现三通、民间来往密切、官方逐渐接触的局面直接相关。由此可见,与其他的区域经济体相比较,海西经济区对应台湾海峡,既具有带动地区经济发展的特性,更因政治视角和历史视角而凸显其地理视角的自然集聚、意识形态和价值传导的独特性。因此,海西经济区以"对外开放、协调发展、全面繁荣"为总任务目标,以对台工作,并进一步带动全国经济走向世界的特点和独特优势为行为准则。

(二)海西文化产业的原真性

文化产业的原真性应来源于其文化基础的特性,文化的特性离不开其地域特征,否则作为国民经济的组成部分,就丧失其独特性,也失去进行市场竞争的核心能力。

1. 文化的独立、稳定性

文化产业是一种把文化符号市场化的产业[①],体现为文化产品与文化服务,但文化本身并不是一种商品。两千多年前的《周易·贲》言及"文化"时的表述为"关乎天文,以察时变;观乎人文,以化成天下"[②],可知,文化由"文"和"化"两个含义构成,首先是人类社会长期积累、沉淀出的"文",然后是进行教育引导的"化","化"以"文"为基础,"文"依"化"而传承。英国文化学家泰勒认为"(文化)是包括知识、信仰、艺术、道德、法律、习俗和任何人作为一名社会成员而获得的能力和习惯在内的复杂整体。综合东西方对文化的定义,一个国家的文化是这个国家区域内的人类在漫长岁月的社会历史实践过程中创造的物质财富和精神财富的总和,是这个国家的灵魂。任何一个国家或者地区的文化一旦形成就会具有长期的独立性、稳定性和约束性。

文化的独立性源于特定的生活环境和历史实践,文化因人群及居所环境不同而不同,比如我国北方人因平原而豪爽,江浙人因水乡而温婉。一旦文化的独立性确立,就会发挥"化成天下"的作用教导人们,形成特定的社会价值观,进而约束人们的行为。

2. 文化产业的依附性

文化产业与文化不同,经济产业具有依附性,这种依附性主要根植于其经济性。作为经济系统的一个子系统,文化产业以盈利为目标,以创造利润为核心的天然经济性不会改变。产业中的文化企业以批量模式进行文化产品和服务的标准化生产,同时,以市场化的价格原

① 柏定国:《文化产业学科应以意义重建为旨归》,《福建论坛》(人文社会科学版)2011 年第 2 期。

② 程裕祯:《中国文化要略》,外语教学与研究出版社 2005 年版,第 1 页。

则进行销售。所以,文化产业的根本特征是商业化;与文化相比,文化产业的发展具有纯粹商品性。

文化产业的依附性还体现在文化产品的开发与生产要追求满足区域性消费偏好,由文化产业提供的文化产品是市场的消费商品,其主要通过满足区域内消费者的特定消费需求获得利润。商品的会计利润取决于销售数量、销售价格和销售成本的均衡,因此,人口聚居的地区会吸引文化产业集聚,毕竟作为商品的文化生产与文化服务,集中而大量的消费群体都是收益所必须的。

3. 海西文化产业的文化基础

具有纯粹商品性的文化产业以纯粹精神意识的文化为基础才能被广泛接受,比如:歌剧、芭蕾舞剧、音乐剧和京剧在意大利、俄罗斯、美国和在中国的市场价值完全不可同日而语。仅就中国而言,秦腔、昆曲、黄梅戏、汉剧、粤剧和歌仔戏等也存在着明确的地区消费群体。如饮食文化典型的“南甜、北咸、东辣、西酸”的区别类似,我国的传统文化资源主要集中在西北部,相较于西北部的传统特征,南部与东部的现代文化资源丰富。各地区在其历史进程中,受资源禀赋的限制形成的生产方式、生活方式、审美情趣以及道德价值观各不相同,这些差异直接影响各地区人们对商品的选择与接受程度,进而影响不同的文化产品在各地区的市场规模[①]。

根据上述分析,海西文化产业发展受其地理位置约束,主要依托沿海核心区的福州、厦门、泉州、温州、汕头五大中心城市及其以该五个城市为中心而进行建设,因此打造海西文化产业的竞争特质就离不开本地区特有的海洋文化内涵,如“妈祖文化”,以及五大中心城市各自内在的文化要素。

另外,根据文化的“以化成天下”的教育引导作用,海西文化产业与其他地区文化产业相比较,其独特的使命是以“文化”为媒介发挥“海峡两岸”的历史血缘和亲缘的纽带连接作用。因此,海西文化产业的发展趋势必然是以海峡两岸关系融合为基础,不仅是经济的推动力量,还是两岸人民进一步亲密和谐的推动力量。

二、海西文化的原真性与文化产业的原真性保持

文化产业作为独立的经济产业分支历史较短,20 世纪 80 年代后,才随着信息技术的推动,表现出规模扩大、内涵丰富的趋势,因此,文化产业作为产业分类概念的内涵没有统一的标准。通常,文化产业价值来源于文化产业的外围层、相关层和核心层(图 1),文化产业外围层和相关层表现为文化旅游业、文化制造业、文化复制业、视听设备生产等;文化产业核心层指文化内容产业。

(一)文化产品的经济价值

作为商品生产的文化产业首先要尊重市场经济的一般法则,体现在注重成本核算,追求经济效益,以会计利润最大化为目标。有文献研究证明,我国文化产业增量部分多限于在文

① 胡惠林:《区域文化产业战略与空间布局原则》,《云南大学学报》(社会科学版)2005 年第 5 期。

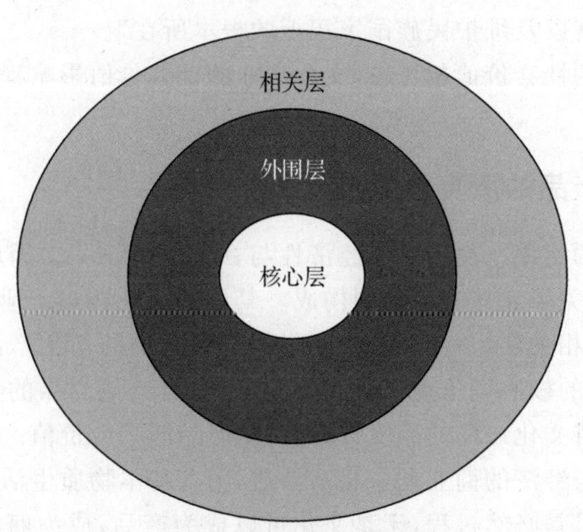

图1 文化产业价值层次

化产业外围层和相关层的发展，这部分的文化产业甚至占到某些地区文化产业增加值的80％以上，即便在中国出口的文化商品中，50％都是游戏、文教娱乐和体育设备及器材，文化内容产品输出较少。

由此可见，我国目前文化产业的发展普遍重视文化商品的经济价值创造，追求容易制造、容易形成规模经济的有形文化产品。同时，当作为“自负盈亏”的市场竞争经济实体的文化企业总是以追求利润的最大化为决策目标时，常看重“个体利益”而忽视区域乃至国家的整体效益，采取不符合长远、民族利益的文化产业发展模式，最终甚至会导致对区域文化经济发展的破坏。

曾经获得极大商业票房的电影《无极》，在拍摄过程中，对古城丽江的破坏就是因“文化制造”而破坏“真正文化”的典型案例，而且这样的事件有许多。文化产品还可以成为意识之战的工具，如罗俊华在其研究(2005)中提到一款外来游戏软件——该游戏把我国的三峡大坝作为“轰炸”的目标，游戏目标是看谁炸得准、炸得狠，文中提出我们要警惕西方的意识形态披着文化的外衣，打着“全球化”的旗号、借文化产品出口的方式的入侵。由此可证，文化产品除了商业经济价值，更重要的是其社会价值。

(二)文化产品社会价值

文化是民族凝聚力和创造力的重要源泉，是综合国力竞争的重要因素。荣跃明认为，文化产品在价值本质上具有无形和虚拟的特征，因为文化产品的真正价值源自于它的内容，即产品所具有的精神内涵[①]。虽然，学术界对“文化”尚缺乏一致认可的界定，但是，无论在西方还是在东方，在对“文化”的多样化定义中，都强调其中包含“人”和“精神领域”两个要素。因此，以“文化”为基础的文化产品和文化产业设计、生产与销售的商品看上去是以“书籍、报纸、电子游戏、音像制品和电视节目”等为外在形式，但是其核心是制造商认可或者希望传播的价值理念。柏定国提出“好莱坞代表的大众文化所宣扬的价值观，跟美国的国家利益完全是一致的”，他也认可 Colin Hoskins 的观点，“美国之外的大部分国家把本国文化产业产品

① 荣跃明：《文化产业：形态演变、产业基础和时代特征》，《社会科学》2005 年第 9 期。

看作保留其独特价值观以及维护民族国家福祇的根本所在”。

与普通经济产业的社会价值相比较，文化产业的社会价值影响程度更深远，关乎国家和民族的价值导向。

(三)海西文化产品的原真性保持

文化产业所提供的文化产品体现出经济性与社会性的统一。因此，文化产业的价值由文化产业的外围层、相关层和核心层共同构成。其中的文化内容产业作为文化产业价值的核心层，比起外围层和相关层，不仅能产生高附加值和大量的衍生产品，还能传播价值观和生活方式，是一个国家的核心竞争力要素。由此可见，与其他商品的生产不同，在文化产业的发展过程中必须保持文化产品的原真性，即文化产品的社会价值。

文化的精神内涵与经济的商业利益相互渗透，随着基本物质生活的丰富和充足，人们开始追寻精神领域的富足是必然过程，于是文化可以成为产品，成为商品，产生经济价值。但是，成为商品的文化并不丧失其社会价值的引导作用，可以在社会经济发展中通过对人的影响，既可以协调、推动社会经济向长期、和谐、有序的方向进行，也可能走向负面，主要看是倡导的何种文化在发挥作用。

无论从地理位置还是经济进程的角度，海西经济区都是承载海峡两岸、两洲经济区连接的枢纽，尤其是与台湾一衣带水的血缘和亲缘关系，都要求文化发挥融合的引导作用。文化产业的发展除了需要对艺术的灵感，对技术的敏感，更需要强烈的社会责任感。确切地说，由于受经济利益的诱惑，许多社会行为会发生偏离，此时文化产品的原真性会发挥指引作用，引领社会行为修正偏移。因此，在进行海西文化产业决策时必须明确和谨慎考虑经济收益和社会价值之间的均衡，保持文化产品的原真性。

三、在原真性保持基础上的文化创意产业开发

文化产业以其独特的形态演变和运行方式与其他产业发生广泛而复杂的联系，极大地影响一个国家的经济运行和社会文化的发展。我们发展文化产业，不仅要让人们通过文化商品化以获取经济利益，更要重视文化产业为对于人类的过去、现在和未来最深刻的文化责任。

海西文化产业因其独特的地理位置、特有的历史渊源和特殊的时代使命，必须把树立正确的社会价值观作为本产业发展的首要原则，同时与时俱进，接受先进文化的精华，实现海西地理和历史的连接通道功能。实现海西文化产业对社会价值正确引导主要有两种路径，一是保持中华文化的“原真性”，对传统文化认真传承；二是呈开放态度对外来文化兼容并蓄。

(一)保持“原真性”一脉相承

文化问题的重点在传承，文化产业对文化的传承基础是体现其固有文化的“原真性”(Authenticity)，其英文本义是“真的、原本的、忠实的、神圣的”。海西地区的文化历史可以追溯到千年以前，其典型的中国海洋渔民文化、华侨文化和两岸三地的“五缘(地缘相近、血

缘相亲、文缘相承、商缘相连、法缘相循)文化”是其他地区不可复制的,比如两岸历久不衰的“妈祖信仰”,体现的是两岸曾经的“与海结缘”的生活经历和“扶危济困、与自然和谐共生”的生活理念。

不同国家文化产业的产生背景和价值观念本来存在有很大的不同,在非商品化情况下,各国因循传统一代代传承自己固有的文化。但是,当文化产品进入商品化时代,发达国家可以根据其经济实力对国际文化市场产生控制力,通过其文化产品的市场推销,从而使得以这些国家为主体的标准成为世界性的标准。因此,在世界科技水平如此发达的今天,每个国家如何充分保护自己的文化资源,创造出符合本国文明进程和价值观念的文化产品,进而消减外来国的文化产品的负面影响,并发展本民族文化产业是一个不可回避的问题。解决该问题的唯一途径就是尊重本国、本民族的文化,对既有文化进行大浪淘沙式的删减和传承,而不是依据经济利益多寡跟随其他国家的文化产品形式。

比如,近20年来,我国各种物质形态的文化损毁程度极其惊人:50%以上的明清老屋被空置乃至废墟化;60%以上的庙宇古建筑为了适应产业开发而改、扩建;90%以上的民族日常服饰被各种流行服饰取代;90%以上的古道、老街被拆除;95%以上的凉亭、风雨桥被废弃或垮塌,取而代之的是千篇一律的商业街和商品房,我们获得数量不菲的货币,而我们为此付出的确是“文化水土”流失:新一代人热火朝天地过“情人节”给商家创造大量的商业利润,却遗忘“九九重阳节”尊老敬老的习俗;“美国大片”带来非政府的个人英雄主义,而忽视“以和为贵”的公共精神。

(二)去粗取精,兼容并蓄

发展文化产业,通过文化产品进行文化传承并非因循守旧、一成不变,而是在“文化革命”与“全盘西化”中间、在保留民族传统与向世界主流文明靠拢之间存在一条和谐共存的道路[①]。海西文化产业所涵盖的地区是我国最富有海外拓展、海外交流传统特色的地区之一。千百年来,不仅是海上丝绸之路的起点——泉州,还因大规模下南洋行动形成以福建为核心,北至浙江南至广东、广西的侨乡片群,形成著名的侨乡文化。这种对外部文化的亲和性在海西地区的建筑中到处可见,如普遍可见的欧式风格住宅、中西合璧风格的祖厝等。

既然文化产业的经济特性决定无论是文化生产还是文化服务,它都必须直接面对消费者,面对市场。那么,提高海西文化产业核心竞争力是发挥海西文化产业社会价值引导作用的根本。首先,要依据海西特有环境和历史条件,选择具有鲜明本土特色的文化元素;其次,要与国际文化产业的产品进行竞争,就必须了解国外文化习惯,通过以“去粗取精”为原则的兼容并蓄,把外来文化的精髓融合入既有文化中,提供为国外消费者所喜爱并符合国外消费者欣赏习惯的文化产品和服务。在这个融合的过程中,注意保持本文化的独立性和积极性,而不是一味地迎合经济利益丧失文化的先进性;再次,要通过多种文化交流合作通道,有意识地把体现中国文化的精髓的文化产品展示到国外,用文化的力量影响世界意识。

---

① 孙晓雪:《文化产业路径探索与政策建议》,《学术研究》2005年第7期。

四、结语

文化产业作为一种新兴产业经济类型和文化建设形式，将深刻地影响海西地区的发展道路和发展模式。根据国际通行的看法，一国或一个地区的政策会对文化产业发展产生重要的驱动作用。2000 年 10 月，我国政府首次正式提出“文化产业”这一概念，此后，有意识地运用“产业政策”来推动文化产业发展[①]。随着 2009 年《国务院关于支持福建省加快建设海峡西岸经济区的若干意见》的公布，海西作为一个具有独立文化底蕴的地区在文化产业发展过程中应该出台特色鲜明的产业政策，通过文化产业特有的社会价值传导功能，完成“维护中华民族的核心利益、促进祖国和平统一”新的历史使命。

[本文发表于《集美大学学报》(哲学社会科学版)2013 年第 3 期]

① 韩永进:《中国文化产业近十年发展之路回眸》,《华中师范大学学报》(人文社会科学版)2011 年第 1 期。

文化创意产业中的"惠安女"元素

庄莉红
（集美大学文学院 福建 厦门 361021）

【摘 要】 作为福建旅游品牌三女之首的"惠安女"，近年来成为文化创意产业表现的对象。但在现代社会发展的迅猛浪潮中，赖以生存的民俗土壤日渐稀薄，同时因系统性规划性不足和形式缺乏现代感使得该方面产业的发展愈显尴尬。为此，本文提出了保护和发展"惠安女"文化的四点思路：内涵创新与文化认同；文化保护；整体包装，系统发展；新媒体传播形式的运用等。

【关键词】 文化；创意产业；惠安女

一、"惠安女"的由来

严格意义上来讲，"惠安女"应该称为"惠东女"，指的是惠安东部沿海包括崇武、净峰、小岞、山霞四个乡镇的女性，是地地道道的汉族，但因奇特的服饰和婚俗文化而闻名遐迩，由于行政隶属于惠安县，故人们常用"惠安女"来指代她们，我们的文章也沿用这一名称。

"惠安女"的服饰之奇特可以用"封建头、民主肚、节约衣、浪费裤"来加以形容，尽管四个乡镇的服饰还是存在一定的差异性，但总的来说，花头巾、黄斗笠、窄上衣、宽裤脚和银腰链是其标配。鲜艳的小朵花巾捂住双颊下颌，上身穿斜襟衫或对襟衫，又短又窄，夏天露出肚脐，冬天则着紧身条纹内衣，下穿黑裤或蓝裤，又宽又大，像裤子又像裙子，腰部往往悬挂沉重的银腰链，这种服饰独具一格，具有很强的色彩感染力，被视为"中国服饰精华的一部分""现代服饰中的一朵奇葩"（图 1）。2006 年 5 月 20 日，国务院将此种服饰列入第一批国家级非物质文化遗产名录[①]。前几年时尚界掀起的"露脐装"、裙裤，据说就是受到此种服饰的启发。

独特的婚俗文化也使得"惠安女"一度为世人所瞩目，包括早婚、长居娘家等。早婚也叫"娃娃亲"，指的是出生后不久就被家人包办订婚，十几岁左右就结婚圆房。长居娘家也叫"不落夫家"，女人出嫁三天后即回娘家居住，其余只有等节庆或农忙时才回夫家住几天，一直到怀孕才能正式住到夫家，因此有些女人住在娘家的时间相对较长，有的两三年，一般的

庄莉红，女，副教授，主要研究公共关系学、策划学、礼仪学和笔迹心理学。

① 《国务院关于公布第一批国家级非物质文化遗产名录的通知国发〔2006〕18 号》，http://www.gov.cn/gongbao/content/2006/content_334718.htm，2015-07-01。

图 1　惠安女在海边劳作

五至八年，最长的甚至达到二十年……当然随着时代的发展，这些习俗已经发生了很大的变化：如早婚，现在允许很小时候就订婚，但领取结婚证却必须达到法定年龄；“长居娘家”的习俗现在已经基本消失。

大多数的男性长期出外谋生，女性必须独立承担起家庭的一切重担，人多地少、地瘠人贫，恶劣的自然和人文环境造就了“惠安女”这个独特的女性群体，吃苦耐劳、勤俭质朴、坚韧纯洁成了“惠安女”文化中最为可贵的内涵。尤其是不少见诸报端的事迹广为传播后，惠安女的品质逐渐被世人认知和感动，例如“八女跨海征荒岛”、“万女锁蛟龙”——惠女水库的建成改善了惠安的水利条件(笔者母亲就曾参与过这一伟大的工程)，从小岞林场护林员到大岞惠女哨所(图 2)……自 20 世纪 60 年代以来，“惠安女”渐渐为世人所知晓，从而成为文学家、艺术家作品中表现的对象，八九十年代甚至出现“惠安热”，文人墨客纷纷前来采风，创作了一批反映惠安女生活形态和内心世界的力作，在国内拥有了广泛的欣赏群体，文化创意产业日渐繁荣。

二、传统文化创意产业中的“惠安女”元素

“文化创意产业”这一概念，内涵说法不一，对此我们撷取了金冠军、郑涵所下的定义：“当代传媒与创意设计为基本存在形式的文化行业。”①要求具有“文化”内涵，又需要外在的

① 金冠军、郑涵：《文化创意产业引论》，中国书籍出版社 2011 版，第 1～9 页。

图2 惠安女执勤哨所

承载形式，即传媒与创意设计的结合，因此有了优秀的文化创意外，借助有效的现代化传播媒体和介质，进行产业化的投入生产，从而获得商业性的收益。

中国《文化及相关产业分类》中认为文化产业的外延包括：“新闻服务、出版和发行服务、广播电视电影服务、文化艺术服务、网络文化服务、文化休闲娱乐服务、其他文化服务(包括文化艺术商务代理服务、文化产品出租与拍卖服务、广告与会展文化服务)、文化用品、设备及相关文化产品的生产销售。”①为此，我们将从这一概念的外延出发，总结归纳与“惠安女”相关的文化创意产业的发展状况。

(一)创意设计的表现形式

1. 绘画和摄影

惠安女富有形式感的服饰和鲜艳的色彩，加上独具一格的人文风俗，作为外在美和内在美的统一，容易引起人们强烈的、新奇的审美体验，也激起创作者们的创作热情和灵感，因此由表及里、由外及内地表现其精神世界的作品，或者唯美恬淡，或者深沉厚重，例如著名画家陈德宏的《八女跨海征荒岛》，李弗莘的《海的这一边》，著名女画家周思聪的《小女孩》都曾在美术界轰动一时。国画如王柏生的系列作品、陈子的《春花无数》《花语》、首届中国画人物画展的最高奖的翁振新的《磐石无语》，油画如林之耀的《家园基石》、翁诞宪的《洗衣》等。近几年中国绘画繁荣发展，全国性的美术展览中，以“惠安女”为题材的绘画作品，每年都有十几件入选。除传统国画、油画、水彩、版画外，新兴画种——漆画如苏国伟的《花季》，也都有“惠

① 金冠军、郑涵：《文化创意产业引论》，中国书籍出版社2011版，第1～9页。

安女”题材获奖。不过，除了韦江琼、翁振新等画家以“惠安女”为终身创作主题外，其他画家基本上是兼而画之，随着90年代后惠女风情绘画高峰的消退和民俗的弱化，无法与生活相联系的艺术也受到一定的影响。

摄影家捕捉惠女民俗风情的照片《崇武风情》，曾印成明信片发行；1988年刊登在《深圳特区报》的《摩天大楼与惠安女》等摄影作品也充满表现力，这两年在惠安女摄影创作基地所拍照的照片如《长堤》和《惠安女04》获得过第10届乌克兰“关爱妇女”国际摄影展作品的金奖和铜奖。

2. 文　学

文学形式中以“惠安女”为表现对象的有小说《双镯记》、报告文学《惠东女》，前者后来改编成了电影，重点表现女性的苦难和坚韧。诗歌最有名的当属舒婷的《惠安女子》，主张用诗歌表现“对生命存在的拷问，能够上升为对惠东人及现代人整体生存状态和集体深层心理的关注”的叶逢平也有一些好的作品，除此以外，这几年以惠安女为主要题材的文学创作未取得多大进展。

3. 影视作品

电影《双镯》由上述小说《双镯记》改编而成，另外还有以惠安女形象出现、以东山岛铜钵村1950年抓壮丁为故事原型的《寡妇村》、80年代的《多彩的晨光》和《被跟踪的少女》等。

电视以其为背景的有《惠安女》《海岬女》《厦门新娘》《小城故事》等，主要集中在20世纪90年代至今的20多年时间内。

4. 其　他

舞蹈家再现惠安女欢庆的喜悦或离遇的思情的作品如《七星灯》《阿海》《赶送节》等，后者曾获得文化部的群星奖。地方剧种如获得省非遗的掌中木偶戏节目《惠女英豪邱二娘》和《惠安女抗倭》，现代高甲戏《惠女情》；雕塑则主要散落在风景区和市民广场，如崇武古城风景区和惠安科山惠女广场，但都因过于零散和主题性故事性不强难以获得人们的关注。

2013年启动了“城市品牌形象标识设计”项目（图3），选定的作品除了表现惠安传统的石雕工艺（如印章），还重点突显惠安女的形象特征，统一规范、标准传播，全面推广使用。另外，Q版惠安女的出现，让传统的文化创意产业的形式为之一振，这一组六个分别取名为

图3　惠安城市品牌标识

"乐乐、悠悠、芬芬、亲亲、惠惠、安安"的卡通版惠安女，传达出当地旅游部门致力于集"滨海、惠女、雕艺"三大旅游品牌于一体的"古城寻踪游"的线路开发，分别为"大姐古城寻踪游、二姐惠女风情游、三姐雕艺文化游、四姐滨海休闲游、五姐朝圣祈福游、六妹生态体验游"，这六姐妹将成为惠安今后的旅游代言形象，亮相至今评价都不错。此外，旅游部门以这六个Q版惠安女"乐游风情惠安"为主角开发出一系列深受孩子们喜爱的文化创意产品，如书签夹、便签本、行李牌、书签、贴纸等。

(二)"惠安女"文化存在的问题

通过对上述文化创意产业状况的分析，我们可以发现关于"惠安女"题材的创作高峰主要在二十世纪八九十年代，之后逐渐沉寂，这两年，在民间人士的自发呼吁和努力下，作为旅游附属产品的"惠安女"以表演的性质逐渐带动大岞和小岞一带的文化产业的局部复兴。究其起起落落的原因主要在于：

1. 民俗土壤日渐稀薄

崇武建城自明洪武二十年(1387)起，汉人开始大规模迁入，惠东一带因此人丁渐旺。"惠安女"的服饰数百年期间也经历了几次大的变革，解放后至今，虽然服饰也有一些变化，如改革开放后，黄斗笠、短上衣配西裤，或者上衣传统的黑色、蓝色、绿色变为白色，面料也随着潮流起伏，总的来说，款式变化不是很大。改革开放后这三十年间，惠东一片的尤其是80后、90后的年轻女子，越来越少人穿戴传统服饰，当前仍旧穿着传统惠安女服饰进行日常劳作的主要是中老年妇女。据调查，该服饰被认为"没有文化"是主因，而其所概括的精神内涵，包括愚昧、保守、落后……"裤头脱脱，头顶插牛骨；腹肚黑漆漆，肚脐真像土豆窟"，从民间戏谑的顺口溜中也不难看出该地区之外的人们对此装束的不屑和歧视，这使得当地女性感觉很别扭。加之由于早婚和长居娘家习俗所导致的集体自杀现象时有耳闻，与习俗相伴随的是女性地位的低下和抗争无望的悲凉。直到八九十年代，不少惠安女性的"抗婚"得到各级妇联的关注和有关部门的支持，陈旧陋习才得到有效改观，当然改观之后，惠安女性就不再是人们观念中的保守和封建的模样了。

"惠安女"服饰的形成与其劳作方式有关，例如黄斗笠和花头巾是为了防止风吹日晒雨淋，又可御寒、保暖、保护皮肤，短上衣是为了适应下海和滩上劳作的需要，宽裤脚也是为了卷起的方便，其服饰与海洋文化有着密切的联系。但近年来，随着女性地位的提高，独生子女政策的施行和男女平等观念的深入人心，女孩子读书的比例越来越高，就业的选择面也越来越广，人们与海洋的关联性也有所减弱，以农业、渔业为主的产业模式逐渐改变成为以石雕业和服务业为主的第二和第三产业，生活方式的改变也使得裤脚越来越窄，再加上外来文化的强烈冲击，传统的惠东女服饰渐渐受到冷落。

"故天下无不根之萌，君子无不根之情，忧乐潜之中，而后感触应之外，故遇者因乎情，诗者形乎遇"①，没有了风俗土壤的支撑，没有了现实生活的需求，仅剩外在表现形式的服饰就容易随潮流而更改甚至消亡。

2. 产业系统性规划性不足

随着人们经济发展后的文化回溯以及由于旅游或新奇异心理的需要掀起的地方复古风

① (明)李梦阳：《梅月先生诗序》，《空同集》卷五十，明嘉靖刊本。

潮，使得传统的服饰又在特定场合出现，比如婚庆及为艺术爱好者们摆拍。

由于是“惠安女”原始发源地和聚居地，惠安女风俗文化保存得比较完好，崇武大岞作为“惠安女民俗村”，在港墘设立了多家创作基地，如“惠安女风情艺术创作基地”“惠女风情”“惠安女摄影艺术创作基地”“惠安女民俗创作基地——惠女客栈”等，主要招待来自全国各地的爱好者们来此写生和创作与惠安女相关的艺术作品，包括绘画和摄影。小岞也有“惠女创作基地”，展示改良过的惠安女服饰，如黄色的、红色的上衣配绿色或白色裤子，摄影基地租用给来自全国各地的爱好者们，但外地游客不了解，本地人们也不接受，这使得“惠安女”服饰越来越沦落为特定场合的装饰，成为表演的服饰，或者说成为旅游文化的附庸。

据笔者的走访调查，感觉上述基地的经营方式大同小异，主要是开设旅馆（民宿），老板作为联络人，帮摄影爱好者们联系身着传统服饰的女子，带上渔业工具到海边表演，满足人们的猎奇心理。比较有特色的还会布置一两间房子，以传统雕花床和柜子等表现惠东女的起居情况。但总的来说，各个基地的分布较为零碎且缺乏规划性、完整性和系统性，还处于零敲碎打的单兵作战的状态，形不成规模和气候。

3. 形式缺乏时代感

“与数字电子存储、传输发展相关的重大革新，是文化表达的主要成分——文字、图像、音乐等——被转化为可供计算机读写和存储的二进制码。这是一个具有重要意义的变革……也许最重要的是，不同类型的媒体之间可以相互连接了。”[①]“惠安女”民俗弱化的另一原因主要与当地“80、90后”年轻女性的拒绝传承有关，而这部分人群接受和表达文化的方式与前辈们有了相当大的区别，她们热衷于网络等新媒体营造的文化氛围，然而我们上述文化创意产业中所提到的“惠安女”元素的表现方式基本是传统的实物或平面图像类型，带有单向传播的意味，与年轻人渴望掌控主动并实现与交往对象的双向互动的心态有一定的距离，这也使得他们主动传播传统文化的积极性受到一定的限制。

与惠安女相关的网络形式我们经过搜索如下：

论坛——如自称为“原生态惠女风情文化名镇”的“小岞论坛”，专门开辟了“惠女风情”和“摄影天地”等栏目。

微博：微博认证用户有地方门户官微“崇武古城在线”“惠女风情艺术创作基地”等，不过粉丝数都只有1 000多，前者微博1 000多，后者才200多，其他的均为派出所等机构。也就是说，“惠安女”文化在微博世界里传播的范围和力度还远远不够，尽管微博日见式微，但不失为一种无需“把关人”的直接而又便捷的对外信息发布方式。

微信，作为比较私密的社交软件，大有要取微博而代之的势头，我们认为微博与微信在内外兼顾方面完全可以相辅相成，因此掌握微信这一工具也是不可或缺的。最近可以看到一些地方宣传部门精心设计的与“惠安女”有关的微信段子在朋友圈流传，如《摄影师镜头里的惠安女》《惠女印象》《海的女儿》等，主要是把与“惠安女”相关的摄影等集合放入微信圈里，在互动设计上还有很大的改进空间。

---

① （美）大卫·赫斯蒙德夫著、张菲娜译：《文化产业》，中国人民大学出版社2007版，第235页。

三、"惠安女"文化的保护与发展

(一)"惠安女"的内涵创新与文化认同

西方理论家西斯·海默林在《文化自主与全球传播现象》中指出:"20 世纪后半叶,一个与先前双边交流式的历史事例有着显著不同的毁灭性过程,威胁着世界文化体系的多元性。以前从来没有过一个特定文化类型的同步化会充斥全球达致如此程度并如此广泛。"①联合国教科文组织提出的建立"人类活珍宝"制度的指导性意见指出:"地方性的文化遗产正迅速地被标准化的国际文化所取代,这种国际文化不仅得到了社会经济'现代化'的滋养,也得到了信息与传播技术飞速发展的培育。无形文化遗产的特性也使得它极其脆弱,制止它进一步消失已经迫在眉睫。"②

"惠安女"同相当多的无形文化遗产一样,在当代世界全球化日益推进、文化同质化日益加深的情况下却日益萎缩或后继无人。"惠安女服饰的保留和消逝并不取决于物质形态本身,而取决于服饰文化的主体——惠安女,她们身穿惠女服饰,并承担着传播惠女文化的重任。"③要对惠安女文化加以保护使之不被标准化的国际文化所淹没,提高惠安女内心的认同感和自豪感是关键。本人认同"采故实于前代,观通变于当今。理不谬摇其枝,字不妄舒其藻"④,只有创新与变革是唯一的出路。对此,我们可以借鉴和参考现代化进程中依然一枝独秀的韩国文化与日本文化,这两个国家分别学习并继承了中国唐朝、明朝大量的儒家和佛教文化,将其与本土文化进行了有机的融合,同样奔走在现代化的道路上,却能够"洋土结合""古今结合",走出有自己特色的文化发展及保护的道路,其中文化的内化及自我认同十分重要。

"神农氏没,黄帝、尧、舜氏作,通其变,使民不倦,神而化之,使民宜之;易,穷则变,变则通,通则久。是以自天佑之,吉无不利",为此,"惠安女"内涵中的"封建"和"保守"的标签应该及时摘除,对其注入新的内涵要义,以著名女企业家、女雕刻大师等为楷模,提高现代惠安女性的自豪感和自信心。2009 年 5 月,泉州市委发出《关于开展"弘扬惠女精神,提振创业激情,促进科学发展"的决定》,将惠女精神总结为艰苦奋斗、尊重科学、无私奉献、拼搏创业。这一内涵的变革与延伸无疑与时代相契合,只是如何将口号式的宣传说教变成老百姓所喜闻乐见的自觉接受与认同,方式方法是需要有关部门思考的。

(二)"惠安女"元素的文化保护与传承

为抢救民间文艺遗产,1985 年,由中宣部、文化部联合发文,作为指令性工作任务下

---

① 金元浦:《文化创意产业概论》,高等教育出版社 2010 版,第 240～241 页。

② 洪永平:《联合国教科文组织关于建立"人类活珍宝"制度的指导性意见》,http://www.chinese-folklore.org.cn/forum/viewthread.php? rid=3506.0,2015-7-10。

③ 蔡正华:《从三代惠安女观惠女服饰文化的变迁》,《淮海工学院学报》(人文社会科学版)2013 第 11 期。

④ (梁)刘勰:《文心雕龙·议对》,人民文学出版社,第 48 页。

达全国，要求全国各省市共同协作、收集、整理和出版《民族民间文艺集成志书》，到 1997 年已出版 122 卷、170 册，目前已大部分成书，这是极其紧迫的抢救工作。另外，在缺乏自我发展的内在动力驱动下，呼吁国家投入一定的资金予以保护外，争取国际机构、财团的实际援助和文化遗产保护的国际合作、国际支持，是目前我国文化遗产保护的一条新的途径。

惠安女文化主要体现在其独特的服饰上，对其保护当前主要依靠民间的自发努力，如崇武的"惠女服饰非遗传习所"、小岞的"惠女民俗博物馆"、大岞的"惠安女民俗创作基地"等，随着"传统文化寻根""文化体验"的兴起，上述以民宿为主要经营模式的民俗客栈一定程度上带动了周边餐饮及住宿的发展，不过由于规模不大、交通不便、地点分散，再加上惠女劳作具有一定的表演性质，缺少原生态的吸引力，因此具有一定的局限性。

此外，从基础教育抓起，将富有地方特色的惠女文化加到幼儿园或小学校园中。当前在实验幼儿园和崇武幼儿园尝试的"惠女课程进学校"和"小小惠安女"都得到社会人士的认同，通过校本教育，绘画和手工等孩子与父母共同完成的活动将惠安女形象共同串联起来，自下而上地得到有效认同和部分追随。

（三）整体包装，系统规划

"文化产业是在市场条件下建立起来的，与之相应的艺术保护也必须以与市场适应的方式来建构"①，我们可以呼吁引进市场机制，以企业市场化运作的方式，激活和保存"惠安女"这一独具特色的民族风情。据惠安县旅游局相关同志介绍，对惠东一片的旅游开发，如小岞东山村即将与"三棵树"漆业公司合作，致力于打造类似厦门曾厝垵的"文化艺术村"。

福建其他地区利用惠安女元素进行文化创意生产的还有厦门忠仑公园内的"惠和石文化园"、厦门的经典保留节目《闽南神韵》等，他们通过门票售卖的方式将"惠安女"的生活以音乐舞蹈的方式艺术化地呈现在观众面前。不过与上述惠东地区私人经营的风情园相似的是，这些文化创意产品显然是各自为政的，规划性不足，无法形成产业链获得持久不断的收益。

为此，笔者认为可以围绕一个"核心"——即惠女风情，通过园区整体规划建设，创建和孵化、集聚相关创意产业，以旅游和体验经济为主带动并形成新的产业发展群落，这些大的项目有的已经在启动之中。例如小岞 2013 年以总 32 亿元预算的"中国惠安女风情文化村"项目投资就是一个很好的尝试，该项目分为台风体验馆、特色海产品园区、国际游艇港及海钓基地及主核心区——惠女风情文化村，主要体现三大功能，即以惠女风情文化展示区为龙头，以服务体验为主体，以度假休闲为辅助，在保护惠女服饰文化、惠女婚俗文化及当地传统艺术文化的基础上，创新性地增加海洋文化博物馆、冲浪馆、汽车影院等现代休闲文化设施，为人们提供惠女文化、生活、劳动、体验、参观等旅游休闲度假的服务体系。表现形式主要为一期的惠女文化展示区和惠女劳作体验区以及海洋文化休闲区等，前者包括惠女服饰婚俗馆、李文会祠堂、雕塑艺术馆、人物文化馆、民俗风俗摄影馆、中国妇女文化博物馆等。此外，惠安县旅游局 2014 年启动了"崇武半岛海丝文化国际旅游度假区"项目，力图整合崇武、山

---

① 金元浦：《文化创意产业概论》，高等教育出版社 2010 版，第 240～241 页。

霞两个乡镇中的惠女、古城、滨海、雕艺等各种旅游资源，项目规划总面积约49.6平方公里，分为青山湾片区、崇武古镇片区、峰山片区、滨海森林片区四大片，预计总投资105亿元，希望通过项目建设，实现惠安旅游的转型升级，把惠安打造成为海丝旅游综合集散服务中心以及国际滨海休闲度假目的地，只是经过一年左右的北京、上海招商推介，上述两个大项目目前还停留在概念阶段，落地执行还有相当的难度。值得肯定的是，崇武潮乐村经过与台湾某文化创意公司签约，以社区营造的理念，将居民、游客与商业业主三方共存，有望于2015年10月迎接游客，从而打造一条既能带动当地经济产业发展，又符合文化生态发展要求的本土化旅游之路，避免了旅游发展所带来的文化生态及环境的破坏。

我们相信，通过这种上规模、上档次的大型文化创意产业园区建设，依靠市场方式，以文化艺术为内容，以高科技技术作为基础设施，以相互接驳的产业形成链条，可以有效打破原有行业界限，并能够对上下游产业进行优化组合、降低长期平均成本的系统力量，使"惠安女"这一非物质文化遗产得到有效保护和发扬光大，形成自我积累自我发展的良性循环。

(四)新媒体传播形式的运用

"新媒体是新技术带来的一种新的传播方式，它对文化的发展和繁荣起到推动作用。这主要体现在新技术应用、新文化需求的催生、文化外延和范围的拓展等，以数字媒体为标志的网络传播方式和以个人创造力为主的创意产业化已经成为经济新浪潮。"①例如以"水做的闽南"为主题、以千变万化跨越时空的惠女为主线的《闽南神韵》，曾在2011年通过"团购"这一年轻人所喜闻乐见的购物方式，推出以网络社区论坛、微博等时尚信息传播渠道，吸引一万名青少年走进剧场看戏，掀起学习闽南文化的热潮。因为企业自身宣传的需要，主要以惠安女民俗创作基地的老板曾梅霞创建的"我为惠安女代言"的博客，自2009年开通至2014年9月上旬，博客访问量达到68 000人次，为惠安女在网络世界的宣传起到了一定的作用。

新媒体已经不仅仅是技术应用的工具，也是创意的产生者。斯蒂夫·琼斯提到："对于新媒体的唯一完美的定义无疑来自于对历史、技术和社会的综合理解。"②作者提出新媒体包含以下几个层面——延伸传播能力的装备设置；使用这些设备进行传播活动和实践；围绕上述设备和实践形成的社会组织与惯例。从这一点上看，对"惠安女"文化的传承与保护，仅仅将新媒体作为工具是远远不够的，在创意的产生与互动结合方面有待进一步加强。

四、结　语

作为福建五大旅游品牌之一、"三女"(惠安女、湄洲女和蟳埔女)之首的"惠安女"不仅是惠安本地的代表符号，也是泉州、厦门甚至福建省对外宣传的形象符号，成为政府向外积极

① 莫玉音：《新媒体的发展和广东文化创意产业的探究》，《区域发展战略》2011年第2期。

② [美]斯蒂夫·琼斯著、熊澄宇译：《新媒体百科全书》，清华大学出版社2007。

推广的舞台形象。“惠安女”元素所赖以承载的民俗土壤却日渐稀薄，这与当前全球化趋势下中国无形文化遗产的以惊人速度衰落趋势是相吻合的，笔者认为内涵创新与文化认同、以市场运营、产业协作方式、借助新媒体将“惠安女”这一宝贵的文化遗产保护、传承并发扬光大是一条行之有效的途径。“惠安女”这朵民族大观园的文化奇葩，必将重新焕发异彩并促进福建乃至国家文明进程的多样化。

以旅游业为标杆的海洋文化创意产业探析

——以福建省东山岛为例

王惠蓉

（集美大学海洋文化与创意产业研究所　文学院　福建　厦门　361021）

【摘　要】 海洋文化创意产业的内涵与主体是对与海洋有关的各种有形的、无形的文化资源的认识、利用、整合并能不断创造出新的历史文化内涵的产业能力。以福建东山岛为例，从文化内涵角度，分析其以旅游业为标杆的海洋文化创意产业的资源体系及现实基础，建议其海洋旅游文化创意产业的资源整合与对策为：重建"新文化立岛"理念；景观环境创意应涵化旅游文化精神的表达；以"活动着"的闽台关系文化创造新"历史文化"以及丰富产业副线产品，提高品牌附加值等。

【关键词】 海洋文化；旅游文化；创意产业；对策

21世纪，伴随着海洋经济在世界范围内的崛起，海洋文化产业成为全球各地海洋经济的重要组成部分，有关海洋文化的物质与非物质资源皆被视为创新海洋经济模式的重要"经济资源要素"①。在我国"十二五"规划以及一系列政策中，也将海洋文化产业列为重要支柱产业。在这个大背景下，福建省提出海洋经济强省战略，在2011年3月从国务院获批的《海峡西岸经济区发展规划》中，把海洋文化创意产业列入现代海洋产业体系，其中，滨海旅游业是其系列产业之一。笔者在完成福建省海洋文化创意产业的现实基础、主要任务与政策措施子课题的过程中，调研闽南一带著名的滨海旅游景区，从文化内涵的角度，研究如何进一步整合海洋旅游文化资源，实现其海洋文化的创意性经济功能，发展区域性海洋文化创意产业，为我省的海洋经济发展提供镜鉴，最终以东山岛为主要个案进行研究。

东山岛在福建省的海洋经济强省战略中具有重要地位，近期出台的福建省《关于加快海洋经济发展的若干意见》这一文件明确提出加快东山岛等重点岛屿的开发，建成各具特色的功能岛。旅游产业是东山县海洋经济的重要支柱，目前旅游产业的整体规划已进入东山县产业规划的顶层设计。东山岛迎来以旅游业为龙头的海洋文化创意产业的蓬勃发展。因此，对东山岛旅游文化的研究有较大的理论价值和实际意义。

一、海洋文化创意产业的内涵与主体

目前学术界普遍把海洋文化创意产业归属于文化创意产业。文化创意产业的形态和相

① 刘堃：《海洋经济与海洋文化关系探讨》，《中国海洋大学学报》（社会科学版）2011年第6期。

关概念是随着20世纪70年代后发达资本主义国家的创新型经济、知识型经济和服务业的发展而产生的。准确地说,西方学术界并没有文化创意产业的概念,但与之相关的提法却有多种,有以工业化的文化产品为中心的“文化工业”、强调精神感受的“体验经济”、突出智力因素的“知识经济”和由新信息技术带来的“内容产业”,而最能体现人的创造性概念的是“创意产业”①。2002年,我国香港地区最先把“创意产业”作为政策性概念使用,后为了符合我国中央政府关于文化产业的政策导向,于2004年借鉴台湾地区的说法,使用“文化创意产业”这一概念②。在我国大力推动文化产业发展的背景下,自《国家十一五文化发展纲要》列出“文化创意产业”之后,上海、北京两市随即将发展“创意产业”和“文化创意产业”正式列入当地的发展战略,从此,“文化创意产业”的政策导向令人瞩目。③ 虽然在学术界,关于文化产业、创意产业概念的争议持续不断,但是在实践层面,这两个概念具有很高的同一性。据学者胡惠林(上海,2010)考察:“创意产业“和“文化创意产业”与“文化产业”在内容范围上严重重叠和重复。两者在实际业务中也不断交融、互为相长,不断适应我国的文化管理体制和创新型经济的结合模式,因此我国学界逐步将“文化创意产业”认定为约定成文的概念。关于文化创意产业概念的多样性在此不予赘述,本文采用通行的定义:“文化创意产业”强调了文化创意产品与经济行为的结合,是一种在经济全球化背景下产生的以创造力为核心的新兴产业,强调一种主体文化或文化因素依靠个人(团队)通过技术、创意和产业化的方式开发、营销知识产权的行业。”

据此,海洋文化创意产业的主体可引申为以海洋文化为内涵,通过人的创造性劳动使海洋文化的物质与非物质资源转变为经济资源要素,开发出独特的文化消费形式,能满足市场需求,从而形成可持续性的品牌营销体系和产业模式。海洋文化是“缘于海洋而生成的文化”,是人类创造出的与海洋有关的物质的和精神的文明生活内涵,它的本质是“人类与海洋的互动关系与其产物”。与海洋文化有关的创意产业属于海洋经济,是开发、利用和保护海洋的产业活动,它的功能性范畴广泛,但基本的哲学内涵为:如何体现人与自然由于相互依存而共创历史世界的本质关系;如何体现海洋文化与以农耕文化为特征的陆地文化的共存关系以及由此带来的现代文化与传统文化的‘共生’关系;如何体现中国海洋文化与世界文化的关系:我国海洋文化创意产业要走向国际化不能是搬抄或模拟,而是要体现个性文化的独立输出能力,创造人类的共同财富。因此,笔者认为海洋文化创意产业要体现对与海洋有关的各种有形的、无形的文化资源的认识、利用、整合并能不断创造出新的历史文化内涵的产业化能力。

目前,我国多数沿海地区的海洋文化产业集中体现为滨海旅游业,可以说,滨海旅游业是我国海洋文化创意产业的标杆性产业。从滨海旅游业这一独立的视角而言,海洋文化创意产业的主体产品是由海洋文化内涵生发,具有差异化竞争力的独特文化旅游消费形式,形成有特色的商业模式,利用既包括海洋自然景观、人文景观,民俗风貌,也包括任何形式的创意性体验文化和艺术创作形式。

---

① 侯博:《基于资源产业的文化创意产业研究》,中国地质大学博士论文2009年,第9页。

② 胡惠林:《对“创意产业”和“文化产业”作为政策性概念的一些思考》,《学术探索》2009年第5期。

③ 卞崇道:《海洋文化产业的哲学解读》,《浙江海洋学院学报》(人文科学版)2006年第2期。

二、东山岛滨海旅游业的文化资源体系与现实基础

东山岛拥有历史悠久的自然景观和人文历史景观，其景区的建立和传播早已有之，在福建沿海以及潮汕沿海地区拥有较大的影响力。目前东山岛海洋旅游文化创意产业的基础设施和服务配套已初步形成规模，完成旅游文化产业品牌管理的规划设想和阶段性目标，在思想上和策略上融进现代旅游业的大趋势。东山岛旅游业总体定位为"国际旅游海岛"，近期目标是在全省层面突出生态旅游岛建设；在全国层面打造国家级旅游度假区；远期目标为建设国际旅游海岛，打造世界旅游目的地。东山岛目前正着手制定大品牌策略来实现这个定位目标，邀请了北京中科景元城乡规划设计研究院进行全盘规划。

根据《旅游资源分类、调查与评价》(GB/T 18972—2003)的相关依据，东山县主要旅游资源分属于旅游资源的7个主类，18个亚类，43个基本类型。据统计，东山县主要旅游资源共计169处，其中以建筑与设施类资源最为丰富，共计75处，占资源总量的44.38%；其次是地文景观类、遗址遗迹类、旅游商品类、人文活动、水域风光类以及生物景观类资源。其中，建于明朝的"台湾关帝信仰文化正源"东山关帝庙，是国家级重点文物保护单位，是台湾1 000多座关帝庙的香缘祖庙，成功举办十八届关帝文化旅游节，已成为海峡两岸文化交流的纽带和桥梁，也是东山岛旅游文化资源的核心标志。[①] 近几年，东山岛不断促动季节性度假潮，拉动了大大小小20多个分散的"小卫星型"景区的消费市场。风动石、关帝庙、马銮湾和"寡妇村"等人文景观共同形成东山岛旅游文化资源的强大"口碑"效应，这些重要特色景观使得东山岛旅游业的高起点定位具备一定的底气和现实基础。

要实现这个定位策略，培育和打造相对应的高端滨海旅游文化"软产品"十分必要，这是旅游软环境的配套需求，也是旅游文化的创意结果，这也是东山岛当前在旅游文化创意产业资源的整合与应用方面面临的主要问题。正如对东山县现有文创产业发展状况总结所言，"东山岛的海洋文化创意产业尚在初级阶段"，重要景区在规划管理上改善不够快，对旅游文化内涵的挖掘不够深；旅游产品不够丰富，目前东山旅游活动局限在风动石、马銮湾、东门屿这三个老景区，新景区开发的步伐迟缓，缺乏收入弹性较高的休闲旅游和文化旅游等新品种。旅游消费形式也缺乏动态过程的观赏与深度体验，导致长线客源不足，朝发夕归"一日游"的游客占相当大比重，且70%为每年到访的香客，这就直接限制了景区、酒店、旅行社的效益，也制约了当地旅游与酒店高级专业人才与管理人才的培养和引进[②]，这些具体问题也是东山岛旅游文化创意产业目前要解决的主要问题。下文将具体分析与之相关的海洋文化资源在整合与应用方面的具体问题与对策。

---

① 文中的分类资料和数据资料均出自东山县旅游局提供的2012年5月编制的《东山国际旅游海岛旅游产业专项规划》(总体思路及初步方案)。

② 所得结论来源于东山县旅游局近三年的总结报告和对主要景区的实地考察资料以及现场访谈资料。

三、东山岛海洋旅游文化创意产业的资源整合与应用对策

滨海旅游业是东山岛海洋文化创意产业的主要支柱，东山岛的海洋文化创意产业等同于滨海旅游文化创意产业。本文从文化立岛的根本问题入手，从核心资源的整合应用、景观创意问题、度假文化的资源利用等三个方面具体分析东山岛旅游文化创意产业的资源整合与应用对策：

（一）建构“新文化立岛”的创意理念

英国消费者协会的席拉·麦肯尼认为，“文化的意思就是培养、栽种”。文化创意产业的核心动力是“原创性”。最早提倡文化创意产业的英国在其“创意英国”（Creative Britain）理念中强调：“人是创意产业成功的条件。这里的人不仅仅体现在扶植和培养文化创意产业所需的人才，还在于对人的文化消费活动的培植。英国不光注重硬件建设，更重视人和活动，推行大量吸引人参与和互动的文化创意行为，让文化活动主动走向人群。”英国的新文化理念打造了英国国家形象的文化景观，例如英国巴士文化是活动着的岛国文化生活的景观，成为英国国家形象的符号和文化展示平台，在2008年的北京奥运会闭幕式上再次进行了创意性文化展示。作为自然资源和文化资源丰厚并独特的东山岛旅游产业，其“新文化理念”的原创性应根植于“产业的文化化”。产业文化化就是把“静态资源”创意为“动态资源”，也就是把自然固有和历史形成的资源发展为能够创造新历史文化的具有自生能力的文化创意能力。波特的国家竞争力理论中强调“动态资源”的竞争优势，认为“动态资源”能与时俱进，能靠着人的智能随着社会科技、社会的发展而增强。“创意能力”被视为文化产业的主要资本形式。对旅游业来说，“旅游文化模式的创意”就是与静态的自然景观和人文景观并同的动态资源形态的资本形式。东山岛现存的自然景观和历史遗迹与海峡两岸的渊源悠久，文化内涵丰厚并天然融为一体，形成互动性的景观共同体。因此，东山岛应打造依托海洋自然的人文历史文化体验的国际旅游海岛。这个理念背后的意涵是，一方面旅游创意产品要整合由这个特殊地域关系所发生的文化资源，创造旅游文化的核心价值。笔者以为历史悠久的“关帝文化”和“寡妇村”文化应成为主线产品，一方面，“关帝文化”代表独特的山海文化交融的民族文化类型，“寡妇村”文化形成一面独特的人类文明形态（下文将对二者着重论述）。它们支撑着历史与现代交融的丰富的文化空间，是旅游文化产品的“动态资源”的重要基础。另一方面，这些资源的文化创意要呈现国际化水平，在高端系统的“创意生产”中展现民族特色的完整性，有走向世界的能力。这在文化表征和表演方式上充满挑战性，所谓的文化创意的真正寓意也才能在此凸显。因此，当前东山岛“新文化立岛”理念的首要阶段性目标是要确立浑厚大气的文化精品路线，雕塑自然、人与活动三者相互动的动态的新国际旅游文化模式。

（二）景观环境创意应涵化旅游文化精神的表达

“涵化理论”来源于传播学领域关于媒体内容对受众产生的潜移默化的长期效果的研究。媒体内容被认为有强大的“涵化功能”，它能深刻地表达和稳定特定的价值观念和认知

秩序。如果把旅游景区的景观环境视为旅游文化最直接的“立体直观媒体”，那么游客对景区环境的观感和认知便是旅游文化创意最面世的内容表露。景观环境的创意应潜移默化地把“外墙”的文化表达功能固化为游客对旅游文化的认同与接受，体现人对景观创意的文化性理解与人文性应用。以东山岛风动石—东门屿景区（含关帝庙）的景观环境为例，近几年虽然增设了诸多现代化景观和扩大了核心景区的规模，但景区内有个富有文化表演特色的景观似乎被忽略，即被加以保护的自然遗产关帝庙景点与所处的古村落仍旧保持着原始自然的一体景观。虽然从现代化的景区建设看，它们似乎有着“墙”的“意识”，但却仍然延伸着“墙”的界限，与铜陵古城墙一道“演说”着丰富的历史画面，静观一隅，不由地让人联想起旧时村民在定日齐来朝拜的生动景象。这个景观环境使得关帝文化的内涵具有更为深入历史的开发表演的平台。但是，景区“门厅”处的现代化围墙与延伸在“外”的旧时风情面貌却未能真正融合一体，紧邻关帝庙一带的民居建筑出现许多粗糙的现代建筑，不仅破坏了原有民居群落的古朴“质地”，与“关帝庙”以及“铜陵古镇城墙”的历史遗迹也较难以“对话”，现代化和原生态景观构成“两张皮”，这是景观文化创意的不足。此外，附属于景区内的闽台史前文化关系陈列馆，以考古化石来体现闽台之间的联系和互动，“海峡陆桥”的地理特征是中心展品。但是陈列馆的规模与设备也未能有效展示“海峡陆桥”这一地理特征在闽台交流中的作用，未形成特色的文化观赏。在涵化理论中，长期效果需要培养，景观环境应在培养游客对旅游文化精神的认识上起到先入为主的作用，首先凸显文化创意的智慧和表达功能，迅速启动活动其中的人的想象力和文化理解力，为消费者进一步的文化体验带来时空的置入感。

此外，景观创意还包括民间艺术创意街区的规划与管理。在我国诸多人文景观内，都设有民间特色的传统工艺或民间艺术展示及商业街区。街区景观的文化元素不仅包含特色建筑、商铺、工艺品等物质形态，更要体现它的商业行为文化，例如街区中经营人员不仅会售卖，还能对当地的核心历史文化有基本了解，培养基本的文化商人素质；街区的商演艺术（含广告口号创意、工艺表演、服务特色等）要进行整体性的设计。东山岛铜陵古镇可以作为海洋文化艺术创意街区的景观示范地进行开发。在现有的《东山国际旅游海岛旅游产业专项规划》中，铜陵古镇被作为文化旅游的核心地进行建设，其中，铜陵古镇核心区是闽南明清古建筑的集中区域，规划中的第二条循环式游线绕行着这个核心区。目前这条游线的沿线景观正在不断整合中，但还存在一些“文化空白”区，行走间情感无所触碰。同时，艺术设计与创作作品在这个街区的展示与表演也较缺乏系统性。笔者建议进一步修复古镇核心街区的原始风貌，保存小镇原始的民俗风情，把东山岛独特的民俗戏曲的表演文化植入其中，东山歌册、福建潮剧（东山）、海岛美术以及东山的传统工艺宋金枣、黄金画、剪瓷雕、铁枝木偶、海船订造、海柳雕等技术集中收集、统一调配在文化创意街区，作为经营与创新海洋文化艺术创意相统一的示范基地。对这些民间艺术的文化展示与经营管理要统一协调，既要保持原汁原味的表演仪式，更要突破无序分散的集体表演模式，不能让小作坊在商业街区简单重复地遍地表演和经营，连宣传口号也如出一辙。海洋文化创意街区要能在民族特色中体现大气文化，破除现实条件的制约，能把古明清建筑风格与层次丰富、特色各自的海洋民俗风情自然融合。

（三）以“活动着”的核心文化创造新“历史文化”

文化创意的原创力来自活动着的人的丰富联想和情感生发。文化性旅游与旅游文化在旅游目的地中进行有效互动后，能产生自然的市场调整能力，有活力的创意活动带来高速的市场需求后，旅游文化将被嵌入新一轮的创新发展过程，在这个螺旋向上的矛盾张力中，旅游文化创意产业不断地吸收和激活人类的文化创造能力，赋予旅游文化产业更高和更新的文化形态和内涵，最终形成新历史文化形态和表达，保持着文化产业持续的创新能力。“活动着的文化创意”需要核心文化的哺乳与支撑，在对以人文历史文化为主导的旅游文化模式的研究中发现，旅游文化的主体平台和核心内涵都首先寄寓于某个核心特色充足的人文景观资源。因此，东山岛可把“关帝文化”和“寡妇村”的独特资源打造成文化创意精品，突出活动着的人、风情和活动着的“历史文化”。

首先，关公文化并非东山岛所独有，但是山海合融的关公文化是东山岛独有的特色。东山“关帝庙”被誉为“世界关帝文化”的码头，除了它联系着海峡两岸闽南人所共有的关帝信仰外，这种信仰还开枝散叶到东南亚和远洋美洲的诸多华人聚集地。接受访谈的关帝庙管理者及关帝文化研究者陈先生认为，众人都在膜拜关公帝，却未能深刻理解关公帝为何会来到临海的东山，又如何走入台湾，传向海外？关帝文化的历史演变是内陆文化和海洋文化慢慢结合、融合的过程，东山关公帝神像是开漳圣王陈元光为安抚士兵临海作战的胆怯心理和鼓舞忠义士气而从山西请神入县，随之慢慢地融合进当地居民的海洋文化生态，成为居家辟邪护佑的神像之一。

这种融合很快与海洋生产生活方式联系在一起，对关公帝的供奉从居家走入海上，每家每户的渔船上，在固定的正中央位置，必定要供奉关公帝神像，并且与陆地生活一样，每逢初一、十五行拜。这一文化内涵还隐约存现于闽南地区沿海村村寨寨、潮汕一带渔民聚集区及台湾、东南亚，甚至远洋美洲华人聚集区的关帝信仰的迹象与活动中。关公这尊静态的神符在历史时空的演变过程中，延伸了它原有的“意义”和“隐喻”，慢慢涵括了丰富的海洋文化内容。这就是“人和活动”互动着的文化创意资源。学者卞崇道认为，文化如果仅被看作是一种结果，一种静态的东西是不全面的。文化应被看作动词，更着重于文化形成的过程。“对静态的历史遗产文化，我们应该通过再现其形成的历史时代风貌和追溯其创作活动的全过程来尽可能地揭示其意涵与价值”[①]，因此，东山岛应关注关帝文化风情民俗的再现与表演，修复最有典型性的滨海渔村风貌。目前，东山岛的陆地和海上居民仍有初一、十五祭拜关帝的风俗，信仰程度不同的人在神像摆设的序列、祭拜物品的选定、摆放上，在举香仪式上都有细致的区别。如果能把这些较为分散的陆海祭拜关公帝的形式与演变进行有效保护并在保存完好的渔村风貌中创造观赏条件，演示一部分完整的海洋生产生活方式的民俗文化，使之与沿海陆地的田园风光相映衬，打造一个丰满的海岛风情创意村庄，会成为特色明显的海洋旅游文化创意产品。在每年的“关帝文化节”上，再把这些日常生活中的文化形式改创成仪式性表演，能更好地点面传播独特的海洋旅游文化精品。

其次，“寡妇村”景点不应仅仅作为辅助景点。“寡妇村”的形成是在1950年国民党退败台湾时，从仅200多户人家的东山岛铜钵村抓走147名青年壮丁，由此造成91名已婚妇女与丈夫半个世纪以来两岸相隔，这个村庄后被称为“寡妇村”。寡妇村虽然历经岁月沧桑，但两岸同胞五缘相融的文化使得“寡妇村”内外村民的民族情操和与台湾的香缘关系更凸显我国倡导的两岸统一政策所凝聚的民间力量，这股力量使得“寡妇村”保持着的文化内涵早已

① 林长华：《“寡妇村”独特的妈祖庙》，《文化交流》2009年第4期。

褪去政治意识形态的底色，具有形成一面人类史上富有色彩的人文景观图景的重要特征。有两处记载可以佐证：一则是在出自南京电视台的电视纪录片《血脉》的记录中有这样一处记录："虽然寡妇村的历史跟撤退的国民党军队有关，可是就在这块土地上，村民们仍然放下历史的伤痛，用心呵护着一座国民党军官兵的墓园，安葬在东山阵亡的抗日英雄，他们为老百姓而死，老百姓没有忘记他们。铜钵人的善良、公正和大度从而充分体现。"[①]二则是在2007年元旦，"寡妇村"内外村民与台北、高雄两地的"玉二妈"等10多名来东山寻根朝圣的信众代表共同朝拜同根的妈祖，祈祷亲人早日团圆，祖国早日统一。在我们国家致力推动的两岸统一大业的时代背景中，"寡妇村"文化交错而成的人情世故的形成与演变，在今天看来，也许可以作为修复两岸关系的一种独特的文化资源。同时，它还有很多国际性的活动着的"文化符号"与之相映衬。例如，同在《血脉》纪录片表现的加入中国国籍并在厦门定居的潘威廉教授的个人经历，让他成为以国际友人的眼光表达对两岸同宗同亲认同态度的代表。因此，如果把"寡妇村"绵长而又纵横联结的文化资源经过旅游文化创意的再创造，让它进行系统化的符号性展示，打造成全新的丰富的人文历史景观，这个文化资源也将极有可能伴随着两岸交流与合作的扩大和深入而被作为"动态资源"进行持续创意和开发。作为旅游文化资源，"寡妇村"将可以成为人类文明史上温暖的一抹色彩而影响国际。在当前，既要保护好"寡妇村"历史生活的原貌，又要通过艺术手法再创"寡妇村"系列文化作品，"寡妇村博物馆"的内容应尽量拉长历史观感，增加现代纪实性材料，如拍摄《老兵归来》纪录片，编写《闽籍老兵归来纪实》系列丛书，把人文历史的考据考实这一过程跟文化旅游景点相结合，吸引相关专家或专业人士的介入，通过他们展示特殊的主题文化产品，吸引游客进行深度文化体验。

总之，东山岛海洋文化创意应着重激活和打开游客对海洋历史文化的"想象空间"，让文化符号延伸为观赏人文历史演变的流动的时空观感，成为创造新海洋历史文化的不可复制的"东山模式"。

（四）丰富海洋文化创意产业的副线产品，提高旅游品牌附加值

度假旅游是创造经济效益的支柱，它产生的副线产品主要用来留宿游客，增加消费。在现有的政策中，东山岛高端滨海度假旅游项目是拉动经济效益的重要项目，也具有较好的现实基础：一是海域条件较好，可以满足滨海度假需求；二是地理位置有优势，进入东山岛城区不远就能顺利到达景区，游、住、行、购基本能在一个小岛范围内完成。三是大量的星级酒店群服务配套已成规模。"东山度假"在福建省拥有很好口碑。目前要提升的内容是在旅居形式上增强创意，形成鲜明的特色，规划有圈层感的海洋文化创意衍生副产品，提高旅游品牌的附加值。第一圈层可以优先发展海上娱乐项目。东山海湾和沙滩具有得天独厚的自然地理特征和使用优势，除了开发现代感强烈的海上运动项目外，可在海上开拓文化表演形式，例如利用郑成功的"水操台"遗址，创意"仿古海上练兵"表演式。第二圈层是重点利用离岛东门屿开发海洋影视文化资源。东门屿被誉为"天然影棚"，[②]诸多知名度很高的电影电视剧的标志性情节取景于东门屿或其他景点，如83版西游记中代表"猴头出世"的浪拍礁石。据被访谈人介绍，这些能够吸引游客兴趣的标志物没有标识出来，也无人介绍，天天面对游

---

① 唐蔚巍：《试说纪录片拍摄中的发现意识——大型电视片〈血脉〉创作手记》，《视听界》2002年第3期。

② http://www.dsisland.com/InfoShow.aspx? InfoID=14&InfoTypeID=8，2012年11月10日。

客，却不被了解。如果这些文化创意的附属产品线能够被开发成体验式娱乐项目，如在岛上模拟商演，或体验小制作成本的题材性影视剧拍摄等，可丰富旅游文化产品，增加消费。景区与影视文化的联系也是文化创意产业的重要资源，我国著名景区张家界与《阿凡达》电影之间的关联产业充分说明了这点。前两个圈层自然能够带动第三圈层以后的各类文化项目，如会议经济、休闲美食等相关产业。

总而言之，海洋文化创意产业的副线产品要作为核心文化内涵的延伸与补充，在体系上能呼应以关帝文化和“寡妇村”文化生发的海洋文化特色，在活动形式上体现深度文化体验的强烈特色，展示高品位的海上文化格调。

结语

海洋文化创意产业是推动海洋经济持续发展的重要引擎。以旅游业为标杆的海洋文化创意产业成为我国沿海地区经济发展的重要战略。在激烈的市场竞争中，规模建设已成老路，只有发展特色鲜明的文化创意精品才能立足于旅游市场的前列。东山岛旅游产业的现状及发展需求在福建省乃至全国主要滨海城市极力推广的特色功能性旅游经济模式中具有代表性。其一，它具备独特的海洋历史文化资源，并且具备良好的旅游文化基础和现实配套，它有条件也有能力进一步开拓全新的海洋文化创意产业空间，其二，东山岛国际旅游海岛的战略定位也自觉地提出了它未来要面临的挑战和前景。东山岛应进一步以关帝文化和“寡妇村”文化为内涵，着力整合和应用反映独特的闽台文化特征的活动着的海洋文化资源，与滨海旅游度假文化共同形成体系完整和相互支撑的文化创意产业模式，并把这一整体性的海洋旅游文化创意产品进行品牌化运作，打造完整的品牌形象体系，这对当地的海洋文化创意产业具有保护作用，也可以创造滚雪球的经济效应。

［本文发表在《集美大学学报》（哲学社会科学版）2013 年第 2 期］

文创视野下蟳埔海洋文化之现代转型

——蟳埔海洋文化创意的描述与思考

欧阳端凤　曾佳遥　汤晓雯　陈露　蔡泳杰

（集美大学文学院　福建　厦门　361021）

【摘　要】 泉州东海蟳埔村历史文化悠久，坐拥丰富的海洋文化资源和历史人文财富，其中的蟳埔女风俗和“蚝壳厝”更是名扬海外，然而，在瞬息万变的历史洪流中，蟳埔海洋文化的现代化发展却举步维艰。本文通过实地调研，分析蟳埔文化消亡的主要原因，依据蟳埔文化的现实基础，提出建设“蟳埔文创村”的发展构想，帮助蟳埔村实现科学的文化转型。

【关键词】 蟳埔女；蚝壳厝；文化创意；现代转型

蟳埔渔村位于晋江的入海口，距泉州市区10公里左右，面积2.3平方公里，家庭1 500多户，人口6 000多人。历史上是海上丝绸之路古刺桐港的一个商埠。这里的居民世代以渔业捕捞和滩涂养殖为生，目前，蟳埔渔村有滩涂养殖面积8 000多亩。蟳埔女的头饰文化和生活习俗以及蚝壳厝已入选第二批国家级非物质文化遗产项目，蟳埔民俗风情也列入国家文化部闽南文化生态保护区项目。

一、蟳埔特色海洋文化概述

（一）东西结合的服饰艺术

服装设计是一门视觉艺术，服装美包含三个层次：服装本身的美、穿着者的人体美、两者结合的美，蟳埔女服饰恰如其分地实现三者的统一。蟳埔女服饰包括三大部分——头饰、耳环、衣服，由宋元时期保留至今且能在新时期审美潮流的变格下仍然留存并流行一方，这正体现蟳埔女服饰美的优越性。

1. 头饰源起西域

蟳埔人戴花的习俗来自中东地区的遗风——在哈巴拉山区（地处阿拉伯南部的山区），男人的头上戴着花环，这一习俗可以追溯到两千多年前。宋元时期，泉州作为世界第一大港，吸引无数阿拉伯人来访，久而久之，邻村的蟳埔人也逐渐模仿戴花这一行为，将东方的梳头方式和西方的戴花习惯进行了创意结合——外观上，梳头时，在偏头部二分之一处横插一根象牙筷，以此固定盘起一圈一圈的长发，前无刘海和碎发，后以螺旋团发髻为圆心，周围用

欧阳端凤等五位作者系集美大学文学院学术科技作品“蟳埔海洋文化田野调查”项目组成员。

图 1-1 阿拉伯南部戴鲜花的男人

图片来源：网易旅游

图 1-2 爱戴花的蟳埔女 曾佳遥摄

多种鲜花的花苞或花蕾用麻线串成花环。花环的材料主要有素馨花、玉兰花、含笑花、粗糠花等阿拉伯花卉。另外，她们还会插上一朵朵漂亮的绢花或塑料花作为独枝花来装饰。种种发辫的编织和装饰，形成靓丽的“移动花园”，俗称“簪花围”。[①]

在蟳埔人眼中，“花是大礼”。喜庆节日里，厝边之间互赠鲜花成为礼尚往来的习俗，因此编花艺术和鲜花市场始终保持活力。

在耳环的造型上，蟳埔人将耳环设计成“？”号，恰似鱼钩，又似秤钩。同时，耳环也是辈

① 泉州老子研究会：《众妙之门》，泉州市丰泽区文化旅游局 2004 年印行，第 66 页。

分和婚姻的象征：未婚的女孩子只戴耳环不加耳坠，婚后女子佩戴“丁香坠”，做奶奶后改戴“老妈丁香”耳饰。

未婚少女

已婚妇女

年老阿姨

图 1-3　不同年龄段的耳环区别　欧阳端凤摄

2. 服饰赏用兼备

蟳埔女的“大裾衫”与惠安女服饰并称为泉州民俗的两朵奇葩。与惠安女“封建头、民主肚”相比，蟳埔女服装恰是“封建肚、民主头”——延续了汉族传统服饰特点，以浅淡的蓝色为基调，给人以“海的女儿”的强烈印象。

上装前中心线下图花色与灰色错位相拼接，体现男左女右、男高女低的汉文化民族精神倾向。下身除方便蹲下劳作的直筒型的裤裆外，脚口配湖蓝色滚边简单装饰。纯手工量体裁衣，既显示出整体的柔和曲线，又不失东方女性的苗条与丰满，是我国古典服装设计艺术的精妙展示。

图 1-4　蟳埔女传统服装　欧阳端凤摄

(二)变废为宝的建筑艺术

宗白华先生言：“一切艺术综合于建筑，而礼乐诗歌舞剧之表演，亦与建筑背景协调成为一片美的生活，所以每一文化的强盛时代莫不有伟大的建筑计划以容纳和表现这一丰富之生命。”来自蟳埔的蚝壳厝便是“美的生命”体现。

蟳埔人用蚝壳修葺住宅由来悠久，根据长期从事动物学研究的徐润林教授、化学与生命科学专家李国清教授以及贝类研究领域的老研究者们的研究，这些蚝壳有很可能来自东南亚或南海北部沿海，与海上丝绸之路息息相关。

400 年前的蟳埔人就发现蚝壳这种良好的建筑材料——不仅有天然的气孔，还能抗虫蚝，具有抗风防暑、冬暖夏凉、墙体坚固等特点，甚至可以抵御强达八级的台风，因此有“千年砖，万年蚝”的美誉，多项研究表明蚝壳对于今后节能减排开发新型建筑材料有极大的启发。当地祖先因地制宜，变废为宝，建成大量“蚝”宅，这些“蚝”宅不仅具有丰富的美学和工艺学知识，还是“海上丝绸之路”的历史见证①。

(三)闻名遐迩的饮食文化

蟳埔三面临海，东南季风所到之处，滩涂多，处于海水与江水相交点，海产品繁多。蚝、梭子蟹、红膏母蟳，体大生猛，膏嫩肉肥。除了蟳埔集市，蟳埔人还在市区内开海鲜连锁超市酒楼，利用网店、团购等新型销售方式吸引顾客。

(四)韵味十足的节日文化

1. 虔诚妈祖信仰

妈祖文化是海洋文化的重要组成，蟳埔人以海为生，妈祖自然成为人们心中海上救苦救难、献身殉躯的神祇。蟳埔顺济宫供奉的妈祖主神乃湄洲妈祖的分灵。据说，身为靖海候的施琅将军在出征台湾前入此宫行香求得上上签，后果然收复台湾，故亲笔提写“靖海清光”匾额，悬挂在妈祖庙上方。

图 1-5　蟳埔居委会大厅悬挂妈祖巡香场面　欧阳端凤摄

蟳埔盛大的巡香仪式不仅彰显妈祖信仰的深入人心，也揭示信仰为凝结宗族海外台胞的重要纽带。在蟳埔，巡香历史可追溯到宋代。每年农历的正月廿九“妈祖生”是全村最隆重的节日。那天，3 000多人组成“巡香”队伍，拥护着妈祖神像，男女皆穿民俗盛装，舞龙舞狮、火鼎公婆、踩高跷、拍胸舞等闽南传统技艺纷纷登场。此类庆祝仪式已成为蟳埔的独特

---

① 司马云杰：《文化社会学》，华夏出版社2011年版，第63页。

标志，吸引国内外摄影家、作家到此采风，媒体记者竞相报道。

2. 神秘半夜出嫁

蟳埔女婚俗的最大特色便是“半夜出嫁”。与回族的晚上举行婚礼的形式类似，即结婚前一天夜里，新娘要“挽脸”（拔脸毛），之后用“甘草水”洗澡（据说甘草水能去衰气），12 点过后，由“媒人妈”带领的一小支队伍护送新娘至男方家中。

二、蟳埔特色海洋文化的发展现状

蟳埔女风俗已列入国家级非物质文化遗产名录；服饰位列省级第一批重点保护项目；蚝壳厝为市级保护文物……这些殊荣印证了蟳埔海洋文化的独特价值。

（一）战略引领，文都良机

泉州刺桐港边的蟳埔渔村，受宋元时期海丝起点的辐射带动，有着厚重的海洋文化积淀，是泉州进行海丝文化建设的主角。一方面，其“对外交流合作”的最大特质与蟳埔文化“汇通中外”的本质完美契合；另一方面，其涉及领域的广泛性为蟳埔文化的多重展示提供了良好的舞台（例如，实现民间层次的“中阿寻根交流”、政府牵头对接经贸项目）；再者，“一带一路”是国家长期稳定的战略，随着建设步伐的迈进而更加深入文化领域，这将为蟳埔文化的转型发展提供长期稳定的环境。

（二）民间自觉，力量无穷

费孝通先生在《反思·对话·文化自觉》中提到，生活在一定文化中的人要对其文化有“自知之明”“了解孕育自己思想的文化”，只有唤醒文化主体这种自觉意识，形成理性的文化自觉，才能改变人们的文化心态，推动当地文化的良性传承。因此，蟳埔文化的传承和发展也必须依赖自觉力量。在现实中，亦可在教育、文化等各个领域看到这种孕育发展中的自觉力量。

1. 民俗文化进校园

蟳埔周边中小学及各大高校，积极发挥教育在文化继承保护上的引领作用，让蟳埔特色文化在校园中落地生根。村内的临海小学校课题组编撰的《蟳埔民俗风情》一书自 2006 年出版以来，一直作为周边四所中心学校的校本教材沿用至今，受到专家的一致好评。

每年暑假，市区中学与外国城市学校的交流结对活动团体到蟳埔渔村参观，体验蟳埔女生活，感受蟳埔特有的民俗文化风情，实现了东西文化交流。厦门大学、华侨大学等各大院校学生先后自发组队到蟳埔调研，提高了蟳埔文化在高校中的认知度。

2. 文化创作理想地

诸多学者、文人从不同角度记载了当地的风土人情、历史文化和对未来发展的探讨。中国作协副主席、著名作家陈建功著有《路经蟳埔》，泉州市文化局创作室负责人陈志泽著有《到蟳埔村去》。

2015 年中国著名作家“海上丝绸之路”采风团于 3 月底来到泉州，包括中国散文学会会长王巨才、《文汇报》首席编辑潘向黎等著名作家都肯定了泉州海丝文化包容性、开拓性的魅

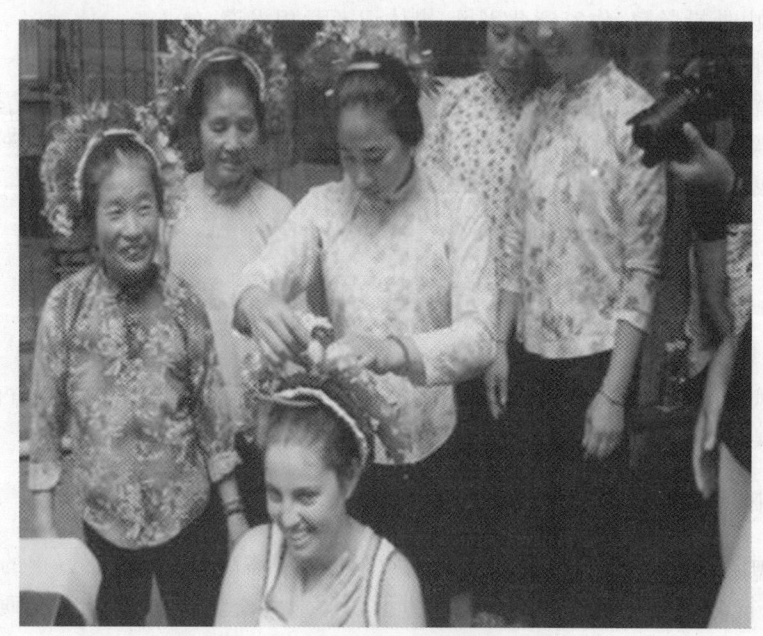

图 1-6　土耳其女子体验蟳埔头饰

图片来源：蟳埔社区居委会

力及十足的文化自信，极大地鼓励蟳埔弘扬独特的海洋文化。

其实，早在 2000 年泉州世界民俗摄影研讨会举办之时，蚝壳厝就引起国内外众多摄影家、画家的注意。他们用手中的镜头和画笔记录眼中的蟳埔，为蟳埔"作传"宣传。如原泉州市政协副主席陈敬聪出版的《蟳埔女》大型摄影画册。

(三)传统尚存　创意闪现

创新是一个国家和民族进步的灵魂，传统文化只有在创新中传承，不断丰富文化的时代内涵，才能发扬光大。[①] 蟳埔是巨大的文化宝库，只有增强创意转化力，才能将资源优势转化为经济优势，在艺术之林站稳脚跟。

在 2014 年泉州元宵节花灯上，为了给泉州荣获"东亚文化之都"的美誉锦上添花，国家级非遗"泉州花灯"省级传承人、彩扎工艺师陈晓萍制作新型花灯，蟳埔姐妹与日本艺伎、韩国男女青年以卡通的形式展示。

为适应市场发展需求，蟳埔女服装，从图案、色彩、剪裁、造型上，都有新的突破：布料多样化，亮片、扣子点缀，背后增设拉链。在保留古朴韵味的同时，又不失时尚气息，新的设计激活传统，吸引着众多年轻人的关注。

---

① 陈建宪等：《民俗文化与创意产业》，华中师范大学出版社 2012 年版，第 82 页。

三、制约蟳埔特色海洋文化现代转型的因素

尽管蟳埔海洋文化集多重优势于一身，但其文化产业发展仍存在政策执行不力、文化认同不足、产业和基础有缺陷等问题，蟳埔文化的传承和创新面临困境。

(一)朝令夕改，资助匮乏

作为拥有国家级多项非遗项目的地区，蟳埔渔村独特的海洋文化民俗、经济形态受到政府相关部门的关注。自2008年起，针对蟳埔的议案和规划陆续出现(表3-1)，但调研结果显示，大多数村民并不知晓这些举措，专款财政投入鲜有耳闻，也无专门的开发建设领导小组或办公室，因而，这些议案和规划最终都被束之高阁。

表3-1 泉州市政府近年来关于蟳埔的规划方案

时间	议案和规划
2008年	泉州两会上，陈敬聪委员提出的《关于东海城市组团应做好蟳埔民俗文化生态基地规划保护和建设工作的建议》被确定为年度重要预案，将该基地规划纳入东海片区西区修建性详细规划
2008年	泉州市城市规划设计研究院向市政府提交《东海蟳埔传统街区保护规划》
2010年	泉州市规划局《蟳埔商务中心区修建性详细规划》
2011年	泉州市人大常委会委员、教科文卫委主任吴新文提交《关于在蟳埔渔村规划建设闽台影视拍摄、民俗风情旅游为主的特色文化产业园区的建议》
2012年	国土资源局进行东海组团会展中心及配套项目用地(蟳埔商务中心区，沿海大通道北侧)、储备用地(蟳埔片区、规划中的会展中心东侧地块)共287.25亩的使用权招拍
2013年	泉州市城乡规划局《泉州市蟳埔民俗文化村保护整治规划》
2013年	泉州市城乡规划局《泉州江滨北路蟳埔段渔人码头设计方案》

资料来源：本实践队整理。

议案和规划的陆续流产，意味着蟳埔的发展未能真正得到政府的实质支持，缺乏资金便成为拯救蟳埔文化的“老大难”问题。例如，国家级非遗的补助只发放过一次，服饰继承人的补助从始至今停留在一万元的水平，承诺资助顺济宫修建的十万元至今未曾兑现。

究其原因，主要有两点：其一，我国现行的地方政府的绩效考核是在任期间的短期行为。对多数官员来说，新项目、新规划的出现是业绩的表现。泉州自2008年至今更换三任领导班子，这一漏洞导致“一套班子一个指标”的怪象，也是蟳埔虽有规划却不见成效的根源；其二，政府的部分规划缺乏合理性。2013年底的蟳埔征地风波就是一个典型——政府打算采取“推土机”式的发展模式将村中土地承包给开发商，引起村民的集体反对。这一举措既违

反当地村民的意愿，也不符合《非遗法》和《文物保护法》中“修旧如旧”的原则。[①]

（二）认同不足，继承堪忧

尽管蟳埔有着众多文化瑰宝，但由于历史和现实的双重原因，其丰富的“文化生产资料”未能有效转化成“文化生产力”，文化的传承也面临困难：一方面，蟳埔文化依旧沿袭着几百年来口耳相授的原始传习方式，未对新时代的流行渠道进行预判，这使得在地民的文化认同感未能有效植根；另一方面，改革开放浪潮席卷全国后，新奇的生活方式吸引年轻人的眼球。潮流便捷、立竿见影的新观念给传统生活方式带来冲击。

缺失文化认同感，是我国目前许多地方文化消亡的症结所在。从实地走访的结果看，由于缺乏年轻一代的参与，蟳埔文化的继承现状不容乐观。

1. 蟳埔女形象淡出视野

蟳埔女独特的外观造型，如今只能在半百老人的身上瞥见一丝踪影。问卷调查结果显示，日常生活中，40 岁以下女性均不戴花。但在盛大的节日或喜事里，86％的女性依然保留戴花习俗，但都由长辈替她们梳头，掌握该技艺的 40 岁以下女性只占少数。

一个技术娴熟的阿姨盘一个正式隆重的头饰需要 20 分钟，日常的简单样式只需几分钟。所以，因技艺复杂而未学并不是技艺得不到继承的主因。更重要的是，传统的头饰有悖于现今社会审美主流，故在日常生活中逐渐失去戴花氛围。

随着生活水平的提高和从业观念的改变，30 岁以下的村民有 90％左右不下海从事捕捞作业。因此，这一年龄段以下的女性也几乎不再穿着下海需要的蟳埔女服饰。据蟳埔服饰唯一的传承人——黄晨先生介绍，村中只有一家丰泽区文化局指定的蟳埔服饰传习所，非常狭小。近年来，该所的生意渐淡。纯手工制作的服饰耗时久，利润微薄，如今已招不到学徒，面临后继无人、“人亡技亡”的困境。

2. 蚝壳厝夹缝求生

作为“海上丝绸之路”的重要历史遗迹的蚝壳厝是蟳埔地区令人叹为观止的建筑，但这一瑰宝在现代社会的发展中处境堪忧。随着村民经济情况的改善，“起大厝”成为多数人的愿望。但由于用地紧张，三百余间蚝壳厝几年内拆除得仅存六七十间，现存不足 20％，且大都破烂凋敝，无人看管，在四周红砖楼房的映衬下显得格外窘迫。掌握修建蚝壳厝技术的师傅也年岁已高或相继离世，当下修缮工作遭遇瓶颈。

3. 民俗传承不利

妈祖是渔村的普遍信仰，蟳埔妈祖与湄洲妈祖为同一衍派。早期，当地渔民每年组织大规模渔船队伍到湄洲谒祖，场面颇为壮观。后因政府干预，这样的场面不再多见，蟳埔也因此失去了一个与其他地区进行宗教交流的好机会。目前，蟳埔仅剩每年正月廿九的“妈祖巡香”，这是渔村最盛大的节日。

4. 村名用字不规范

由于“蟳”字属生僻字，当地在冠名时常以“浔”“蜉”来替代。这一现象广泛存在，不仅违反了《中华人民共和国国家通用语言文字法》，更容易使村民尤其是年轻一代产生误读。

---

① 张伟：《中国海洋文化学术研讨会论文集》，海洋出版社 2013 年版，第 76 页。

图 1-7 破旧的蚝壳厝 曾佳遥摄

(三)市场零散,群龙无首

蟳埔海鲜食材硕大鲜美,在泉州地区有较好口碑,贩售海鲜历来是蟳埔人发家致富的捷径。除了市集销售,亦新出现 3 家海鲜超市和约 15 家酒楼。然而当地的海鲜餐饮并未成型,商家各自为营,海洋文化也未能与美食融合,文化对餐饮业发展的助推力未能发挥。

此外,采沙船近年来无节制开采,加上附近工厂暗中向江中排放未经处理的污水,导致内海沙柱上蚝的生长环境每况愈下,海鲜产业难以为继。随着市场经济深入社会生活的方方面面,社会上早就流行"经济利益高于一切"的论调。缺失人文关怀的工业化在全国许多地方"轮番上演"。过度着眼于眼前的经济利益,忽略甚至丢弃被称为"软实力"的文化,导致最后文化消亡,造成无法估量的损失的例子不计其数,忙于采沙和工业生产的蟳埔有重蹈覆辙的趋势。

(四)交通滞后,基础薄弱

近几年,由于市政府搬迁至东海,村头沿海大通道的通车使蟳埔的交通状况有所改善。但深层次、全方位的交通干道规划还有待与公共基础设施、环境卫生结合起来进一步完善。

根据旅游景点的分布规律,泉州市区多数著名的旅游点集中在以鲤城区为代表的中心市区内,中心市区与蟳埔之间没有直达的公交线路或旅游巴士,这给游客出行带来交通上的不便,蟳埔的区位约束仍然较大,也给当地文化的对外宣传和辐射带来阻碍。

另外,码头无序疏于管理,现有的靠船和系缆设施稀少,系缆方式凌乱,栏杆损坏严重,也影响堤岸的结构安全。由于没有固定的集市贸易点,村民捕鱼回来直接在码头附近摆摊兜售海产品,也给健身、散步经过此地的市民带来不便。

在"一带一路"的背景下,中央强调交通基础设施建设对于推进"一带一路"战略的具有先导性作用,各地区的对接方案也明确提出改善交通政策。蟳埔是古代海上丝绸之路的文化辐射地之一,更需要完善交通管理设施设备和道路安全配套防护设施,提高道路通达水平。

四、蟳埔海洋文化的创意开发与构想

通过对蟳埔村现状的分析得出蟳埔村的发展依然受阻，抢救这些珍贵的文化遗产时不我待。在根据《非物质文化遗产法》《文物保护法》等法律规定和借鉴其他地区文化保护方法的基础上，建议蟳埔当地整合当地文化资源，利用合作开发和参与经营等方式将蟳埔村转变成集文化体验、创意休闲于一体的文化创意试验村。

（一）转变政府观念，拓宽筹资渠道

城中村改造过程中存在朝令夕改的问题，政府虽扮演着重要角色但并非完全的决定者，城中村的改造涉及政府、开发商、村集体三个改造主体。[①]

因此，建议政府成立以政府人员为领导，村民代表、专家学者为参与者的工作室，独立于政府常规工作之外，专注于蟳埔文创村的建设。专家学者和村民代表负责收集各方的群体意见，使专业学术知识与真实民意相得益彰，提高规划本身的科学性和民主性，有利于文创村更好地建设与发展。

此外，工作室还可与文创公司合作，将好的创意理念与发展方式带入文创村建设中。[②]苏州西巷村的文创工程还未完全结束就已经声名远扬，很大原因就在于他们与台湾著名的文创团队合作。来自台湾的文创公司把台湾“乡村改造”的文创理念带到大陆，在主体建筑不改动的前提下，挖掘当地“青蛙”多的特色，找出适合进行包装的文化创意点，将村民闲置的房屋统一改造成主题民宿，村里房前屋后的青蛙涂鸦雕塑，把西巷村打造成质朴乡情与文艺范叠加的两栖小镇，吸引更多的本地年轻人留下来，避免农村人口的流失，也让当地文化得以传承。蟳埔也可利用原有的蚝壳厝资源和海鲜文化、极具特色的蟳埔女服饰，打造以海丝为主题的集休闲娱乐，摄影写作为一体的民俗文化实验村。

文创工作室的发展必然需要资金支持，面对资金缺乏的状况，政府可拓宽融资渠道，采用传统＋新型融资渠道组合模式，通过“政府投入＋BOT、TOT、PPT 投融方式＋海外侨胞捐资＋银行贷款＋民间募捐筹资”等多方渠道进行筹资，为蟳埔文化保护性开发寻找应有的经济基础。

（二）宣传教育并济　提高文化认同

蟳埔是民俗文化宝地，“酒香也怕巷子深”，蟳埔文化需要多元创造性的宣传教育方式，使更多人认识蟳埔、走进蟳埔，为蟳埔文化的保护提供强大的内驱力。

1. 民俗进课堂

文化的宣传要以继承为基础，教育为辅。结合当地出版的校本课本，在泉州中小学乡土课程中加入蟳埔民俗文化，在小学幼儿园内教授闽南语童谣、卡通动画，设计有当地特色的

---

① 刘家瑛：《政府在城中村改造中的作用研究》，《西北大学学报》2009 第 4 期。

② 刘堃：《海洋经济与海洋文化关系探讨——兼论我国海洋文化产业发展》，《中国海洋大学学报》（社会科学版）2011 年第 6 期。

"大裾衫""宽裤腿"服饰作为校服。在高校中,鼓励学生组织实践队挖掘蟳埔文化深刻内涵。

2. 文化塑形象

文化品牌形象是产业发展的根基,例如台湾溪头的"妖怪村",妖怪形象的创新使原本没有特色的没落老街转变为台湾独一无二的"妖怪村",得到丰厚的社会效益。因此,树立蟳埔阿姨形象作为整个蟳埔海洋文化的集中体现,运用宣传载体,加以推广。此外,可开发衍生文创产品,作为蟳埔文创村的官方纪念品投入生产、进行贩卖,形成产业链。

图 1-8　台湾妖怪村妖怪形象

3. 内涵促作品

邀请泉州籍名人如蔡国强、余光中等创作以蟳埔为主题的歌曲、文字、雕塑、摄影及书画作品,不仅能丰富蟳埔文化本身的艺术性,还能扩大其广泛的影响力。

4. 推广靠媒体

文学艺术与文化宣传可珠联璧合。微博、微信、移动电视等都是发布蟳埔当地讯息必不可少的平台,利用新媒体将蟳埔文化加以推广,在潜移默化中深化蟳埔文创村的大众形象,邀请专业人士拍摄以蟳埔为主题的电视剧、纪录片、微电影,将蟳埔女形象及蟳埔村风光习俗搬上荧幕,与大众互动,增强文化辨识度。

(三)服饰新旧融合　古厝保护开发

文化的基础是象征,除了语言文字外,部族的纹身、传统的服饰等都是象征的载体。当一种文化失去其区别于其他文化的象征,文化无疑也就走向消亡。这也是蟳埔服装头饰传承及建筑保护亟须落实的原因。

1. 服饰改良推广

蟳埔女服装和头饰自身具有很高的审美价值,但随着生活方式的不断改变,传统服饰渐渐远离人们的日常生活。面对这一现象,首先应及时对传统服饰进行改良创新,从民国时期旗袍风行的现象可以看出改良传统服饰是可取可行的想法。在保留蟳埔女服装传统外观的基础上,考虑融入时代特色——在流行服饰中加入蟳埔女服饰的传统元素,在复古风盛行的今天，为日常衣物加入文化背景，反而更受大众喜爱，如华伦天奴在2013年推出的青花瓷系列服装。删减个别繁复细节，让服装更显简洁大方；传统与现代相得益彰，吸引更多年轻人的关注。

此外，可借用艺术手段强化人们对蟳埔服饰的关注。在当地设立摄影和绘画艺术基地，以其独特的素材、便利的硬件条件吸引更多年轻艺术家前来拍摄创作，在光影中、画笔下更具象地诠释蟳埔女的魅力。还可借鉴张艺谋的"印象"系列，排演以"印象蟳埔女"为主题的民俗歌舞、戏剧等节目，通过融入闽南语歌曲、采用艺术概括的手法，还原蟳埔人日常劳作及蟳蜅女特色风貌。

2. 古厝整新如旧

蚝壳厝作为蟳埔当地最具特色的古民居，必须将保护视为当前最迫切需要。不仅要"修旧如旧"，还应尽量在新建楼房上加入蚝壳和海洋的元素，用"整新如旧"的方式向外界展示相对一致的整体建筑风格，给人以鲜明而独特的印象。此方面，在福建本地可借鉴晋江青阳五店市开辟的古建筑景区、福州的三坊七巷等，在省外，可借鉴浙江杭州南宋御街、湖北武汉户部巷，将建筑内部闽地特色的家居保留古时原貌。另外可将部分保留较为完好的蚝壳厝原址开发为民宿，供游人零距离体验蟳埔人民的日常生活。

省内外学者对蟳埔蚝壳厝长期保持着较高的研究兴趣，因此可在蚝壳厝集中分布的区域设立研究所，推动研究常态化，可用来接待各方学者，吸引他们进入蟳埔文化研究领域。使更多学者认识其价值，投身研究保护工作。

(四)创新美食发展　形成产业链条

"民以食为天"，蟳埔海鲜美食是闽南饮食的重要组成部分，名气大噪。赴当地品尝美食，依照村民的烹饪方式更能保持海鲜的原汁原味，武汉户部巷成功地在一条古老小巷中打造出"汉味小吃第一巷"品牌，蟳埔同样可以利用海鲜与闽南小吃的集聚融合加之文化包装，打造成为"闽南美食第一村"，适时举办大型海丝美食文化节。

(五)完备硬件基础　促进旅游发展

据统计，改革开放30多年来，我国旅游业保持年均近20%的增速，旅游业增加值占全国GDP的比重也越来越高。蟳埔民俗旅游可作为文化产业的助推剂，使之对蟳埔当地文化市场化起到积极作用。但从现状分析中我们可以看出，蟳埔村作为几经规划却鲜有成果的村落，并不具备足够的旅游承载能力，原因之一在于政府措施不够完善和村民守旧习惯。在此，提出如下几点保护性开发建议：

1. 规范原街道布局

将蟳埔村内的菜市场改造成蟳埔老街，留存原有的老品牌，在固定时间段设早市和夜市，贩卖海鲜及闽南特色小吃，树立介绍蟳埔历史、民间传说等雕塑，供人感受最原始的蟳埔生活。同时，整治周边卫生状况，为到访者展示良好的环境氛围。

2. 提高道路通达度

在我国，交通是影响旅游者出行的重要因素，在旅游效果影响要素中，60%左右的人将交通列为首位。蟳埔村头紧靠沿海大通道，属省道201线，有晋江大桥和泉州湾大桥与晋江、石狮相连，应充分利用沿海大通道经过蟳埔村头这一优势，增设直达蟳埔的公交线路或旅游巴士。

3. 整治古港旧码头

蟳埔渔村靠近海丝起点——泉州后渚港(即古代刺桐港),在“复兴丝绸之路”的大背景下,港口和码头的整治应被提上议程。若加以管理,不仅可以此接纳海外商船,延续昔日“涨海声中万国商”的辉煌历史,更为海外认识蟳埔开辟海上通道。2014 年,“哥德堡号”重走海上丝绸之路便将首站定在泉州刺桐港。泉州市港口管理局机关夏国基副书记认为,“港口是泉州建设 21 世纪‘海上丝绸之路’先行区首要的基础设施”。因此,利用蟳埔的文化品牌扩大古港影响力,推动文化与经济双向驱动,是不可忽视的举措。

4. 提供旅游后备资源

组织村民系统了解蟳埔文化,规范其日常行为习惯,从每个村民的角度出发,培养他们渔村主人的责任感。定期维护民俗馆及顺济宫以保证日常开放,保证渔村每天都能保持好状态迎接每一位游览者。

5. 发展民俗体验旅游

结合当下流行的体验式文化旅游的方式①,我们设计了以“我当一回蟳埔人”为主题的参与互动式旅游,线路流程如下:

首日:

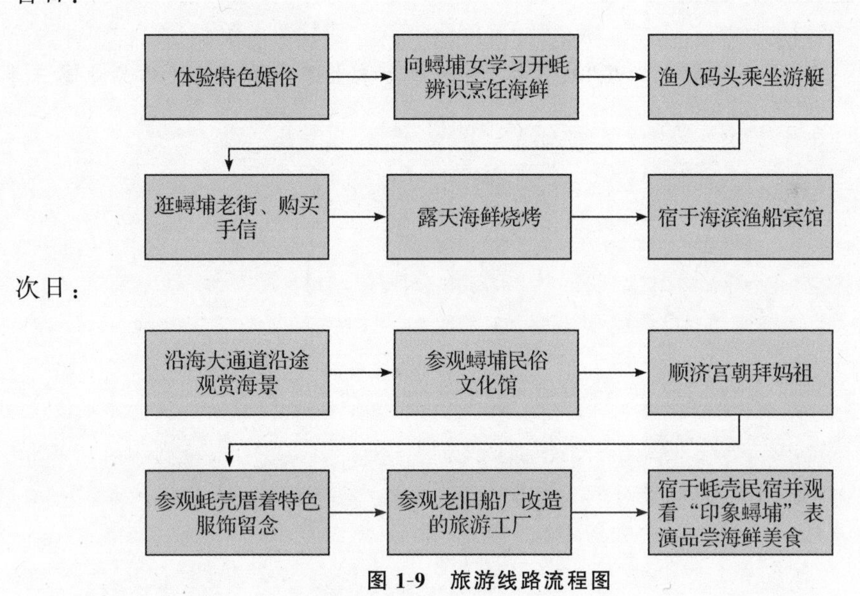

图 1-9　旅游线路流程图

(六)海外多方交流　重振丝路遗风

自古以来,文化的封闭固守往往是其衰落的开端,文化间交流互动方能使一方文化保持蓬勃活力。文化,在交流中传播,在传播中发展。②

① 乌丙安:《中国民俗学》,辽宁大学出版社 1985 年版,第 57 页。

② 苏文菁、薛历美:《海洋经济与海洋文化关系探讨——兼论我国海洋文化产业发展窗体顶端》,《福建广播电视大学学报》2013 年第 2 期。

蟳埔文化"海丝起点"的历史渊源使其文化自身及其载体具有不可替代的价值,这更决定了蟳埔文化与不同文化开展交流,借此重振我国古代海丝遗风的重要意义。从历史出发、用文化牵线,重走海上丝绸之路,重拾百年前的姻缘,能让文化的交流带动经济与政治的互动,让蟳埔成为国家未来对外沟通交流的先行区域。

结 语

一直以来,蟳埔传统海洋文化的现代化发展都未能走上正轨,文化的没落让许多人逐渐淡忘这个村子昔日的动人之处。本文重新审视蟳埔海洋文化的魅力,深入了解村落现今的发展进程与不足之处,契合"一带一路"战略,提出建设文化创意试验村的新构想,帮助蟳埔文化走出去。在充分保护蟳埔海洋文化的基础上进行创意开发,将蟳埔的文化优势转变为生产力优势,进而对文化"再发展"进行反哺,从而提高蟳埔年轻一代以及当地民众对蟳埔文化的认同感,形成良性循环,使蟳埔文化在弘扬海丝文化的新时代发展中生生不息。蟳埔文化只要在保护基础上加以合理地创造性开发,不仅能够造福当地人民,还能使蟳埔成为展示东西方文化交流成果的典型示范区。

(本文获第十二届"挑战杯"福建省大学生课外学术科技作品竞赛三等奖)

厦门城市形象重塑中的海市文化建设

——关于厦门海洋文化建设的研究报告

苏　涵

（集美大学海洋文化与创意产业研究所　文学院　福建　厦门　361021）

【摘　要】 海洋和海岛自然景观是厦门为外界称誉的关键，海市文化或曰港市文化又是厦门之所以为美的关键特质。从这一点出发，厦门要在现代化建设的过程中不断地重塑自己的城市形象，就应该考虑：(1)最大限度地保留海洋自然景观，使之成为厦门城市形象优化的永恒基础；(2)在环岛路建设优质的海洋文化标示物；(3)将大厦门港建设成实用性与观赏性结合的现代化港区，建设成自然之美与人工之美结合的旅游景区；(4)打通海上航道，由政府主导开通一个以船为交通工具的“环岛海上旅游公交线路”；(5)保护与海洋相关的民间文化和民俗文化；(6)保护老码头遗迹；(7)适当保留小舟撒网捕捞、垂钓等传统的渔业方式等等。

【关键词】 厦门；城市形象；海市文化

任何一座城市都有可能在不断的发展过程中重塑自己的形象，然而，几乎所有的现代人又都特别留恋具有自然山水之美和历史文化特色的城市形象，这就向我们提出在现代化建设过程中，留住城市的历史，重塑城市形象的问题。

海洋和海岛自然景观是厦门为外界称誉的关键，也是厦门人之所以深深依恋自己家园的关键，海市文化或曰港市文化又是厦门之所以为美的关键特质。然而，近三十年来，厦门高速发展的现代化建设在不断地重塑自己的城市形象的同时，不可避免地改变了这个城市作为海市的主要特征，使得天地造化所赐予她的海洋和海岛的自然之美，逐渐被人工之美所替代；使得海港、城市所蕴含的海市文化特质逐渐被喧嚣的商业气息所覆盖。鼓浪屿是最典型的例证。这是我们必须正视的现实。

那么，厦门要想成为未来海上丝绸之路链条中引人瞩目的一环，要想长久地保留自己的城市特色与城市魅力，就必须在重塑城市形象的过程中，对各种形象要素进行最优化配置，就必须考虑延续和发展她的海市文化。

厦门的发展指向，不应该是令人疲惫的工作城市，而应该在适度发展经济和城市规模的前提下，把她建设成为可以令人欣赏的、令人愉悦的生活城市，那么，尽可能地保留她的自然之美，是最为关键的基础；在自然之美的基础上进行优化的海市文化建设，不仅是厦门城市文化建设的思想原则，也是经济建设和基础设施建设的思想原则，这些，应该成为政府和市民的共同认识。

正因为如此，本报告不仅分析厦门发展现实中存在的一些问题，而且，提出一些具体的相关建议。

一、最大限度地保留海洋自然景观，使之成为厦门城市形象优化的永恒基础

在我们最直接的观察中，已经看到，现在环厦门本岛所有的自然海岸线都已经被人工岸线所替代。人工岸线的建设虽然也有人为之美，但与自然海岸线消失相伴随的是对自然海域的侵吞、改观和污染。比如说，位于香山海滨的国际游艇俱乐部的开发，破坏海景，污染海域，已经造成无可挽回的损失。再比如，云顶南路本来是一条非常美的临海之路，但现在已经被周围的开发逐渐蚕食。又比如，按照《美丽厦门建设发展战略规划》，将来还要在环岛路修一条轻轨，那将是对环岛路自然景观的再次破坏。这样的破坏如果继续，厦门未来的城市形象会被改变得令人难以接受。

遏制这种情形的蔓延，关键在于，要以立法的形式划定厦门地域，尤其是厦门岛，周围不可更改的海洋景观，划定厦门岛上不可改变的山林绿地，禁止任何人进行商业性开发，禁止任何人从个人意志出发的改变，以尽可能地保护厦门的自然之美。

当然，立法有相关程序，立法后还有如何执行的问题，但我以为，首先在于政府必须有尊重民意、尊重自然的自觉意识，然后，以立法的形式来保护厦门的海洋自然景观就不是困难了。

二、在环岛路建设优质的海洋文化标示物

仅仅有自然之美的城市，还不足以形成巨大的形象魅力。世界上的著名城市，虽然也有以特殊的自然风光而吸引人的，但是，城市作为大量人口的聚居之所，如果没有文化的附着，就会失去精神和灵魂。厦门虽然有环海自然景观作为依托，但是，平心而论，她的特色在环海而居，而她的缺陷又在于环绕全岛的海峡太浅，又没有特别奇异的景点，这样，她的文化标示物的建设就非常重要。

从历史的文化遗存来说，厦门与周边的几个城市相比，并不占优势，因为她除了历史不是很久远的鼓浪屿和胡里山炮台之外，还没有被外界特别认可的文化遗存，在这样的情形下，建设新的文化标示物自然是必要的。

但是，近些年，厦门虽然已经在完全人工化的环岛路上，建设了不少的文化标示物，如音乐广场、书法广场、马拉松雕塑群，但还不足以充分表现这个城市的特点，也不能形成丰富的文化欣赏性。所以，应当于适当地点，按照审美的原则，增加一些传统风格的或闽南风格的建筑文化标示物。

笔者曾经做过认真考查，以为，至少可以有如下的一些建筑来增加她的文化标示力：

其一，在椰风寨探入海中的礁岩上建一座高质量的、有特色的妈祖雕像，既形成特殊的海洋文化景观，又可以满足厦门人和外地游客拜谒妈祖的愿望，与此同时，在相对应的环岛路右侧的山坡上建一座精致的妈祖庙，使之成为俯瞰台湾海峡，保护两岸众生与船只的海神居所（现在，那里有一座劣质的妈祖雕像，应该改变）。

其二，在胡里山炮台、白石炮台遗址附近合适的海边或山体上建两座塔楼或者牌楼，内容可以是对厦门历史名人或历史事件的纪念，可以是对海峡两岸分割与复通的历史的表现，风格可以按照传统的闽南牌楼风格，材料可以是闽南最流行的石材，装饰可以以石雕、砖雕为主，为环岛路增加一些与海洋相关的历史文化内涵。

其三，曾厝垵已经成为环岛路上重要的游客聚集场所，但游客的光临，主要目的是觅食，而非文化观赏，所以，应该改造或增加那里的文化景观。比如，可以将曾厝垵海边那座简陋的戏台按照闽南风格重建，使其更加具有闽南特色与海滨色彩，并与对面的寺庙、祠堂、食品一条街相呼应，成为特殊的海滨文化景观。

除此之外，当然还可以根据具体地形考虑新的设计，但关键是要在审美的原则下，精心考虑，高质量施工，将其建设成可以流传久远的文化标示建筑。

特别需要说到的是，在厦门，环岛路已经成为仅次于鼓浪屿的旅游景区，是厦门本地人休闲、游览的最主要的滨海景区，是厦门城市形象最主要的表现点，然而，她的变化令人担忧。在环岛路上，还有许多的烂尾楼、烂尾工地占据着重要的地段，长期无人问津；有许多的田地，租给外地人种植草莓等作物，却缺乏良好的规划建设和秩序管理；近几年又盖了不少的大型酒店和住宅区等等，都改变了环岛路本来的美。政府应该综合考虑，一方面在环岛路上建设一些高质量的海洋文化标示建筑，另一反面对遗留问题进行清理，在统一规划与严格管理下对市民和游人开放。否则，若干年后，前景难堪。

三、建设大厦门港旅游景区

厦门正在建设东南国际航运中心，环绕厦门西部海湾的大厦门港的雏形已经形成，这是厦门面向 21 世纪的海洋世纪的大手笔。但是，从目前的情形来看，大厦门港的建设方向似乎只是要建设成一个巨大的陆、海联通的物流园区，却欠缺与厦门这个海洋城市相适应的远景设计。

我以为，在大厦门港的建设中，应该秉持海洋自然与现代港区和谐依存的建设理念，将其建设成实用性与观赏性结合的现代化港区，建设成自然之美与人工之美结合的新的旅游景区，使其成为未来展示厦门港市文化的重要景点，而不是仅仅成为一个巨大而纷乱的陆、海物流园区。

要做到这一点，需要在港区建设的同时，考虑道路、景观、辅助设施等等的建设，并力求将其建设成处处都是港市，处处都是风景的观赏点。

四、开通环岛海上旅游公交线路

本来是海岛的厦门，曾经因为高集海堤的建设，变成半岛。高集海堤在使用了半个世纪之后又被拆除，并改建成桥梁，使厦门又回归海岛的基本样态，这期间的历史过程和故事记忆，蕴含丰富的社会意义，蕴含着特别的人与海洋关系的认识的变化，已经成为厦门发展历史中的特殊一页。

于此，我建议，在高集海堤拆除、改造完工之后，做好以下几件事情：

其一，优化那一带的海岸环境，特别是高崎一端，集中了许多杂乱的民房、工地等等，应该进行大规模的整理，使之展现出入厦第一码头的特殊风貌。

其二，打通海上航道，由政府主导开通一个以船为交通工具的"环岛海上旅游公交线路"，设置像鼓浪屿、白城、椰风寨、会展中心、观音山、五通、鳌园、火烧屿等站点，开通定时班船，供游人从任何一个站点上下，这样，不仅可以增加游客海上环观厦门的旅游项目，而且可以提高对厦门城市形象的认识。

我遇到一个旅游公司的负责人，她一直在打听海堤拆除之后的情形，准备开设环岛船游项目。如果由政府主导，先在重要站点建好靠船码头，然后由企业运作，实施环岛船游项目，必定成为未来厦门重要的旅游方式和旅游线路，对于厦门海市文化建设和厦门城市形象的优化无疑是有益处的。

其三，建设好规划中的两岸公园，从集美到高崎，本来是由大陆进入厦门的最主要通道，即使是通道增加了许多的今天，仍然是厦门最主要的门面。所以，应该保护好，应该建设好。

五、保护与海洋相关的民间文化和民俗文化

厦门作为海市，在历史的发展过程中，形成许多与海洋相关的民间文化与民俗文化，这是厦门人家乡记忆的重要部分，是厦门人灵魂的一部分，是值得我们尊重和保护的珍贵遗产。在这一方面，厦门的有些做法是非常值得肯定的。比如，在城市扩张的过程中，凡是遇到寺庙、宗祠之类的民间建筑，都会特意保护，或让新的建筑绕道而行，或无法绕道时，予以迁建。像海滨的观音山商务运营区建设中，迁建之后的塔埔等村庄，就在政府的支持下，另外在海滨和新的小区里建了两座祠堂、三座寺庙、四座戏台。然而，也有一些做法是需要纠正的。

比如，钟宅村是厦门的畲族聚居区，钟宅村边的海湾本来叫钟宅湾，以前因为围海造田，将钟宅湾以堤坝围堵，20 世纪末，又拆除海堤，恢复海湾的面貌，这本是很好的举措。但是，在环湾新地的建设中，却取消钟宅湾的惯有名称，改为五缘湾，将钟宅湾大桥改为五缘湾大桥，这就颇有问题。因为，地名是特殊的历史文化和民俗文化表现，钟宅湾是那一带居民家园的本名，既有历史的延承性，还有特别温馨的感觉，改了之后，这些就都失去了。现在的钟宅湾已经成为帆船和游艇的港湾，还有特别好的水中雕塑等等，如果恢复原来的名称，对于城市形象与文化建设都是有意义的。

又如，博饼的民俗活动，不论它是如何起源，如何发展的，在厦门人的印象中，它都与郑成功收复台湾相关，都与这个城市的历史相关，我们也可以把它看作活态的海洋文化和民俗文化，但是，这几年却因为另外的原因遭到冲击，这是不应该的。我认为，政府应该反对的是利用职务便利，在博饼活动中滥发钱物，而不是禁止民间的博饼活动。我们应该尽快地以合适的方式告诉民间，博饼活动可以在节俭和自愿、自费的原则下继续。

民间文化和民俗文化，是我们的终生的记忆，是我们割舍不断的乡愁，不仅要刻意保护，还应该适当使其发展。

六、保护厦门的老码头遗迹

厦门要建设现代化的大海港，这是必要的。但是，人们却更加珍视过往岁月中遗留下来的文化遗迹或建筑遗迹。厦门过去有许多的老码头，虽然设施简陋，但那是岁月的见证，可后来都慢慢消失了，现在仅留残迹的也没有几处了。所以，我建议，像高崎码头、五通码头等老码头的遗迹应该由政府出面刻意地加以保护。比如高崎码头，就在厦门大桥桥头，应该设立保护圈和保护标志，使之与未来那一带的其他建筑和谐存在，而不至于被人为地拆毁。而其他的可以保护的老码头遗迹，也应该予以保护。

笔者曾参观龙海的月港遗迹，不仅码头被淤塞，成了田地，建了房屋，而且，那座很有历史价值的晏海楼也处于几乎无人问津的状态之中，非常遗憾。厦门应该引以为教训。

七、适当保留传统的渔业方式

传统的渔业方式如小舟撒网捕捞、垂钓等等，虽然方式落后，但是，有几大好处：

其一，控制过度捕捞，有效地保护海洋鱼类的繁殖再生。

其二，延续从业渔民习惯的劳动方式。

其三，具有特殊的海上风情，具有观赏性。

有鉴于此，我建议政府应该在限制近海人工养殖的同时，保留周边海域原有的传统渔业方式，使小舟捕鱼与巨轮出入同样成为厦门海市文化的标示，尤其是在集美海域、翔安海域、沙坡尾等地，以尊重历史和保护自然的观念保护本地以捕鱼为生的居民自驾小舟捕鱼的传统，使之成为这些居民的谋生方式和海洋文化景观。

以上的这些建议，也许只是一些幻想，因为，在现实中，我们面临着三种难以移易的存在：一是，有些建设，需要投资，而且还是大额的投资，做起来很难；二是，在过去某个时间段里，决策者受某种意识的驱使，做出了并不理性的决策，后果虽然不堪，要改变却非常困难；三是，为了追求经济利益，民间也常常出现违规现象，制造了一些有损城市形象的存在，如果改变，就会减损他们的既得利益，难度非常之大。但是，为了城市的久远发展，为了生活于这个城市的人群的幸福，社会应该建立一些具有宏大视野和崇高精神原则的共同认识，政府应该尊重社会的这种共同认识，并和自己的居民站在同一的立场上，问题都可以得到解决。

我们都非常向往许多欧洲风景，比如，在风光优美的海滨，矗立着古老的教堂，静卧着历史悠久的大学校园，散布着错落有致又风格各异的民居。但是，我们却忽略了自己的家园本来也可以那样的美好，甚至可以更加美好。只是我们在建设家园的时候，往往失去了应有的理性，失去了建设所有市民的共同家园的基本精神，才造成一些不应有的存在，甚至破坏了自己的家园。

大自然本真的魅力失去了是无法复制的；文化可以有新的创造，但是传统文化在城市形象中的体现，也是无法复制的。所以，不论是厦门的经济建设，还是文化建设，都直接关乎厦门的城市形象以及生活于其间的人民的幸福，都应该有长远而理性的思考，要具有永久性的规划，要形成持久性的存在，要保持这个城市最鲜明的特色，要把这个城市最美的东西留给未来。

有一个集美的老人说："以前集美的海景可漂亮了！"但是，我们不可能使这个海岛再恢复到100年前或50年的状貌，我们也不可能停止现代化建设的步伐，那么，我们在不断地重塑厦门城市形象的过程中，就必须思考怎样的建设才能更有利于她的城市形象的优化。

（以上报告，仅仅是内容大纲，如果实施，每一项都有必要进行详细的考察和可行性论证）

关于加强厦门港口文化建设的思考

李 照
(集美大学航海学院 福建 厦门 361021)

【摘 要】 厦门是因港而生的城市,港口文化是厦门城市文化的重要组成部分。加强厦门港口文化建设,对于改善厦门港城整体形象以及推动厦门东南国际航运中心建设具有明显的作用。为此,应通过加强厦门港品牌建设与宣传力度,发展邮轮文化及绿色港口文化,积极举办港口节庆与论坛活动,加快厦门海事博物馆建设等措施来促进厦门城市经济与文化的和谐发展。

【关键词】 厦门;港口文化;问题;建议

厦门港是我国东南沿海的重要港口,地处长江三角洲与珠江三角洲之间,福建东南部九龙江出海口,与台湾隔海相望。经过多年的建设,厦门港已发展成为以外贸运输和临港工业为主,兼有货运、客运、国际中转、过境贸易、商贸等功能的国家大型一类港口。

21世纪是海洋的世纪,发展海洋经济已成为世界海洋国家的战略重点。面对全球性的蓝色浪潮,沿海港口遇到千载难逢的发展机遇,也面临着巨大的挑战。如今,港口的竞争越来越体现为文化的竞争,港口的品牌与文化才能让港口的发展更具生命力。只有加强厦门港口文化建设,才能提高厦门港的核心竞争力,推动厦门东南国际航运中心建设,促进厦门海港城市经济与文化的和谐发展。

一、港口文化的内涵与厦门港口文化特征

港口与城市之间具有相辅相成、共生共荣的关系,港口文化是港口所在地城市文化的重要组成部分。

(一)港口文化的内涵

关于港口文化,目前尚无通用定义,从广义的范畴而言,应该包括港口企业文化、海洋文化和大港口文化三个层面。[①] 其中,港口企业文化是企业精神文化(企业经营宗旨、理念、核心价值观等)、制度文化(员工办事规程、行为准则、道德规范等)和物质文化(港徽、港旗、企业标识等)的总和;海洋文化是人类对海洋的认识、利用和缘于海洋而形成的精神、行为、物

李照,女,副教授,主要研究港口与航运管理。

① 陈邦杆:《建设港城包容性文化 努力实现包容性增长》,《港口经济》2011年第2期。

质和社会的文明生活;大港口文化是港口自身的地理环境及其功能所产生的精神价值和行为方式。港口及其相关活动或者相关产业活动,是港口文化形成的前提与源泉。

(二)厦门港口文化的特征

1. 地域性与先导性

厦门本身是海岛,海上交通和捕鱼是其开发的先声。明代中叶以后,厦门成为福建人民移垦台湾地区和东南亚国家的主要出发港。明末清初,厦门港是郑成功抗清驱荷的重要基地,郑成功实行"泛海通洋"和"以商养军",把早期厦门的航运业推向高潮。此后,军港、商港与渔港的长期并存,是厦门港的特色之一。[①] 富有进取、吃苦耐劳精神和重商意识的闽南沿海文化孕育了厦门港口文化,使厦门港口文化从历史上就带有地域性的特征。清代前期,厦门已发展成为闽南地区乃至福建的经济中心,是联系台湾地区政治、经济和文化的纽带。

2. 多元性与包容性

港口不仅是城市对外开放的窗口,也是城市文明的窗口。对外开放的结果,不仅带来先进的科学技术,也促使港口城市吸收以西方文明为主体的现代文明。鸦片战争后,厦门港成为中国沿海被迫开放的五个通商口岸之一,外来文化纷纷涌入厦门,给厦门市民的宗教信仰、思想意识等带来很大的影响。佛教、基督教、伊斯兰教和各种民间宗教信仰(妈祖、保生大帝等)在厦门并存;厦门市民从重"耕樵"到重商,反映港口贸易活动对人们封建传统思想的冲击。中西方文化的碰撞与交流,产生多元的港口文化,形成包容性极强的文化特色,"海纳百川,有容乃大"是厦门港口文化的真实写照。

3. 传承性与融合性

港口的发展,不仅要依托既有的港城历史文化,又要顺应全球化趋势,善于吸收世界先进港口的发展理念,使继承传统与接轨国际更好地相互融合,才能保持强大的生命力。福建是海上丝绸之路的重要发祥地,泉州港、福州港、漳州港和厦门港在不同历史时期对"海丝"发挥重要的作用,共同形成福建"海丝"文化品牌。改革开放后,厦门依托"海丝"文化,加强了与国外港口城市的交流与合作。在学习世界先进港口发展经验的同时,为厦门港打造"海丝"交通新枢纽奠定良好的基础。

二、加强厦门港口文化建设的必要性

作为具有独特地理优势的海港城市,"以港立市"一直是厦门发展的战略重点。只有加强港口文化建设,才能更好地促进厦门港硬软实力的同步增强。

(一)改善厦门城市形象,吸引更多航运要素集聚厦门

厦门港的发展,带动了厦门物流、造船、船舶代理、货运代理、金融、保险等行业的快速发展。如今,厦门依托深水海港优势,已基本形成汽车制造、机械电子、船舶修造、石化四大临港产业集群,逐步形成港口与城市的一体化。厦门要实现可持续发展,必须建立起有利于港

---

① 编纂委员会:《厦门港史》,人民交通出版社 1993 年版,第 2 页。

城经济共同发展的文化环境。通过营造浓厚的海洋文化氛围，打造生态型港口城市，提高厦门港城整体形象与知名度，吸引更多航运要素集聚厦门，推动厦门东南国际航运中心建设。

(二)港口文化是推进厦门城市国际化的重要平台

城市国际化指城市的社会、经济、文化与国际社会、经济、文化的发展相互联系、相互融合。经济的开放性、交通的可通达性以及人文和自然环境的独特性等是衡量城市国际化程度的重要指标。港口城市只有在文化上形成独特的风格，才能成为城市的文化品牌。厦门浓郁的闽南风情和海滨风光，本身就是与港城经济相得益彰的文化品牌，是推进厦门城市国际化的人文基础。加强厦门港口文化建设，将有利于厦门港城文化的传承和创新，使厦门这座城市通过港口与世界更紧密地相连。

(三)港口文化是提高厦门港核心竞争力的重要手段

港口文化是资源，是在世界经济全球化、市场竞争日趋激烈形势下增强港口竞争力的资源。港口企业管理的基本职能就是既要调动物质力量，也要调动精神力量，港口文化为两者的有机结合提供了有效载体。[①] 通过创立厦门港的服务宗旨及名优品牌，展示企业的美好愿景，激发港口企业职工开拓进取、爱岗敬业的精神，形成强大的凝聚力，为货主和旅客提供更优质的服务，才能提高厦门港的核心竞争力，实现厦门国际集装箱干线港、区域性邮轮母港的战略目标。

三、厦门港口文化建设存在的主要问题

20 世纪 80 年代，改革开放的大好形势为厦门的发展提供前所未有的机遇。随着“以港立市”和“把厦门建设成为国际性港口风景旅游城市”战略的实施，推动厦门现代港口文化的发展。然而，厦门港口文化在建设过程中存在的问题仍显而易见。

(一)重要性认识不足，对内、对外宣传不够

2002—2011 年，厦门港集装箱吞吐量连续 10 年位居中国沿海港口第 7 位，但从 2012 年开始被大连港超越而位居第 8 位，而且与大连港的差距逐渐拉大[②]。2013 年，厦门港完成集装箱吞吐量 800.8 万 TEU，同比增长 11.2%；排名第 7 位的大连港吞吐量达 991.2 万 TEU，同比增长 22.9%。[③]

大连港的迅速崛起，与其重视港口文化建设是分不开的。厦门港在发展过程中，对港口文化建设还未给予充分的重视。一是还未将港口文化建设提到战略高度，对全港的文化建

① 朱耀斌、戴玉鑫：《港口文化》，人民交通出版社 2010 年版，第 184 页。

② http://www.portcontainer.com/newsMoreAction.do? command，2015 年 1 月 10 日。

③ http://www.portcontainer.com/newsAction.do? command，2015 年 1 月 10 日。

设缺乏统一规划和引导，港口文化活动开展较少；二是厦门港口文化在港口行业内部和向外界的传播都存在不足，其作用还没有得到充分的发挥。对内宣传不足，导致部分员工对港口文化的重要性缺乏深刻认识。对外传播不足，导致外界对厦门港的优势、服务品牌等缺乏必要的了解。

（二）港口文化氛围比较薄弱

厦门东南国际航运中心的建设，需要以厦门浓厚的港口文化氛围为环境支撑，吸引全球各界人士来厦门举办或参加与港口航运有关的各种会议和商务活动。然而，厦门港口文化的氛围相对薄弱。例如，2005 年，厦门市就提出争取把“建设厦门海事博物馆”纳入“十一五”海洋经济发展规划。直到 2013 年下半年，厦门海事博物馆才开始筹建，决定选址在沙坡尾。[①] 此外，厦门缺乏港口航运节庆品牌，港口航运学术交流活动较少，这些问题在一定程度上制约了厦门港城经济的持续快速发展。

（三）厦金客运航线品牌优势有所减弱

厦门与台湾语言相通、民俗相同，人民历来交往频繁。特别是在清康熙时郑成功收复台湾后，厦门与台湾地区的关系更加密切。除了新中国成立后两岸交流一度中断外，厦门港一直是两岸人民往来的重要枢纽。2001 年开启的厦门—金门客运航线，结束了两岸海上客运直航中断 52 年的历史。厦金航线自开通以来，已成为海峡两岸人民往来最重要的通道，凸显着厦门独特的对台区位优势，同时也成为厦门的十大城市名片之一，是厦门对台港口文化的重要组成部分。随着两岸空中客运直航航班及客船直航点的增加，带来厦金航线客源的分流效应，导致近两年该航线客运量有所减少，如图 1 所示。2013 年，厦金航线客运量为 125.63 万人次，同比减少 8.2%。[②]

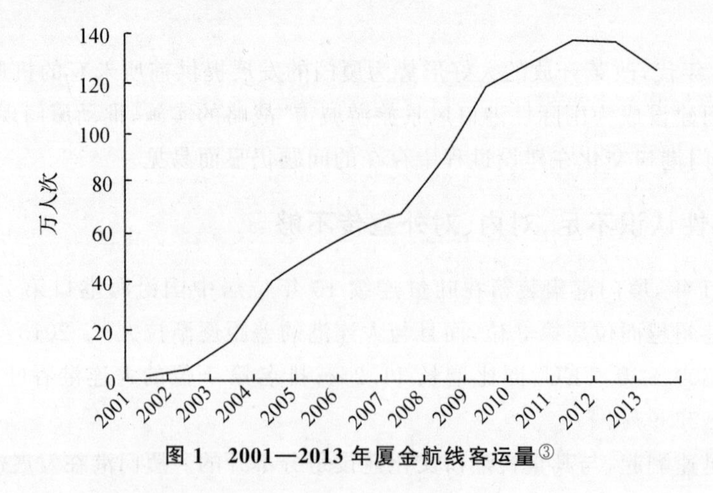

图 1　2001—2013 年厦金航线客运量[③]

① http://m.xm.gov.cn/02/，2015 年 1 月 12 日。

② http://www.xjlink.net/Harbor/Intro.aspx? portId=1&typeId=1，2014 年 12 月 10 日。

③ 根据海峡三通客运信息网发布的数据绘制，2014 年 12 月 10 日。

(四)邮轮文化发展进程缓慢

邮轮文化是集海洋文化和休闲文化为一体的慢文化,现代邮轮被称为“浮动的度假村”。如今,邮轮文化已成为现代港口文化发展的明显特征。尽管邮轮文化在西方国家已经具有很高的认同度,但对于中国民众来说,依然是比较陌生的概念。大多数人仍然将邮轮认作交通工具而非度假产品,因而宁愿选择更加方便快速的出行模式。根据国际邮轮协会(CLIA)估计,2013年全球邮轮客运量达2 097万人次,厦门港邮轮客运量仅为2.49万人次[①],在全球邮轮市场中所占的份额微乎其微,邮轮经济对厦门带来的综合影响很小。

(五)绿色港口文化品牌建设有待加强

港口是城市经济增长的重要推动力,也是主要的污染源头和耗能单位。在全球环境恶化和能源危机的形势下,绿色港口已成为港口可持续发展的重要理念。绿色港口文化品牌是港口的特有品牌,是港口文明建设的重要内容,其最突出的属性是社会责任感。近年来,厦门港通过采取集装箱货场轮胎式起重机“油改电”、集装箱拖车“油改气”,推广在港船舶使用岸电等措施,在绿色港口文化品牌建设上取得了一定的成绩。但是,港口生产所造成的空气、水域、噪音等污染源对城市生态环境的不利影响依然存在。

四、加强厦门港口文化建设的相关建议

港口经济是港口文化形成的基石,港口文化反过来又促进港口经济的发展[②]。港口文化必须随着港口现代化进程而发展,才会具有时代特征和生命力。以下针对厦门港口文化建设存在的主要问题,提出几点对策性建议。

(一)加强厦门港品牌建设与企业形象宣传力度

1. 打造厦门集装箱码头集团公司品牌文化

厦门港以处理集装箱为主,为了提高厦门港集装箱运输的整体竞争力,由厦门市国资委、港口管理局、证监局等组成的工作组对5家海内外上市公司的25个集装箱泊位实施大规模资产整合,组建厦门港集装箱码头集团公司。在厦门港集装箱码头集团公司开始运作的同时,建议集团公司对下属各码头公司的文化进行整合。通过统一规划,推出集团公司的标识,制定集团公司的企业精神、经营理念等。其中,企业标识应具有航运特色,企业精神应能反映港口企业求实创新和开拓进取的特征,经营理念应体现厦门港作为海峡西岸龙头港口和对台航运枢纽的地域特色。通过物质和精神层面的建设,为厦门国际集装箱干线港发展战略的实施营造氛围、凝聚人心,为实现企业愿景和目标而群策群力。

---

① http://www.xjlink.net/ShipWork/ReportCruiseCalendarView.aspx,2014年12月8日。

② 乐承耀:《港口文化与宁波港口经济》,《中国港口》2012年第9期。

2. 加大厦门港企业形象的宣传力度

厦门港应充分利用各级电视台、报纸、港口航运期刊、港口网站、宣传画册等各种媒体，大力宣传港口名优服务品牌，努力营造厦门港在全球良好的公众形象，扩大厦门港的影响力。例如，厦门嵩屿集装箱码头在上海第四届国际航运文化节获得“综合服务十佳集装箱码头大奖”，在美国商业杂志《商业日报》(JOC)发布的2013上半年全球码头综合船时效率排名中居于首位[①]，应通过各种媒体加以宣传，使嵩屿码头的服务品牌为全球船东和货主所了解。

(二)做强做优厦金客运航线品牌

厦金客运航线兼具大众交通和旅游交通两项功能，在两岸客运直航港口逐渐增加的情况下，应充分挖掘该航线的旅游功能并提高服务质量，做强做优厦金客运航线品牌。一是加强厦金两地旅游业的合作，推动两地发展各具特色、合作共赢的差异化旅游产品，打造特色鲜明的厦金海峡旅游市场；二是以厦龙、厦深和向莆铁路开通为契机，将两岸“一程多站”线路产品延伸至内陆地区，将厦金航线打造成为海峡两岸旅游双向往来的重要通道；三是充分发挥厦门“海峡两岸郑成功文化节”和“海峡两岸保生慈济文化节”的品牌效应，开发推广对台宗教旅游、健康旅游；四是提高厦金航线的服务水平，完善旅客行李直挂业务，适时增加夜航班次，推进厦金航线稳步发展。

(三)发展邮轮文化，提高厦门港邮轮旅游的影响力

邮轮旅游是西方文明的象征和一种现代生活方式，是发展潜力极大的一项旅游市场，可以产生1:10以上的带动效应，形成邮轮码头、邮轮维修、燃物料补给、食品供应、餐饮酒店、商业娱乐、旅游景点等多产业共同发展的邮轮经济。其中，邮轮母港对经济的贡献更大，其对经济的拉动作用是停靠港的10～14倍。[②] 邮轮文化发展的前提是邮轮经济实现产业化发展，而邮轮产业需要一个较长的培育期。厦门港是海西港口群中唯一开辟邮轮航线的港口，目前已建有一个14万吨级的邮轮泊位。随着东渡港区的搬迁改造，将建成具备同时停靠三四艘大中型邮轮能力的邮轮母港。为推进邮轮文化在厦门的发展，首先，政府应出台大力度的邮轮母港建设扶持政策，完善厦门邮轮母港的各种配套设施建设；其次，应定期举办以邮轮为主题的各种宣传活动，提高福建及周边地区居民对邮轮文化的认识，促进其旅游观念从“观光型旅游”到“度假型旅游”的转型；再次，应充分利用福建“海丝”文化底蕴，加强与东盟国家旅游业的合作，争取开辟海上丝绸之路邮轮航线。在邮轮经济的发展过程中，扩大邮轮文化和厦门港邮轮旅游的影响力，同时使“海丝”文化更好地得到传承与发展。

(四)加强绿色港口文化品牌建设

港口环境保护和能源节约是港口的无形资产，是港口文化的重要组成部分。弘扬港口

---

① http://www.portxiamen.gov.cn/xmsgkglj/gkzx/mtsj/273676.htm；2013年7月12日；2015年1月10日。

② 王晴川：《上海航运文化产业发展的思路与对策研究》，《国家航海》2013年第1期。

文化需要良好的社会环境，尤其是良好的港口生态环境。为了提高厦门港城的整体形象，必须采取更多的措施打造绿色厦门港口文化品牌。

1. 充分利用太阳能资源

厦门是福建省太阳能资源最丰富的地区，有着良好的太阳能利用条件，平均年日照时数1 995.0～2 193.6小时，辐射强度 52.5×10^8 焦/平方米。① 亚热带海洋性季风气候使厦门地区很少出现连续多天见不到太阳的天气，这种特征为厦门持续利用太阳能提供有利的条件。应因地制宜地在港区建设一些能够就地利用的太阳能采集器和单体建筑太阳能供热系统，如可以考虑在港区仓库屋顶安装太阳能光伏发电设备。此外，还可以建设一批投资小、简便适用的太阳能利用示范点，如太阳能路灯、太阳能电瓶车等，进一步减少港区的碳排放。

2. 大力发展海铁联运和外贸内支线运输

在各种运输方式中，公路运输造成的地方性污染最大，铁路和水运造成的地方性污染相对较小。近年来，厦门港积极发挥海西航运物流中心辐射与聚集效应，集装箱水水中转与海铁联运业务发展较快，但通过公路集疏运的比例仍占集装箱吞吐总量的75%以上。② 随着厦门港铁路集疏运条件的改善，应深挖江西、湖南直至西部地区腹地的潜力，加强与内陆城市的全方位合作，扩大海铁联运的规模。此外，应进一步完善厦门港内支线网络，在重点发展现有的福州、汕头等支线的基础上，尽快开通潮州等新的支线，延伸厦门港海向腹地。通过发展海铁联运和外贸内支线运输，进一步实现节能减排。

3. 建立绿色港口评价体系

根据厦门港可持续发展的要求，从科学的角度系统地建立绿色港口评价体系。指标体系覆盖面要广，能客观、综合地反映厦门港的资源消耗与利用、生态环境等方面的情况，以定量指标为主。对难以量化且较重要的指标，可用定性指标来描述。通过建立绿色港口评价体系，有利于决策层对港口的发展进行调控，并增强每一位港口员工的绿色环保理念，使厦门的生态环境得到最大优化。

(五)积极举办港口节庆与论坛活动

港口航运的节庆与论坛活动，对提高港城的知名度具有重要的影响。例如，宁波自2008年开始举办两年一届的“中国宁波国际港口文化节”，既丰富了宁波港口文化的内涵，又把宁波港城文化的对外宣传推上新的高度，极大地提高了宁波港城的整体竞争力。厦门也应通过积极举办港口航运类的节庆活动，开展港口航运学术论坛、商务、娱乐等活动，以港口文化的辐射力进一步促进厦门与国内外港口城市的交流与合作。

(六)加快厦门海事博物馆的建设

加快厦门海事博物馆建设，对于弘扬港口文化具有重要的意义。厦门海事博物馆应充分展示厦门港口、航运、造船业在各个历史时期的资料图片；对于具有代表性的老码头、航标等建筑物，可以做成微缩景观，从视觉上增加参观者的印象；复原并展出郑成功时期海路五

---

① 庄世坚：《加快厦门市太阳能的利用》，《厦门科技》2006年第3期。

② http://www.stats-xm.gov.cn/tjzl/，2015年1月12日。

商的外海帆船模型。将传统博物馆和现代航运科技馆进行有机结合，使厦门海事博物馆成为集展示、宣传、旅游、教育、科技于一体的多功能港口文化馆藏基地，提高广大市民的航运素养和海洋环保意识，助力“美丽厦门”战略的实施。

[本文发表于《集美大学学报》(哲社版)2015年第2期]

闽粤台语言文化融合对台湾地名变迁的影响

杨志贤
（集美大学文学院　福建　厦门　361021）

【摘　要】　本文论述地名的变迁与语言文化的关系，分析闽粤台语言文化融合对台湾地名通名的变迁、专名的变迁及词义的变迁的影响。从台湾地名的变迁可以看到历史上入台的闽粤籍汉人在将自身带去的语言文化融入当地文化的同时，也不可避免地吸收了一些当地文化，闽粤台语言文化的融合具有双向性和深刻性的特点。闽台语言文化的融合对台湾地名变迁的影响是既深刻又显而易见的。

【关键词】　闽粤台；语言文化融合；地名变迁

一、地名的变迁与语言文化的关系

地名是人们对某一地方共同约定的名称，地名不但反映了人们对这一地域客体的主观认识，还以语言为载体将其表现出来。一个特定的客观存在的地域（文学作品中虚拟的地名不予讨论），人们用自己的语言给它命名之后，产生了相应的地名词，它就成为这种语言符号体系的组成部分，是专有名词的一部分。在特定的时空中，地名具有特定的音和义。形之于书面，则以相应的文字为载体（没有文字的民族除外），因此，地名也有形、音、义等要素，因此，地名的产生、变迁是和特定的语言文字密切相关的。如果一个地方的居民群体发生重大的变化，其所使用的语言（可能是不同的语言，也可能是一种语言下的不同方言）也相应地发生重大变化，势必影响到地名的变化。新的居民往往用自己的语言以自己所习惯的命名方式对其进行重新命名或改造旧有的名称，这就是语言对地名变迁的影响。不同居民群体的语言会在地名的变迁中产生作用并留下痕迹。

地名不但反映自然环境特征，还反映人文环境特征。一方面，地名是历史的产物，它往往反映一定的民族（或族群）文化、地域文化、历史文化的层积。地名所具有相对的稳定性，使层层积淀在地名之中的历史文化元素得以保存下来。另一方面，地名也受发展变化的文化因素的影响而发生相应的变化。一个地方的居民群体变化了，其文化背景、风俗习惯、宗教信仰、经济生活方式等都发生变化，这些都可能影响地名的变化。在居民群体未变化的情况下，社会大环境如政治环境等发生重大变化，也会影响到地名的变化。例如王莽篡汉改制，就曾更改全国大多数的地名。因此，即使在地理实体没有太大变化的情况下，地名也不

杨志贤，女，副教授，主要研究语言文字学。

会一成不变。这种情况下的地名变迁往往是文化的因素造成的。

台湾和大陆尤其是闽粤之间有很深的历史文化渊源，这是众所周知的。从某种意义上说，台湾是伴随着汉族，尤其是闽粤籍汉族入台开垦的历史而发展起来的。闽粤台语言文化的融合不可避免地对台湾地名的变迁产生了深远的影响。

二、闽粤台语言文化融合对台湾地名通名变迁的影响

这里考察的通名，主要指为自然形成的聚落命名的地名中的通名，属于小地名的通名。这类通名在其形成之初往往是当地人用自己的语言对所居地的地形地貌特点、居住形态特点或经济生活方式等概括之后的约定俗成的名称，深受其语言文化的影响，是居住者语言文化的最朴素的表现。在纳入政府行政规划之后，这些通名可能会产生相应的变化，但这种政府行为实际上是语言及历史文化影响的结果。考察台湾地名通名变迁的情况时，很容易就发现语言及历史文化在其中所积淀的不同层次。我们既可以从通名用语用字在地理空间上不同的分布特点看出语言文化影响的层次，也可以从通名用语用字在不同时期的变化看出其历史的层次。在空间和时间的变迁中都可以看到两岸语言文化融合所产生的影响，这两者有时是交叉的。

入台的闽粤籍汉族为“原住民”聚落取名多以“社”为其通名，以此来区别汉人聚居地的名称。“社”作为地名通名，常见于福建闽南、闽西地区，其来源颇为古老。清代顾炎武《日知录》云：“社之名起于古之国社、里社，故古人以乡为社……《管子》‘方六里，名之曰社’是也。”[①]闽南方言里就称“乡村”为“乡社”。其大概起源于上古时期中原土地神的崇拜，层积在语言中带入闽南及客家方言地名。汉族入台后，先是在“原住民”语地名的汉译名后加“社”字。如：平埔族人的 Sincan 译成新港社、Tavocan 译成大目降社、Akuw 译成阿猴社、Tilaossen 译成诸罗山社、Parissinanan 译成八里沙喃社等。[②] 这些汉译地名也是用与闽粤方言相对应的汉字译写的，而不是用与明清时期北方官话相对应的汉字译写的。如与 Tilaossen 对译的“诸罗山社”的“诸”，在闽南方言就与 ti 的发音极其相近。Akuw 也与“阿猴”的闽南方言读音相近。又如 Saiasai 译为狮仔狮，也是因为闽南方言中“狮”就读为 sai。诸如此类的例子不胜枚举。

后来汉人不断垦殖，占据了“原住民”住地，就在旧地名后加上别的通名。例如现今台中县大甲镇建兴里，最早为平埔族道卡斯族 Tanatanaha 之社域所在，即西势社、双寮社等地。清代嘉庆年间，汉人聚落逐渐形成，则在原有地名后加上通名“庄”，称为西势社庄、双寮社庄[③]，原来的通名“社”就变成专名的一部分。诸如此类的还有翁仔社——翁仔社庄、日南社——日南社庄、旧社——旧社庄、中社——中社庄、岸里大社——岸里大社庄等。有的直接将“社”字去掉，改为“庄”或“里”或“村”，例如现今苗栗市嘉盛里，原本是平埔族道卡斯族

---

① [清]顾炎武著，黄汝成集释，栾保群、吕宗力校点：《日知录》，上海古籍出版社2006年版，第1260页。

② 洪敏麟：《台湾旧地名之沿革》，台中市台湾省文献委员会1980年印行，第122页。

③ 张伯锋：《台湾地名辞书·卷十二·台中县》，南投市台湾文献馆2006年版，第184页。

聚居地，其聚落名称为嘉志阁社，清代改为嘉盛庄，战后改为嘉盛里。[①] 又如原道卡斯族新港仔社，光绪年间改为新港庄，即今后龙镇新民里。诸如此类的还有：房里社——房里里、武荣社——武荣村等等。“社”是方言的底层，“里”“村”是明清时期大陆中原一带地方基层区域常用的通名（“里”的用法也很古老）。从“原住民语地名——社——庄——里（村）”的变化，可以看出汉人开拓、垦殖的深入及土著汉化的轨迹。

台湾地名辞书及其他相关文献往往按地理位置的特点将一些地区分为海线、山线及内山三个部分。从“台湾汉族居民祖籍别”地图上可以看到漳泉籍汉人相对集中在沿海地区（海线），惠州、潮州等客家人移民则多聚居在丘陵地带（山线），往山地（内山）延伸。[②] 原住民的活动范围主要在山地（内山）。

考察发现，台湾地名通名用字的分布与入台汉人的族群及其方言的分布特点是相一致的。虽然闽南方言和客家方言在地名通名的使用上有相同之处，例如“寮”“埔”“湖”[③]“坑”“崎”“窝”“洋”[④]等均为两个方言区所通用。但是，在某些通名用字上，两个方言区还是有很明显的区别的。这点前人早已有所论述：“两大系方言在地名的通名用字中都有各自特殊的常用字。在客赣方言，山名常用岽嶂崠，村名常用屋、家、背、地、陂；在闽方言，山名常用尖、项、岗，村名常用厝、埕、墩、坵。”[⑤]不过，必须指出的是，“岽”和“地”不是客赣方言区所特有的，它们也见于闽南方言区。例如漳州南靖县有三脚烘炉岽、熬酒岽、塔石岽、陈埔地、小姐地等。[⑥⑦] 厦门同安有溪东地、后壁地、埔地、后地等。[⑧]

下面即以苗栗县为例作个案分析，来考察从沿海地区（主要是漳泉移民）到丘陵盆地（主要是客家移民）再到山地（客家人居住区及原住民与客家人混杂区），地名分布的状况和特点[⑨]。

第一组：厝——屋、家[⑩]

这组用语意思相同，“厝”只见于闽南方言区，“屋”“家”只见于客家方言区，几乎不相混杂。例如以闽南人为主要居民的海线地区一般只用“厝”：竹南镇有后厝、澎湖厝、田厝仔、竹篙厝、香山厝、大厝；后龙镇有济阳堂古厝、后壁厝、田厝；通霄镇有风头厝、顶厝、曾厝、姚厝、颜厝、古厝、詹厝、田中央黄厝、红瓦厝、黄厝、李厝、红土厝、邹厝；苑里镇有阮厝、西边厝、古

---

① 林圣钦：《台湾地名辞书·卷十三·苗栗县》，南投市台湾文献馆2006年版，第65页。

② 地图出版社编制：《台湾省地图册》，地图出版社1981年版，第7页。

③ 除了用于指称水体的名称外，“湖”更常用于指称河谷或山间的小盆地。

④ 更常用于指称有平坦的大片田地的地方。

⑤ 李如龙：《地名与语言学论集》，福建省地图出版社1993年版，第107页。

⑥ 岽、崠用字不同，实则为一。

⑦ 福建省南靖县地名办公室编：《南靖县地名录》，南靖县印刷厂1981年版。

⑧ 福建省同安县地名办公室编：《同安县地名录》，1980年版。

⑨ 根据《台湾地名辞书·苗栗县》（林圣钦《台湾地名辞书·卷十三·苗栗县》，南投市：国史馆台湾文献馆，2006年）收录的所有地名统计分析。苗栗县的海线即沿海地区，包括竹南、后龙、通霄、苑里四镇，主要居民是漳泉籍汉人。山线即丘陵地带，包括头份、造桥、苗栗、西湖、头屋、公馆、铜锣、三义等乡镇，主要居民是客家人。内山即山地，包括三湾、南庄、狮潭、大湖、卓兰、泰安等乡镇，有些以客籍族群为主，如三湾乡、大湖乡等，有些是客家人和原住民混杂区，如南庄乡、狮潭乡和泰安乡等。

⑩ 这组地名的分布特点也见于福建地区。李如龙：《从地名用字的分布看福建方言的分区》，《地名与语言学论集》，福建省地图出版社1993年版，第153页。

厝、后壁厝、萧厝、后壁厝、何厝、陈厝、朱厝、黄厝、梁厝、王厝、孙厝、瓦厝内、公馆厝、顶厝、砖仔厝、吴厝门楼、欧厝、大瓦厝、王厝、赖厝等。例外的只有通霄镇枫树里的曾家、马家，而其居民大多为客家人。

以客家人为主要居民的山线地区一般只用“屋”：头份镇有新屋下、邓屋、张屋；头屋乡有邓屋、巫屋伙房、黄屋伙房、刘屋伙房、上陈屋、下陈屋、马屋、明屋、头屋村、新屋下、张屋；公馆乡有枋屋、石屋、徐屋伙房；西湖乡有水头屋、大瓦屋、黄屋庄；铜锣乡有叶屋、廖屋、邱屋、彭屋、叶屋坑；三义乡有三贯屋、新屋、吴屋伙房、黄屋、孙屋、火烧屋仔等。内山地区较多客家人聚居的地方一般也只用“厝”：三湾乡有水头屋、黄屋；狮潭乡有石屋、周屋庄；大湖乡有上陈屋、竹高屋、石屋等。例外的只有头份镇的黎厝、何厝及铜锣乡的三座厝。前者是在乾隆四年由泉州人林耳顺召集闽粤移民所垦而成的。

在闽客文化融合的地方，偶尔也会出现双地名现象，例如，三义乡的连屋也称连厝。

第二组：墘——唇

“墘”在闽南方言里是“沿”“边”的意思。水边、河边称为“河墘”，例如竹南镇的港墘里、港仔墘。在客家方言里则用“唇”，如在客家人数最多、处在客家方言区的核心的头份镇有河壩唇、河唇等地名。福建省上杭县有崩蓬唇[①]，武平县有河唇等地名[②]。关于“唇”的用字，前人较少论及。

第三组：埤埕崙

为闽南方言区特有的通名。

埤：《集韵·纸韵》：“埤，下湿也。”低洼潮湿之地。通霄镇的番仔埤、樣仔埤、三角埤、贼仔窝大埤，苑里镇的水柳埤、木埤等。

埕：用来称宽平之地。如苑里镇的大稻埕等。

崙：“崙”指“坡度较小的山冈……这个崙与昆崙的崙不同调，是民间俗字，本字未明。”[③]有后龙镇的竹仔崙等。

第四组：排背㟍坜

这组通名为客家人聚居区所特有的，一般只见于客家方言区，不见于闽南方言区。尤其是“排”这个通名，前人很少论及。

排：客家方言中“排”指“山腹”。山线地区用“排”为通名的有苗栗市的学老排（又称河洛排，早期原有闽南籍，客家人称之为河洛人，垦户聚居，因此被称为学老排），头份镇的山下排，头屋乡的柿子排、凤梨排，公馆乡的河排、向西排，西湖乡的西三湖排、东三湖排，铜锣乡的山排，三义乡的山排、山猫排、草排、小草排、大草排等。内山的客家人聚居区有大湖乡的河排、大排（指大规模的山坡地）、向北排（指向北的坡地）等。福建省客家方言区内有大量的以“排”为通名的地名，如永定县有结子排、西门排、洋头排、九墟排、大排、秋竹排、乌鸦排、桐树排等[④]；武平县有枫树排、金岭排、社公排、茶亭排、赤勾排、契下排等[⑤]。

---

① 福建省上杭县地名办公室编：《上杭县地名录》，1980 年版，第 42 页。

② 福建省武平县地名办公室编：《武平县地名录》，武平县印刷厂 1983 年印行，第 23 页。

③ 李如龙：《地名与语言学论集》，福建省地图出版社 1993 年版，第 145 页。

④ 福建省永定县地名办公室编：《永定县地名录》，永定县印刷厂 1982 年印行，第 33 页。

⑤ 福建省武平县地名办公室编：《武平县地名录》，武平县印刷厂 1983 年印行，第 30 页。

背:客家人称一地一物的后方为“背”。山线地区用“背”命名的有头份镇的组合背、河背路,西湖乡的伯公背,铜锣乡的河背,三义乡的火车路背、崀背等。内山客家人聚居区有三湾乡的坡头背、山塘背,南庄乡的横坪背,大湖乡的线桥背等。福建省客家方言区内也有大量的以“背”为通名的地名,如永定县有岭背、石背、溪背、大路背、田背、大圳背、坑背、井背、秧地背等[①];武平县有上田背、下田背、井背、竹背等[②]。

崀:《玉篇·山部》:“崀,山名。”山线地区用“崀”命名的有头屋乡的小龙崀,铜锣乡的茄苳崀,三义乡的小崀、石崀、分水崀等。内山客家人聚居区有三湾乡的伯公崀、石崀,狮潭乡的分水崀、米轮崀、樟树崀、九份崀、分水崀、枫树崀,大湖乡铳柜崀、烧风崀、分水崀、枫树崀、伯公崀、水槽崀、大崀、更寮崀、竹头崀、相思崀等。

坜:《集韵·锡韵》:“坜,坑也。”山线地区用“坜”命名的有苗栗市的车路坜,公馆乡的铳库坜,铜锣乡的香圆坜,三义乡的八股坜、深坜、沙坜等。内山客家人聚居区有南庄乡的生人坜等。

三、闽粤台语言文化融合对台湾地名专名变迁的影响

在台湾,不同族群之间的语言文化融合对地名专名的变迁的影响也随处可见。

云林县的西螺镇原为平埔族巴布萨族西螺社的生活领域(至今境内仍有番社、新社、社口等地名)。平埔族人原来对本地的称呼为 Sorean,汉人入垦本地后,改为“西螺”。一说是 Sorean 的音译。还有说是因浊水溪而名:“‘浊’字闽南语音与‘螺’字相同,‘浊溪’被雅化为‘螺溪’,依浊水溪支流的位置而言,就有‘西螺’的名称。”[③]不论是哪一种由来,都与闽人的移民开垦及闽南方言有关。苗栗县西湖乡原名四湖,“因为打那叭溪(今称西湖溪)沿岸有曲流形成的河谷平原,一般在地名上称作‘湖’,就是‘山中盆状低地’的意思……四湖正是第四个盆状低地,同时由于‘四湖’就位在本乡的略中央地区,因而拿来作为乡名”[④]。后来改成与客家话“四湖”同音字“西湖”作为乡名。云林县崙背乡的枋南村,据记载,“居民来自福建省诏安县,以钟姓为主,旧名为‘崩沟寮’,系因聚落南边一条大水沟,两侧堤岸常发生崩塌,故称为‘崩沟寮’,光复后称为枋南村,系取与‘崩’闽南语同音字‘枋’,次字‘南’则为纪念家乡闽南”[⑤]。苗栗县后龙镇原为平埔族聚落雅斯社,又名阿兰社,由于“阿兰”和“后垅”闽南方言语音相近,明郑时期写作后垅社,后来改“垅”为“龙”,但本地人仍用闽南方言称“后垅”(闽南方言中“垅”和“龙”发音不同)[⑥]。苗栗县头屋乡飞凤村有鹞婆嘴一地,“鹞婆”为客家方言,意为老鹰。

族群迁徙所带去的信仰及其相关的风俗习惯,会对地名的命名产生一定的影响。闽籍

① 福建省永定县地名办公室编:《永定县地名录》,永定县印刷厂 1982 年印行,第 40 页。
② 福建省武平县地名办公室编:《武平县地名录》,武平县印刷厂 1983 年印行,第 23 页。
③ 陈国川:《台湾地名辞书·卷九·云林县》,南投市台湾文献馆 2002 年版,第 135 页。
④ 林圣钦:《台湾地名辞书·卷十三·苗栗县》,南投市台湾文献馆 2006 年版,第 441 页。
⑤ 陈国川:《台湾地名辞书·卷九·云林县》,南投市台湾文献馆 2002 年版,第 105 页。
⑥ 林圣钦:《台湾地名辞书·卷十三·苗栗县》,南投市台湾文献馆 2006 年版,第 123 页。

汉人信仰妈祖，将妈祖文化带入台湾，兴建了不少祠祀妈祖的寺庙，因此多有因庙命名的现象。如苗栗县竹南镇的龙凤里即因境内主祀妈祖的"龙凤宫"而得名。西螺镇的福兴里原本属于西螺支厅西螺区西螺堡西螺街，后"因境内有一座妈祖庙——福兴宫，故称为'福兴里'"①。

族群迁徙所带来的社会经济方式的变迁，也影响地名的变迁。台湾"原住民"的经济生活方式以原始旱田农业和狩猎为主，汉人入台开垦，则以水稻种植为主，并且随着汉人的日益增多，手工业、经济贸易等也有了极大的发展。经济生活方式和社会经济结构的变化也对台湾地名的变迁产生深远的影响。台中县丰原市原为平埔族居住地，原名叫 Haradan，后来讹称为 Haluton，意思是"松柏林"，汉译为"葫芦墩"。康熙年间，一些漳州人、广东人入垦本区后，逐渐发展成台湾中部最肥沃的农业区，后因其沃野千里，物产丰饶，故而改名为"丰原"。② 此外，与农业开垦有关的地名还有"甲""张犁""结"等。

族群的迁徙也会带来地名的移动。族群迁徙所至，往往以原住地或祖籍地命名新居地，这在历史上是很常见的。云林县西螺镇的诏安里，原属于西螺支厅新社区西螺堡埔心庄，后改为"诏安里"，"因居民以来自福建省漳州府诏安县为主，故称'诏安里'"③。云林西螺镇的河南里，本地旧称埔心前庄，后改为"河南里"，"里内居民以程氏为最大族群，根据程氏族谱中记载：'程氏乃河南开封府祥符县太宁坊人。'为纪念程氏原乡，故命为'河南里'。"④

四、闽粤台语言文化融合对台湾地名词义变迁的影响

普通名词往往既有表层的使用意义，也有深层的语源义。例如"玦"，《说文》："玦，玉佩也。从玉夬声。"⑤说的是"玦"的使用义。《广韵》："玦，佩如环而有缺。"⑥指出"玦"的语源义，即这种玉佩命名为"玦"的原因是有缺口，这个语源义蕴含在声音"夬"中。"玦"和"缺"(器缺)、"決"(水缺)为同源词。

地名词也有使用义和语源义双重性，其使用义就是指明某一地方的地理位置、范围和类型等，这是人们使用地名时通常所指的意义。地名的语源义就是它的命名义，即命名的原由。例如《汉书·地理志下》在解释地名"斥章"时引应劭注曰："漳水出治北，入河。其国斥卤，故曰斥章。"⑦斥与卤同义，即咸卤之意。例如《书·禹贡》："(青州)厥土白坟，海滨广斥。"陆德明释文："郑云：'斥，谓地咸卤。'"斥卤，即盐碱地。《吕氏春秋·乐成》："邺有圣令，时为史公，决漳水，灌邺旁，終古斥卤，生之稻粱。"因漳水出于其中且其地为盐碱之地，所以命名为"斥章"。又如"日月潭"的使用义就是"在南投县鱼池乡南部……为本省最大天然湖"。人们在使用"日月潭"这个地名时，通常指的就是这个意义，而它的命名义即"日月潭"

---

① 陈国川：《台湾地名辞书·卷九·云林县》，南投台湾文献馆 2002 年版，第 143 页。

② 张伯锋：《台湾地名辞书·卷十二·台中县》，南投市台湾文献馆 2006 年版，第 71 页。

③ 陈国川：《台湾地名辞书·卷九·云林县》，南投市台湾文献馆 2002 年版，第 146 页。

④ 陈国川：《台湾地名辞书·卷九·云林县》，南投市台湾文献馆 2002 年版，第 147 页。

⑤ [汉]许慎：《说文解字》，中华书局 1963 年版，第 11 页。

⑥ 周祖谟：《广韵校本》，中华书局 2004 年版，第 494 页。

⑦ [汉]班固撰，〔唐〕颜师古注：《汉书》(第六册)，中华书局 1987 年版，第 1631 页。

名称的来由是因为"北半湖状如日轮,东半湖形同上弦月"①。

语言文化的融合对地名使用义变迁的影响比较小的,这是因为地名的使用义主要与客观的地理实体自身等诸因素的关系更密切。一方面,自然地理实体的变化在短时间内是不容易为人所知的,因而不易影响到地名的使用义,即人们对其地理位置、范围和类型的认知;另一方面,由行政划分导致的地理实体的位置、范围和类型的变化造成地名使用义的变化,与新居民的语言、风俗习惯、宗教信仰及文化背景等因素的关系不太大。

但是,语言文化融合对地名的语源义(命名义)的变迁却会产生较大的影响。由于历史的变更、族群的迁移等原因,一个地方的新居民用自己的语言,以自己习惯的命名方式为居住地进行命名,往往将自己的语言、主观认知、文化背景元素融入新地名中,产生新的命名义,或使旧的命名义深深地隐藏或湮灭在地名的历史变迁中。

命名义(语源义)理论上是可论证的,但由于历史的变更、族群的迁移等原因,有的命名义实际上变得难以考证,特别是旧名改译后很难考究其原来的命名义。就台湾而言,这种命名义的变化也很容易看出闽粤台文化融合的影响。有些用闽南、客家方言改译的地名或旧名雅化后的新名,地名的命名义发生变化。例如"苗栗"原名"猫里",原住民语的意思是"平原",改译成"苗栗"后,原来的语源义不容易为人所知。宜兰县的罗东镇的"罗东",源于平埔族噶玛兰族加礼宛社的土语"老董",原意是"猿猴",因为那里生活着一大群猴子,故以此命名。后来,漳州、泉州及粤籍汉人入垦宜兰,取其谐音雅化为"罗东"。原来的语源义也不易为人所知了。台北的万华,原名艋舺,也写作蟒甲、莽甲、文甲等,是平埔族凯达格兰语Banka的译音,意思是"小船"②。就"艋舺"而言,是音译和意译的结合,因为,艋、舺在古汉语中也是船的意思。《广雅·释水》:"舺,舟也。"又,"舴艋,舟也"。后来因本地为龙山寺所在地,又改名为龙山,现在则称万华。原名的语源义就消失了。

另外,在选择语素构成语词的命名意义时常常体现着不同的民族文化心理——求雅、忠信、仁义、慈孝等。将台湾土著地名的命名义与变迁后的地名的命名义对比,就可以发现这个特点。

五、结　语

通过以上考察,我们可以得出以下结论:

其一,闽粤台语言文化的融合对台湾地名变迁的影响是既深刻又显而易见。

其二,入台汉族人的族群分布与方言地名的分布特点是相对应的。

其三,地名中积淀了不同的语言层次和文化层次。从地名的变迁可以看到不同族群的语言和文化在不同的历史时期的层层积淀。原住民语与闽南、客家方言与明清官话,原住民文化与闽南、客家文化与大陆中原文化经过长期的融合,已经难以分辨。

其四,闽粤台语言文化的融合具有双向性特征。历史上入台的闽粤籍汉族人在将自身带去的语言文化融入当地文化的同时,也不可避免地吸收了一些当地文化,因而闽粤台语言文化的融合具有双向性。

---

① 朱天顺:《中华人民共和国地名词典·台湾省》,商务印书馆1990年版,第464页。

② 洪敏麟:《台湾旧地名之沿革》,台中市台湾省文献委员会1980年印行,第212页。

小嶝岛海洋文化的现状与发展

周艺灵
（集美大学文学院　福建　厦门　361021）

【摘　要】 小嶝岛历史文化悠久，有丰富的海洋产品，近年来小嶝已成为厦门富有特色的休闲渔村，但在旅游业兴旺发展的同时，我们也关注到小嶝岛海洋文化现状的不足和未来发展的趋势。本文通过对小嶝海岛的实地调查，结合有关的资料，总结海洋文化现状，分析其现状产生的原因，探究小嶝岛在海洋文化未来发展的更开阔前景。

【关键词】 小嶝岛；海洋文化；现状；发展

小嶝岛是坐落于福建厦门翔安区东南沿海的大嶝镇的海岛，海岛面积仅为0.88平方公里，是我国离金门最近的岛屿，其中离金门最近的距离只有1 600米，两岸素有“鸡犬之声相闻，民俗风情相同”①的联系。小嶝自古与金门是一家，积淀了深厚的文化，具有“地缘、血缘、人缘、文缘、商缘、神缘”②的渊源。小嶝岛地属闽南文化圈，海岛的海洋文化氛围浓厚，与金门的民俗文化互相传播，使得小嶝岛形成独特的金嶝海洋文化风俗。近日，在2014年农业部中国最美休闲乡村和中国最美田园评选中，小嶝都入选中国最美休闲乡村并被认定为“历史古村”。

一、小嶝岛的海洋文化现状

纵观小嶝岛的海洋文化，现状不容乐观。岛上“风狮爷”的海岛神文化随着社会发展，时代变迁已逐渐消亡。海岛上的闽南古厝——“九架厝”，年久失修大部分被荒置。随着小嶝岛被规划为休闲渔村，海岛渔俗文化日渐发展起来，但缺少整体规划，整体呈现零散化状况。

1.“风狮爷”海岛神文化的逐渐淡漠

风狮爷是金门和闽南特有的镇风辟邪物，又称风狮、石狮爷、石狮公，百姓们把风狮爷放置在建筑物的门口、屋顶上或者村落的高台，用来避邪镇煞。风狮爷的造型是狮首人身，形成时间不可证，但据推测，其造型应由寺庙门前的石狮形象演变而来，狮子是森林的百兽之王，狮子的形象自古被用来作为辟邪招福的象征。为了抵抗风灾，古代百姓结合狮子与风伯创造出狮首人身的“风狮爷”。

周艺灵，女，讲师，主要研究海洋文化创意产业。

① 曹晖：《近看金门的大嶝》，《中国老区建设》2002年第2期。

② 童家洲：《试论“五缘”文化及其与海外华侨华人社会》，《华侨华人历史研究》1997第1期。

小嶝历史上曾隶属金门县管辖，那时的金门一年有九个月刮东北风，风季带来沙土，海岛上缺少淡水，淡水要从陆地上引进，海岛居民以捕鱼为生，靠天吃饭，恶劣的生活环境让古代海岛的岛民们信仰自己想象出来的图腾——风狮爷。从清朝开始，金门的居民就设立镇风的辟邪物来镇风驱邪。据金门县政府的统计，现在金门现存的风狮爷共有68座：其中金沙镇有风狮爷41尊、金宁乡8尊、金湖镇13尊、金城镇6尊。据黄绍坚教授多年来的调查，不完全统计，翔安区内的风狮爷仅存3尊，地点在澳头和大嶝，思明区有3尊，湖里区1尊，岛外数量不明确。但就整体数量上和密集程度而言，厦门的风狮爷远远不如金门。我们可以明显感受到金门地区至今对风狮爷仍保留着极其浓厚的信仰习俗，小嶝岛上已经很难寻得这些充满古人智慧结晶的信仰图腾了，新生一代的"80后""90后"几乎都不知道风狮爷曾经的存在，更别提它的由来，本土信仰几乎消亡，现状实在令人担忧，亟待抢救。

2. 海岛闽南古厝——"九架厝"的现状

"社会的生活文化无不在建筑空间中发生，建筑是文化的载体，同时也是文化的一部分"[①]，小嶝一年四季天气湿热、多台风、多雷雨，古时人们顺应气候变化，经过不断改良创新，精心设计，最后设计出结构独特的"九架厝"。

飞檐翘背的"九架厝"属于闽南特有的"红砖文化区"建筑，由条石墙基、红砖砌筑壁体、曲线后脊、红瓦屋构成主体形象，具有典雅优美的造型。"九架厝"格局精致实用，每座古厝是由大厝加上大厅和天井一共有九间，所以叫"九架厝"。工匠修建九架厝甚是讲究，要求有严格的尺寸，大厅的宽度只有两种规格，一种是一丈五尺一，一种是一丈五尺三，两种尺寸都要正好。从外观看，所有的"九架厝"都一样，但走到里面才发现大有不同，有的是单进式，有的是二进式，有的是三进式。"九架厝"的面积都很大，多在160平方米以上，屋顶小阁楼的高度不能超过檐尾。这种古厝通风透气、除潮凉快、避雷防风又防震，冬暖夏凉，所以上了年纪的老人还是喜欢居住在"九架厝"里。"九架厝"除了具有独特的构造外，装饰也奇特雄伟，建筑细部装饰精细巧妙，燕尾脊、穿斗式木构架、人物故事组雕，非常气派。平常闲暇时大家在天井的小石桌旁团坐在一起泡茶聊天、讲古说天地，温馨而又惬意。

在小嶝有关的网站资料上虽然都会提到"九架厝"，然而，事实上现存小嶝的"九架厝"建筑保存并不乐观。众所周知，古代民居属于建筑文化的重要部分，在全国乃至全世界都是非常稀少的资源，也是游客们前往旅游的重要原因。闽南民居以"九架厝"为主，代表闽南的文化，古代民居历史悠久，不可再生，人们应该保护和修复，珍稀爱护古代的建筑遗产。小嶝现存古厝70余间，以"九架厝"为主，主要集中在前堡村，以邱葵故居保存最为完整，为代表。邱葵故居建于元初，明清两代又经过多次修葺，邱葵裔孙邱浚返乡祭祖时为邱葵故居挂匾——"理学明贤"，现为供游客和居民们拜祭的奉祀祠堂。

除了邱葵故居外，多数的"九架厝"和其他古厝在海岛上几乎都荒置，大多数的古厝都作为仓库堆放闲置物，古厝年久失修，破旧不堪，砖瓦残缺，装饰脱落，一副凋零破败的景象，毫无美感可言，令人十分惋惜。纵观小嶝海岛建筑，整体缺乏整齐的建筑风貌，岛上既有旧时建闽南古厝包括"九架厝"又有陆陆续续建起的新洋楼，洋楼的建筑样式虽然大体一样，但外观上也未能统一。整个海岛的建筑风貌显得零乱，缺乏规划，甚至是杂乱无章的无序状态，与海岛旅游前景不相符合，总体现状令人堪忧，应引起政府有关部门重视。

---

① 黄丽坤：《闽南聚落的精神空间》，厦门大学硕士论文2006年，第16页。

3. 闽南渔俗文化的零散化

近些年,厦门已成为国内极具海岛风情的旅游城市。2014 年 11 月 7—9 日,“第七届厦门休闲渔业博览会”在厦门会展中心如期举办,此次展会以“水族、钓具、海洋旅游、休闲渔业模式及文化展区”为四大主题,全方位诠释海洋休闲文化,众多热爱旅游和渔业的爱好者都到现场畅享了一番海洋“渔”乐!

随着厦门旅游行业的火热发展,小嶝岛也逐步被规划为休闲度假渔村。小嶝的渔业历史悠久,海产丰富,每年小嶝都会进行一系列的渔俗活动。每年的 7—8 月,小嶝岛都会举办渔俗活动,例如 2014 年 7 月 12 日—8 月 3 日,小嶝休闲渔村举办第三届海岛帐篷旅游节,此次活动是以露营为媒介,融旅游休闲、文化娱乐、户外赛事于一体的大型户外节庆活动。该活动包括家庭钓鱼赛、沙滩排球、篝火狂欢、露天电影、海观日出等一系列特色活动,活动同时还将有家庭主题派对、毕业致青春、七夕手牵手等针对不同人群的主题活动。同年的 11 月份,小嶝岛又举办“紫菜文化旅游节”,游人们可以亲自讨海,切身体验渔民生活,有不少摄影爱好者和旅游达人参加该次活动。

小嶝虽然每年都举办渔俗文化,从表面看,似乎小嶝的渔俗文化发展得很红火,但仔细研究发现,这一系列的活动的背后缺乏真正有序的产业链,活动很单一,活动结束后就不再产生任何影响,参加活动的人们兴奋几天后就慢慢淡忘了。小嶝在进入夏季的 6 月份到 10 月份是旅游的旺季,此外的 8 个月都是旅游淡季。小嶝的渔俗文化活动也相对集中在旺季时间,而其他时间里几乎不举办任何活动。

二、小嶝海洋文化发展相对缓慢的原因

小嶝的海洋文化发展跟其他海岛相比还是相对比较落后和缓慢的,这其中的原因很多,有历史的因素,也有现代工业发展带来的副作用。

1. 功利的宗教信仰和渔村的转型都是“风狮爷”消亡的原因

中国的传统文化本身缺乏理性精神,这就造成无序的盲目追随,缺乏评判精神。曾经有外国人评价中国,认为中国是没有信仰的国家。作为国人,我们不得不心痛地承认这个现实。但从历史上看,中国曾经是有信仰的,传统的儒释道形成一套较为完整的信仰体系。十年的“文化大革命”将这套原有的信仰体系破坏殆尽。今天的人们活在功利的社会环境中,所谓的宗教信仰也带上浓重的功利色彩,很多国人的信仰其实就是用来贿赂神仙,跟神仙做交易,让神仙保佑他们升官发财,保佑他们事业有成、家庭幸福,给神仙烧香许愿,填香油钱来达到自己的愿望。现在的中国比任何时候都遭遇诚信缺失,从吃的到穿的到用的,只有想不出的没有造不出的假,尔虞我诈,互相愚弄。这个社会没有诚信,没有信仰,信仰不能带来钱财,一切向钱看,钱就是信仰,这是绝大多数国人的想法。宗教信仰是属于道德体系的,在法治相对健全的发达国家,我们看到宗教信仰在这些国家中占有非常重要的地位。宗教信仰约束着人们的道德价值,有了这个约束,人们会自觉地规范和约束自己的行为。宗教信仰从精神的层面克制人们邪恶的念头,它告诉人们是非观念。然而今天的中国,已经失去宗教的制约,没有道德价值的底线,任何一切能赚钱的营生无论多么肮脏无耻都有人前仆后继在从事,例如拐卖妇女儿童,制毒贩毒,造假药,食品乱添加有毒物质等等。

在这样的氛围之下，我们再来看小嶝岛“风狮爷”信仰的消亡就不难理解了。小嶝海岛的信仰众多，“风狮爷”是其中一项，随着海岛渔业的没落，专业从事渔业的渔民越来越少，小嶝已经从纯粹靠海捕鱼的小渔村发展成为休闲渔村，渔业已经不是渔村最重要的产业，相反旅游业则成为渔村得以发展的支柱产业。在这种情况下，人们对于乞求风调雨顺的神灵信仰也就慢慢淡化，转而向能够保佑生财的财神爷、妈祖。

2. 保护古建筑意识的淡漠和新型建造方式造成古厝的消亡

在我国，一直存在对古建筑的破坏，而且数量非常巨大的，这与政府和国人的意识和心态有非常大的关系。许多国家非常重视古老建筑的保护，他们认为那是历史，历史是古代文明的精华，是人类文明的见证，有着不可预估的价值。然而中国人历来喜新厌旧，不重视历史，觉得越新的东西越好，除了一些被列为各级文物保护单位的古建筑能得到有效的保护外，国内多数的古建筑因缺少保护很难得到保护。随着房地产热，一些地方开始搞拆迁，很多古建筑为房地产让道，纷纷被拆除，取而代之的是高楼大厦。当然一部分古建筑的主人想要保护自己古厝，但往往因为经济困难，古建筑的主人无力对古建筑进行必要的维修和保护。小嶝岛上的闽南古厝包括“九架厝”多数属于私人所有，房屋的主人因为对历史的不重视，加上本身喜新厌旧的心态，大多数主人都不重视保护这些古建筑，因此很多古厝被荒废，“流水不腐，户枢不蠹”，没有人住的房子坏得更快，因为缺少必要的维修和护理，小嶝岛上的古厝呈现出一副衰败的模样，令人实在惋惜。

除此之外，小嶝的闽南古厝衰败还有一个很重要的原因是现代新型便捷的建造方式。现在全国各地包括小嶝岛在内，人们新建的房子大多都为西式洋房，几乎没人考虑建造结构较为复杂的古厝。一方面，“九架厝”古厝建筑构造较为复杂，工艺精美，需要工艺高超的工匠来设计和建造，随着时代的发展，这样的工匠越来越少，年轻的一代不肯吃苦，也不愿踏实学习这样的工艺，很多民间手艺渐渐失传。另一方面，西式洋房的结构和建造较为简单，可以依照土地的大小随心所欲地建造大小合适的房屋，楼房高低也可以依照具体需求建造。与此同时，随着小嶝海岛休闲渔村的定位，旅游业悄然兴起，海岛到 2014 年为止有 25 家民宿，这些民宿依托的就是岛民们自家的房屋，西式洋房可以多隔房间作为民宿，而古老的“九架厝”的结构和格局却是固定的，没法拓展。在这样的情况下，出于经济上的考虑，村民们建房都建西式洋房也就不足为奇了。

3. 小嶝渔俗文化缺少科学的产业规划，目光短浅，未真正形成产业链

小嶝的渔俗活动看似火热，每年都搞得红红火火的，但持续的效应不长。这种现象在中国众多的文化行业中普遍存在，以电影业为例，我们的电影虽不及好莱坞大片具有轰动效应，但今年来还是有不少叫好又叫座的片子，但可惜的是观众在看完这些片子激动一阵子后，热情就消失了。同样的电影，好莱坞、迪斯尼、梦工厂等生产的影片，在影片上映的同时会生产许多相关的附属产品，例如前不久上映的《超能陆战队》里的大白，大人小孩都喜欢，尤其是女孩，于是市场上出现有关大白的一系列产品——玩具、卡片、笔袋、橡皮擦、T 恤等等应有尽有，电影虽然结束了，但影响仍在进行。日本的动漫产业也同样做得很精彩，《哆啦 A 梦》是 70 后小时候看的动画片，今天 80 后、90 后甚至 00 后也在看，也爱看，它不随着时代而过时，它的动漫产品遍布世界各地，甚至有一大帮“蓝胖子迷”专门收集“蓝胖子”，这就是产业链的效果。

小嶝的渔俗活动不将其作为产业链延续下去，缺少科学的产业规划，没有切实地因地制

宜，将小嶝古老的渔民的风俗和丰富的海产品向纵深发展。小嶝拥有丰富的海产品，但海产品的加工工艺却相当落后，只停留于原始加工，很多海产品例如紫菜就是晒干，各种鱼同样还是晒干，产品单一，品相不良，包装简陋，甚至没有包装。落后的海产品制作和加工使得小嶝的海产只能以非常低廉的价格出售，简陋的包装实在难登大雅之堂，因而多数游客不会将其作为旅游产品馈赠友人。

三、小嶝岛海洋文化的发展趋势及误区

1. 大力发展“风狮爷”系列文创产品，杜绝粗制滥造简单模仿

小嶝“风狮爷”文化的消亡时，与小嶝一水之隔的金门却将“风狮爷”作为文化创意产业的代表。在文创产品的发展道路上，大陆与台湾有很大的差距，一定要虚心学习，迎头赶上。台湾人很擅长挖掘，很懂得讲故事，他们很能“小题大做”，能将“风狮爷”这样本属于民间信仰的符号做得精、深、透，结合台湾的本土文化和传统艺术进行尽可能大的拓展。台湾文创产品贴近生活，实用、美观的同时有富有文化韵味，这正是文化创意产品的内涵。

文创不是简单的模仿和粗制滥造，以厦门的鼓浪屿为例，鼓浪屿上到处都是所谓的文创店，其实都不是真正的文创店。鼓浪屿上有的东西在全国各个旅游景点几乎都有，唯一不同的是旅游地图，为游客们盖章的那个旅游日记变换店名和地址，换汤不换药，没有任何创意。文创是生活，是对文化的创意，是生活与文化的结合，绝对不是在一件 T 恤上印上鼓浪屿的字样和图形就可以成为产品。同样的情况在小嶝上比比皆是，在小嶝上任何关于“风狮爷”的文创产品难觅踪影。小嶝政府应积极开发利用文物古迹，举办相应的“风狮爷”文化历史讲座和宣传，修复和新建相关的“风狮爷”建筑。与此同时，对于“风狮爷”的文化创意产业开发，应汲取金门已有的经验，组成优秀专业的研发队伍进行产品开发，创造出真正属于中国特色的“风狮爷”的文创产品，杜绝抄袭模仿和简单地粗制滥造，切实为小嶝的旅游产业增加至关重要的砝码，这也将为小嶝的旅游产业带来巨大的创收。

2. 由政府出面对“九架厝”的闽南古建筑群进行保护和维修

西式洋楼虽然构造简单，建筑方便，但从文化层次讲西式洋楼缺乏文化韵味。纵观国内现在所有的城市和村庄的建筑，几乎没有太大差别，到哪里都一样，所有的建筑都是水泥块，丧失传统的建筑特色。金门和翔安的吕塘村现存大量的闽南古厝，“红砖文化区”建筑为它们带来大量的游客，正如我们去浙江乌镇为的是看黑瓦白墙的徽派建筑一样，古建筑是旅游文化的重要组成。小嶝岛的这 70 余座闽南古厝，是非常难得的建筑文化遗产，有关单位和部门一定要引起重视，切实进行保护，投入专款专项进行维修和还原，鼓励和资助村民新建“九架厝”，规范海岛建筑，形成整齐有特色的建筑群体。此外，政府还可以学习金门政府的做法，由政府出面将古厝收回并进行修缮，采用公开招标的方式方法将古厝出租给个人承包经营民宿，进一步推动小嶝旅游事业的发展。利用古建筑的原有样式，结合现代人的生活方式，返璞归真，做出有特色有韵味的民宿旅游事业，这将是未来民宿发展的一大热点，也必将给小嶝的旅游创收再添新高。

3. 闽南渔俗文化产业化，扩大其文化影响

小嶝的渔俗文化缺乏深层次的开拓和发展充分，渔俗文化是民俗文化的重要组成，与旅

游发展有着密切的联系。小嶝政府应当充分利用与金门文化同根、一水相隔的地理优势，虚心向金门学习，大胆更新观念，积极为来自世界各地的投资者营造良好的投资环境，不断地拓宽各种投资渠道，发掘民间资金，全面展示小嶝的渔俗文化、渔乡风情和渔业生产方式。小嶝政府应鼓励多方投资，建立渔俗文化园地，向游客展示渔民古老的生活和作业方式，让游客亲身体验，亲自参与其中。暑假期间，小嶝可以组织夏令营，让孩子们来到美丽的海岛，感受海岛的渔俗文化和风味。

在海产品的生产经营上，小嶝应依托大嶝对台市场的有利优势，出售优质、丰富的海产品，卖向全国甚至全世界。小嶝应形成的科学产业规划，一部分人负责生产，一部人专门收购，一部分则从事加工和包装，一部分人应在宣传和销售上下工夫。小嶝海产品不能再停留在简单的加工、随意的叫卖、粗陋的包装方式，要使小嶝的优质海产品作为代表厦门的旅游特产送到各个来自全国全世界各地的游客手里，打响小嶝渔俗文化产业链的胜战。

集美大学2015海洋文化学术研讨会会议综述

2015年5月16—17日，由集美大学文学院和集美大学海洋文化与创意产业研究中心主办的“集美大学2015海洋文化学术研讨会”在本校尚大楼隆重召开。

来自各高校、媒体、企业的重要专家学者和我校海洋文化与创意产业研究中心的研究人员共近40名代表在会上进行了热烈讨论。与会专家达成共识：21世纪是海洋的世纪，自中共十八大提出中华民族伟大复兴的中国梦，海洋强国成为国家重要发展战略，继承和弘扬中华海洋文明传统，建设21世纪海上丝绸之路，推进中国文明的现代化转型，是海洋强国的内在诉求。专家们从理论建构、现实问题、创意经济以及文学艺术等不同侧面畅所欲言、各抒己见，提出鲜明的前沿观点，纷纷为“21世纪海上丝绸之路”建言献策，致力推动海洋文化成为新的经济增长点。本文特采撷本次会议的主要观点及精彩发言以飨学界：

海峡两岸关系协会副会长，海峡两岸和平发展协同创新中心社会平台主任、首席专家，中国文化软实力协同创新中心学术委员会副主任、领军专家，厦门大学新闻传播学院院长、博士生导师张铭清教授认为：国际学术界和国际社会公认，21世纪是海洋的世纪。研究者需提高海洋意识，在历史的长河中考察中国海洋文明的演变，纠正从历史沉积下来的轻视海洋的倾向，深化人们对海洋意识和海洋文化的认识，是海洋文化研究需要面临的一个重要任务。同时，人类的生活生产的地理位置及其自然条件，对于文化性质和表现形式的影响至关重要。地理环境经由物质生产方式这一中介，奠定了不同文化类型的物质基石，是不同文化模式生成的重要条件。海洋文化，是人类与海洋互动的产物，是人类文化发展到一定程度的必然结果。它不仅体现了人类生产力发展的程度，也体现了整个社会科学技术发展的水平。海上的活动造就了同舟共济、风雨同舟和团结协作的生命共同体，是产生自治与积极进取和冒险精神的基础，是导向民主政体的根源。

了解海洋、关心海洋、建设和弘扬海洋文化，推动海洋事业的发展，让海洋造福人民，是海洋世纪的紧迫任务。海洋文化的研究，包括航海文化、海洋经济文化、海洋军事文化、海洋环保文化、海岛文化、海洋文学、海洋旅游文化、海洋科普研究和海洋文化历史遗产保护等等，正在得到社会各界的重视。

厦门大学人文学院历史系博士生导师，中国海洋大学海洋发展研究院学术委员会主任，“985”工程海洋发展研究哲学社会科学创新基地首席专家杨国桢教授认为：自中共十八大提出中华民族伟大复兴的中国梦，海洋强国成为国家重要发展战略，继承和弘扬中华海洋文明传统，建设21世纪海上丝绸之路，推进中国文明的现代化转型，是海洋强国的内在诉求。杨国桢教授从三个角度进行了论述：

其一，海洋观与话语权。海陆一体还是海陆对立，体现东西方不同的海洋观。西方海陆对立的海洋观构建了海权与陆权概念，通过海陆二分法和民主专制二分法的组合，鼓吹“海洋国家”与“大陆国家”的对立。在掠夺殖民的扩张过程中，西方海洋观得到广泛的传播，掌握了国际政治与文化的话语权。

其二，中国的海上特性。中国的海上特性是海陆一体结构下的海洋性。中国既是一个大陆国家，又是一个海洋国家，中华文明具有陆地与海洋双重性格。中华文明以农业文明为主体，同时包容游牧文明和海洋文明，形成多元一体的文明共同体。中国的陆地文明和海洋文明并非对立而不可调和。

“海上丝绸之路”是中国古代海上特性的体现，其文化内涵就是东西方之间通过海洋融合、交流和对话之路，是以海洋中国、海洋东南亚、海洋印度、海洋伊斯兰等海洋亚洲国家和地区的互通、互补、和谐、共赢的海洋经济文化交流体系。

其三，“21世纪海上丝绸之路”的文化阐释。“21世纪海上丝绸之路”的战略构想，秉承和平合作、开放包容、互学互鉴、互利共赢的精神，通过政策沟通、设施联通、贸易畅通、民心相通，促进沿线国家深化合作，建设成一个政治互信、经济融合、文化包容的利益共同体、命运共同体和责任共同体。这个构想本身就是对固有海洋文明的传承和弘扬。

每个文明时代都充满多元力量、多元价值的竞逐，21世纪的亚洲海洋文化呈现多样化的特征。“21世纪海上丝绸之路”与“亚太再平衡”“海洋联邦论”是迥然不同的战略构想，既是政治竞争、经济竞争，又是文化竞争，体现陆海一体与陆海对立的海洋观的不同。

“21世纪海上丝绸之路”建设不是简单的经济过程、技术过程，而是文明的进步过程。需要“海上丝绸之路”的历史借鉴，提高讲好海洋故事的能力。

广东海洋大学海洋文化产业研究中心主任，广东社会学学会海洋社会学专业委员会主任张开城教授以“海洋文化的特质及其呈现”为主题，在与西方海洋文化的比较研究中论证了中华海洋文化的特质：为凸显中华文化“和”的理念和“自强不息，厚德载物”的价值取向，中华海洋精神可归纳为八个方面——“协和万邦”、“四海”一家；海纳百川、开放包容；刚毅无畏、百折不挠；开拓探索、尚新图变；重利务实、吃苦耐劳；守海卫疆、死生度外；关注海洋、以海图强；敬海谢洋、人海和谐。中华海洋文化特质在粤闽地区有突出的呈现；中华海洋文化特质在建设海洋强国的实践中呈现；中华海洋文化特质在21世纪海上丝绸之路建设中呈现。

教育部社科重点基地、国家哲社创新基地海洋发展研究院学科负责人，中国海洋大学文学与新闻传播学院曲金良教授提出海洋文化发展的几个面向：我国面临的海洋文化发展的形势与需求，有政府（国家、地方）和民间不同“主体”需求的不同层面和不同面向。国家立场有国家和民族立场、超越其上的人类立场即天下立场、政府部门立场、面向民间即国民社会的立场的同异，民间立场既有面向国家、民族并有天下即人类关怀，又有企业立场与民生立场等相互之间的异同。研究者为此而应持的理念、原则和目的，乃因立场不同而互有同异。就研究者而言，主要有基于天下和国家的公共立场，和基于部门行业和地方立场、企业立场两大类别，两大群体。前者可归属于公共学术，公共知识分子；后者可归属于营利研究，营利知识分子。两者的研究对象可以互通，但立场、出发点、目的目标不同，因此会出现指向不同方向的理论主张、对策方案。两者有的可以互补，可以一致，但更多情况下不可互替，不可错位，是矛盾，是悖论，是制衡。基于天下情怀、国家功能、人民本位的海洋文化研究，更多的会着眼于海洋和谐、和平、生态、社会福祉、文化多样性等“公共”层面；基于部门行业、政区地方、经济贸易、文化企业的海洋文化的竞争、发展、创新、品牌打造及其规划、设计、经营、管理等研究，往往着眼于 GDP 的发展。这是两种不同的海洋文化发展观。一方面，对此应有清醒的认识，另一方面，应该加强两者之间更多的融汇：前者的研究也须注重于“器”，不能完全超然“器”上；后者的研究也应注重于“道”，不能完全流俗“道”下。“道”与“器”的统一，应该是海洋文化学界最理想的共同追求。

厦门大学人文学院副院长，中国经济史学会理事、中国社会史学会理事，厦门大学特聘教授，博士生导师王日根教授就海上丝绸之路研究再出发的学术追求与社会意义发表了观点：海上丝绸之路研究是一个国际性的研究领域，该概念最先由德国学者里斯托芬提出，特指中国与世界各地的海上贸易通道及其文化交流途径。这一较早由中国人倡导的海洋文化是先于西方近代海洋文化而存在的海洋文化，具有官方主导、民间坚韧介入、和谐包容等特征。当今建设海上丝绸之路实际上包含了借鉴历史经验，建立互惠互利、和谐共赢的国际政治经济新秩序的追求，中国作为世界上的大国，理应提高自己的话语权。

新时期海上丝绸之路的建设，需要调整的政策思维应该是官方主导、整合官民力量而发展海洋事业，这将是中国走向海洋强国的思想文化基础，也将引领我们在与丝路沿线国家建立互联互通、患难与共关系的内在动力。新时期海上丝绸之路的建设，一定意义上是东南沿海与东南亚贸易的通道，这其中福建的地位当凸显，要彰显闽商在海上丝绸之路建设中的巨大贡献。建设 21 世纪海上丝绸之路，福建应将建成核心区落到实处：尽快促成包含厦门、福州、泉州、平潭在内的自贸区的建设，争取获得政策所能提供的巨大红利。尽快实现若干海洋产业、海洋旅游业的开发与赢利。尽快将平潭海洋大学以及若干海洋专科学校的建设落实下来，储备大量的海洋发展的专门人才。尽快培养全体人民的海洋国土意识，加强我们的军队建设和高新军事技术的开发，力求在尽量短的时间内形成我们的核心优势。尽快培养国际法专业人才，为我们在国际舞台上赢得主动创造有利的条件。

中国高校广告教育研究会会长、教育部新闻学学科教学指导委员会委员、厦门大学新闻传播学院博士生导师陈培爱教授以“一带一路”建设与闽台海洋文化合作发展为主题提出思路与对策：加强闽台海洋文化合作与发展，是福建省落实“一带一路”建设的亮点。闽台海洋文化合作发展的思路为：以“一带・一路”为契机，以海洋文化为舞台。海洋是人类存在与发展的资源宝库和空间，海洋文化产业是具有良好发展前景的朝阳产业。当前我国海洋文化产业在海洋经济中所占的比重相对较小，需要在加强研究分析的基础上进行科学决策。海洋文化本身就是特色文化，不同的海洋思维、海洋意识、海洋观念等文化因素，决定着竞争的格局和态势，决定着竞争的成败。

以闽南文化为核心，以闽台合作为抓手，以“文化+产业”为基础，以打造特色为突破口，闽台文化的流行将为两地的产业合作开创良好的传播契机，更将成为闽台文化创意产品的产地背书。

以互联网＋为拓展：互联网＋对于海洋文化发展的意义不仅仅是在线化、数据化，更是在互联互通、共建共享的模式下提高海洋文化服务的质量和效率，更大程度地满足人民群众对于海洋文化的内涵与外延的需求。海洋文化在互联网+的影响下，将体现出“最大最小”的价值取向，即最大程度上实现海洋文化服务均等化，同时满足个人最小的个性化需求。

福建海洋文化中心主任、“海上丝绸之路”区域发展与文化传承研究院首席专家苏文菁教授以“海洋文化与海洋文创产业”为主题发表观点：加大、加快海洋文化创意产业发展可提升海洋经济品质、促进文化创意产业发展、丰富海洋文化内涵。重走“海上丝绸之路”、共建海上丝绸之路经济圈表达的是中国在重返世界舞台中心、重建亚太世界秩序和重获中华话语权的努力。对海洋文化的整理与挖掘不仅代表了传统中国在世界海洋文化中的崇高地位，更是今天重返世界中心的中国所具有的本土文化资源与话语权。

福建在发展“海洋创意产业”上具备自然、族群、物产、航线、海权、文化等多方面资源禀赋。自然资源方面，福建拥有全国最曲折的海岸线，众多的天然海湾，自古以来是“海上丝绸之路”必经之路，天然的季风和洋流使福建各港口成为下西洋、走南洋与上北洋的重要枢纽；南岛语族、疍民、北方来的汉人、海上来的其他族群、峇峇族群等组成了历史上闽地多元的族群结构；福船、茶叶、丝绸、瓷器、漆器等物产都是闽地为古代“海上丝绸之路”商贸贡献的重要物品；闽人的造船技术、闽人开辟的航路等物质准备成就了郑和下西洋，明朝漳州月港经马尼拉至美洲的大帆船贸易造成了全世界商业的扩张；郑芝龙料罗湾大捷、郑成功驱荷复台、郊商开发、保卫台湾等闽人捍卫海权的历史对于今天中国捍卫海疆、维护主权有重要的现实意义；带着福建口音的中华文明在亚洲有着多处“飞地”，源于闽文化区的侨批文化、妈祖文明等，这些独特的文化优势使得福建与传统的海上丝绸之路所经区域之间具有文化搭台、历史牵线、经济唱戏的天然的优势。

浙江海洋学院人文学院倪浓水教授阐述了中国海洋文学的传统和精神，主要内容为：

中国海洋文学的语境框定：其一，海洋文学是一种题材性类型文学；其二，中国海洋文学自古就存在；其三，中国海洋文学反映了中国人对于海洋的认识、想象和理解，它有自己的特色。

中国古代海洋文学的传统和精神：遥望想象与探究纪实的结合；道德寓言与海洋政治象征的结合；碎片性记载与笔记性叙事的结合；程式性的遵循和突破的结合；碎片性记载与笔记性叙事的结合；程式性的遵循和突破的结合；

中国现代海洋叙事作品的传统和精神：有关海洋战斗的叙事小说；海员小说；海军军旅小说；海洋风俗小说从“遥望”发展到“在场”；从“象征”发展到“客观”；从“笔记”发展到“长篇”；从“程式”发展到“创新”。

北京大学中日文化交流史研究会研究员赵君尧教授则从海洋文学发展史的脉络出发，宏观地梳理了中国海洋文学发展的概况。他提出，海洋文学是海洋文化的一面镜子，也是历史发展的一面镜子。

其一，先秦是中国海洋文学的初创萌芽时代。先秦那些渗透着海洋精神的文学作品，承载着远古先民对海洋的追求和梦想，记录着远古先民走向海洋的心路。

塑造神灵——远古先民对自然界充满神秘感，于是塑造出众多不同的神灵，如《山海经·大荒东经》。

向天发问——远古先民受到认识的局限性，对许多无法解释的自然现象只能向天发问，如《楚辞·天问》。

开拓探索——远古先民对海洋从兴趣、惊奇发展到实践、探索，如《庄子·山木篇》、《拾遗记》。

其二，汉魏是中国海洋文学充满活力的创新时代。从汉赋到乐府民歌；从建安风骨到魏晋六朝风度；从沿海民族海洋习俗，到域外民族海洋风情，汉魏六朝海洋文学充满创新的活力。

积极进取。西汉空前统一，国力强盛，人们更以积极进取的精神搏击海洋，如《汉郊祀歌》“天门”、左思《吴都赋》。

崇尚英雄。汉魏时代是一个崇尚英雄气质的时代，如曹操《步出夏门行》。

文化滥觞。南海各国都以中国六朝诸朝为宗主国，东亚文化圈中受汉文化影响最深的有韩国、日本、越南等，如日本《经国集》《小山赋》。

其三，盛唐是中国海洋文学开创世界性的时代。唐朝以其盛世雄踞中古世界，绽放出中国海洋文学的世界性文化价值和影响。隋唐五代时期是中国海洋文学全面发展的阶段。

对外开放——唐朝对外开放，吸引海外商贾纷纷来华，沿海人们推动着中国海洋贸易发展，如：李白《乐府·估客行》、薛能《送福建李大夫》。

多元包容——唐朝对外开放，在东亚掀起中外文化交流旋风，如：杜甫《送重表姪王砅评事使南海》、张藉《送海东僧》。

雄视寰宇——唐朝国力强盛，最高统治者往往以博大的胸怀、雄视的目光环顾世界，如：唐玄宗《送日本使》。

其四，宋元是中国海洋文学超迈发展的时代。宋代曾盛极一时，元代版图横跨欧亚。

创新发展——宋元以海洋为题材的文学作品，大大拓展表现领域，突出反映人与海的关系，反映当时造船航海技术的创新发展，如：陆游《感惜》。

超迈开放——闽、粤、浙东南沿海人口骤增，海洋贸易发展，人们超迈开放意识增强，如：释大圭送海商《曹吉》诗。

经略海洋——海洋贸易发展，海洋捕捞等多业兴起，表现出人们强烈的商品意识，如：刘克庄《泉州东郊》。

其五，明清是中国海洋文学反映中国社会由盛而衰的时代：从郑和下西洋到清末鸦片战争爆发，中国社会由盛而衰。

开创人类新纪元——郑和下西洋揭开世界大航海时代序幕，开创人类航海事业新纪元，如：明成祖《御制弘仁普济天妃宫之碑》。

海外册封与柔远——明清两朝均实行海外番国册封与柔远政策，如：黄观送熙光诗、吴襄《送徐澂斋先辈奉使琉球》。

海洋中国雏形终结——郑成功收复台湾到清王朝统一台湾，海洋中国雏形终结，如：郑成功《复台》、郁永河《伪郑遗事》。

其六，近现代是中国海洋文学反映中国社会衰而复兴的时代：两次鸦片战争爆发，中华民族面临亡国灭种危机，继之中法甲申、中日甲午海战到抗日战争、解放战争，新中国成立、直到今天，中国海军终于走向深蓝。

海上国殇——1894 年中日甲午海战爆发，北洋水师全军覆灭。如：黄遵宪《东沟行》。

换了人间——1949年10月中华民族从此站立起来。1954年毛泽东主席写下了歌咏大海的词《浪淘沙·北戴河》。

走向复兴——1997年3月，中国海军舰艇编队访问美洲、东南亚，如:《97中国海军出访纪实》;2008年12月26日，中国海军舰艇编队驶向亚丁湾实行护航，标志着中华民族伟大复兴时代到来。

泉州学研究所所长林少川结合自身亲历为泉州申办东亚之都的工作经验，发表东亚之都泉州与“海上丝绸之路”的关系:早在唐末五代，泉州由于环城遍植刺桐花，因此别称“刺桐城”。在中世纪“海上丝绸之路”时代，它曾以波斯、阿拉伯文音译为“ZAITUN”(刺桐)而驰名世界。

720多年前，马可·波罗来到泉州，他在《游记》中说:“刺桐是世界最大的港口，胡椒进口量乃百倍于亚历山大港。”另一位中世纪摩洛哥旅行家伊本·白图泰则肯定刺桐为“世界第一大港，余见港中，大船百艘，小船无数。”

中古时代风云已离我们远去，然而“海上丝绸之路”有一个历史文化名城的名字，却一直萦绕在人们追寻那逝去的梦中，它就是众多东、西方旅行家笔下的“ZAITUN”(刺桐)——泉州。这就是东方第一大港——刺桐港！海上丝绸之路的起点城市——泉州。

从2001年起，泉州正式提出用“海上丝绸之路——泉州史迹”为题申报“世界文化遗产”。泉州海丝申遗启动后，国内先后有宁波、广州、扬州、蓬莱、北海、漳州、福州、南京等城市加入到海丝申遗的行列中。在多个城市联合申遗中，泉州始终积极发挥主导作用，加强协同协作。2011年，泉州市政府与其他申报城市在宁波签署《海丝申报世界文化遗产共同行动纲领》，建立联盟机制。

2014年11月25日—12月5日，泉州举办“海上丝路国际艺术节”(东亚文化之都·2014泉州丝海扬帆嘉年华)系列活动、首届中国(泉州)海上丝绸之路国际品牌博览会，全方位展示泉州丰富多彩、独具魅力的海上丝绸之路文化，为弘扬中国传统文化，促进不同国家、地区及民族文化交流和经贸合作做出积极贡献。2014年“海上丝路国际艺术节”期间，在泉州上演的亚洲最大灯光秀“大罐秀”，吸引了世界眼球。

集美大学文学院院长苏涵教授在对福建海市文化进行深入调查后以厦门为例提出相关思考:海洋和海岛自然景观是厦门之所以为外界称誉的关键，海市文化或港市文化又是厦门之所以为美的关键特质。然而，近三十年来，厦门高速发展的现代化建设在不断地重塑自己的城市形象的同时，不可避免地改变了这个城市作为海市的主要特征，使得天地造化所赐予她的海洋和海岛的自然之美，逐渐被人工之美所替代;使得海港、城市所蕴含的海市文化特质逐渐被喧嚣的商业气息所覆盖。鼓浪屿是最典型的例证。现在来到厦门的外地人，看到的楼房和别的城市一样高，看到的海却不见得比别的地方的美;看到的人和车同别的城市一样密集，感受到的海市文化却微乎其微。这是我们必须正视的现实。

那么，厦门要想成为未来海上丝绸之路链条中引人瞩目的一环，就必须在重塑城市形象的过程中，对各种形象要素做最优化配置，就必须考虑如何延续和发展她的海市文化。

厦门的发展指向，不应该是令人疲惫的工作城市，而应该在适度发展经济和城市规模的前提下，把她建设成为可以令人欣赏的、令人愉悦的生活城市，那么，尽可能地保留她的自然之美，是最为关键的基础；在自然之美的基础上进行优化的海市文化建设，不仅是厦门城市文化建设的思想原则，也是经济建设和基础设施建设的思想原则，这些，应该成为政府和市民的共同认识。

莆田学院妈祖文化研究院副院长林明太教授阐述了妈祖文化在海上丝绸之路沿线国家的传播与发展过程及其时代意义：妈祖文化从宋代产生后就伴随官方与民间海上丝绸之路的开拓和发展传播到海丝沿线各个国家，是海上丝绸之路形成发展的文化起点和文化码头。文章简要分析介绍了海上丝绸之路沿线的日本、韩国、越南、马来西亚、新加坡、印度尼西亚、菲律宾、泰国等主要国家妈祖文化传播发展的历史及与所在国宗教融合发展的情况，如：日本的妈祖文化已有600多年的发展历程，其主要是通过明、清王朝对琉球的册封和我国东南沿海民众赴日开展的各种交往活动传播而来的。朝鲜半岛历史上的王朝与我国往来非常密切，常有官方使者通过海路往来，他们在海路上常祈求海神妈祖保佑平安，一来二往，妈祖信仰就在朝鲜半岛的韩国、朝鲜传播开来。越南古称交趾、安南，自东汉时期始便与中国有商贸上的往来，明代郑和下西洋开创了华侨开发越南的新时代，并带动了越南妈祖信仰的传播。马来西亚华人是马来西亚的三大族群之一，由于渡海移居海外的原因，妈祖成为他们的主要信仰之一。华人在马来西亚各地广建妈祖宫庙，并使之成为凝聚华人社会群体、联结华人情感纽带的重要媒介。妈祖信仰在新加坡的传播，几乎是与新加坡开埠同步，甚至可能来得更早。如今，华人占多数的新加坡，妈祖信仰在宗乡会馆的运作下，已融入社会的各个层面。印度尼西亚妈祖信仰是在明代就随福建人的渡海就开始了，现有40多座妈祖庙，印尼妈祖信仰在华侨华人与当地人们共同开发、建设当地社会的过程中，在一些地方已经逐渐与当地宗教信仰互相融合，并为当地居民所接受。菲律宾各地的妈祖庙，大部分是由华侨把祖籍地的妈祖移驾或分香、分身、分炉而前往创建的，但在描东岸省的达社仙俞谢，却有一座由天主教神父主持的妈祖庙，1954年，世界天主教会在菲律宾举行祈祷大会。教皇特封妈祖为天主教七圣母之一，并为她隆重加冠。在清朝初年和第二次世界大战结束后，先后出现过两次闽粤人民移居泰国的高潮。随着华人的出国，尤其是潮汕人的出国，妈祖信仰开始在泰国传播开来，其传播过程中在有些地方已与当地宗教文化融合在一起，为当地民众（甚至上层人士）所接受。妈祖是海上丝绸之路的保护神，妈祖文化是海上丝绸之路形成发展的文化起点和文化码头，是海上丝绸之路沿线国家与中国联系交往的文化纽带和精神桥梁。发挥妈祖文化作为搭架21世纪海上丝绸之路沿线各国政治、经济、文化和思想交汇的桥梁，对提升我省乃至我国的文化软实力与经济实力具有重要而现实的意义。

集美大学夏敏教授全面概述了福建传统海事民俗研究的成果：福建东部面海，自古以来，闽人善舟，以海上航运和捕捞为业，民间拥有丰富的海事活动，这些活动久之衍生出繁复多样的民俗活动，主要有两大类。一是福建船民的涉海习俗，如福建渔民人生礼俗中出现的各种祭拜妈祖的仪式，沿海“惠安女”、“湄洲女”、“蟳蜅女”独具风采的服饰，渔民生活中的各种禁忌，造船事务中的相关祭祀，贯穿于整个航海过程频繁的妈祖祭祀，各种善待海难陈尸的仪式，以及水上疍民独特的生活习俗；二是围绕着从莆田扩展到全国以及世界各地华人圈中的海神妈祖信仰为核心而展开的各种民俗活动，主要体现在（1）以福建海商为代表，所开展的各种隆重的祭祀妈祖的仪式（如“安船科仪”）；（2）明郑以来，福建对台移民将妈祖信仰带到台湾,使台湾妈祖信仰成为台湾民间第一大民间信仰;(3)20世纪80年代以来,经过官方与民间共同推动,作为体现两岸"神缘"主要内容的妈祖信仰在福建沿海得到复兴。

广西高校人文社会科学重点研究基地"北部湾海洋文化研究中心"吴小玲教授论述了广西海洋宗教文化的特点:广西海洋宗教文化在发展演变过程中形成了五个方面的明显特征,即宗教类型上的多元并存性、时间上的历史传承性、空间上的板块交错性、内容上的包容混融性以及演变中的宗教文化民俗性。在开发和利用广西海洋宗教文化中,一要肯定宗教文化是广西海洋文化的重要组成部分,二是清晰认识广西沿海宗教文化具精华与糟粕皆备的二重性特征,三是注意广西沿海民族跨境性特征所导致的民族宗教文化事项的国际化和复杂化,四是在挖掘广西海洋宗教文化旅游资源的同时,关注宗教入世化和商业化现象所带来的负面影响。

莆田学院环境与生物工程学院党委书记、福建省妈祖文化研究会理事黄少强教授以独特的视角论证了海洋音乐中相关妈祖主题的音乐及特征:近代,在艺术领域中具有妈祖人文象征的音乐创作进入一个相对活跃期,歌颂妈祖丰功伟绩的音乐数量剧增,它们都富有鲜明的海洋音乐文化特色,即:海洋色彩浓厚,呈现传统的海岛文化;地方特色浓郁,传承中发展妈祖音乐;现代气息鲜明,发展中创新妈祖音乐。

以妈祖主题创作的不同种类音乐关系亦非孤立发展,而是相辅相成、互相关联与促进,包含:妈祖祭祀音乐;妈祖歌曲;妈祖器乐曲;妈祖舞剧作品;妈祖影视音乐;妈祖戏曲音乐等,音乐中都体现出妈祖"真、善、美","仁、义勇、和"和东方海洋文化的特征,以其特有的视听艺术共同传达出人们思想情感,洗涤了人们的心灵;同时妈祖音乐用大家都可以听懂的音乐语言教化人、渗透人心,达到妈祖音乐文化艺术的传播效能,很好弘扬了中华民族传统美德。

总之,妈祖音乐传播海内外,其海洋特性和乡音乡情的感召力在海上丝绸之路经济带的建设和发展过程中,必将扮演着文化基因的角色,起到精神支柱和桥梁纽带的作用。

集美大学田彩仙教授以霞浦海洋滩涂摄影为中心考察了福建海洋文化摄影的发展现状并提出策略:霞浦的滩涂摄影,起步于2003年左右,到2007年时,霞浦县政府与《中国摄影》、《大众摄影》杂志社联合,成功举办《霞浦:我心中的那片海》摄影艺术大赛。福建作者陈永强的作品《滩涂动脉》获得最高奖。虽然此次的摄影大赛参赛者还大多为福建本地摄影爱好者,但随后的一些作品在全国性与国际性的大赛中屡屡得奖,这些得奖作品在《中国摄影》、《大众摄影》等国内知名刊物上刊登,以及网络的宣传,使霞浦作为"中国最美丽滩涂"的形象从此树立起来了。现在的霞浦已经被多家媒体评为"中国最美的十大风光摄影圣地"之首。鉴于霞浦滩涂摄影的巨大影响力,2010年9月,福建省摄影家协会在霞浦建立创作基地,美国摄影学会也于2010年10月在霞浦建立了创作基地,这是该学会在中国落地的第一个创作基地。

近十年来,霞浦县以及宁德市相关部门对推广霞浦海洋主题摄影提供了很多便利的条件,也作了很多切实可行的工作。首先,以"山海联动"模式推动海洋创意旅游文化产业的发展。其次,以海洋创意文化带动就业与相关产业发展,进一步推动经济发展。建议福建海洋摄影发展应进一步加大宣传力度，整合各方资源，将“霞浦模式”向全省推广。其次要拓展海洋摄影的思想性与艺术深度，再次要开发滩涂摄影之相关之艺术产业。

山东海洋经济文化研究院海洋战略与文化研究室主任，博士后、副研究员王苧萱文化产业的角度分析了海岛休闲渔业实现可持续发展的问题：受到资源短缺和地理空间隔离的制约，海岛的发展有其自身的规律和特点，可持续模式与高度专业化将是未来的必然选择。当前，随着我国海洋渔业资源的持续衰退和沿海生态环境压力的不断提升，以捕捞和养殖为主体的传统中小型海岛经济发展遇到了瓶颈，一些海岛地区更是面临人口老龄化和产业空壳化的挑战。海岛休闲渔业作为一种新兴的替代性海岛产业，已成为国际岛屿社区经济振兴的重要驱动力，有利于带动区域海岛经济的发展和振兴，实现地区产业结构的优化与升级。在海岛经济与休闲渔业的发展中，人们对海洋文化的认知不断提升，并将其作为一种经济发展的工具加以利用，海洋文化也因此确立了其在边缘地区旅游和社区经济发展中的独特地位。

漳州城市职业学院曾丽琴副教授提出了闽南海洋文化书写的意义与对策：闽文化的区域文化特色在于海洋性，而这种特性在闽南文化中表现得尤为突出。这不仅因为闽南三地临海的特点，更在于宋元明清时期其在全球海洋贸易中所占据的重要地位与发挥的重要作用。闽南海洋文化极其丰厚，既有丰富而传奇色彩浓厚的海洋历史与文化人物，也有独具特色又环境品质较高的海洋自然风光。然而，与之相悖的是闽南海洋文化推广的滞后。中国的经济已经从粗放型转入精致型，这一方面是文化产业的兴起，另一方面是传统产业必须升级，要加入文化的元素。而闽南海洋文化推广的滞后严重影响了闽南经济的升级与转型，因此，加大闽南海洋文化的推广势在必行。闽南海洋文化的推广必须通过两个方法：文本书写与影视书写。可以通过邀请国内外知名作家前来考察主动让他们获得写作素材的方式激励他们书写，还可以通过举办文学大奖赛的形式以丰厚的资金来吸引作家书写，其中必须注意到网络作家在文本书写中可能起到的重要作用，因为他们的作品可以最迅速地被改编并包装成影视作品。还必须注意小书写可能发挥的大作用，即通过微信等各种新媒体小平台书写精美小文并配美图产生的巨大影响。影视书写在当下是能最快速产生推广效果的一种工具，虽然投入成本较高，但从其产出来看，这种投入是值得的，因此，应诚请知名导演前来打造一些有关闽南海洋文化的大片并注意在其中注入时尚的元素。而两种书写都必须注意要以新的眼光，即海洋文化、全球化的视野来考量评价这些故事与人物。这当然有赖于闽南海洋文化学术研究步伐的加快，给闽南海洋文化一个新的诠释与定位。

研讨会上，专家学者们不吝一家之言，直抒胸臆，他们的发言高屋建瓴，精湛集萃，使得与会人员皆兴致勃勃，意犹未尽，也为我国海洋文化的研究展示了丰富精彩的开阔视角。集美大学海洋文化与创意产业研究中心籍此向以上专家学者致以崇高敬意和深深感谢！

（集美大学海洋文化与创意产业研究中心）